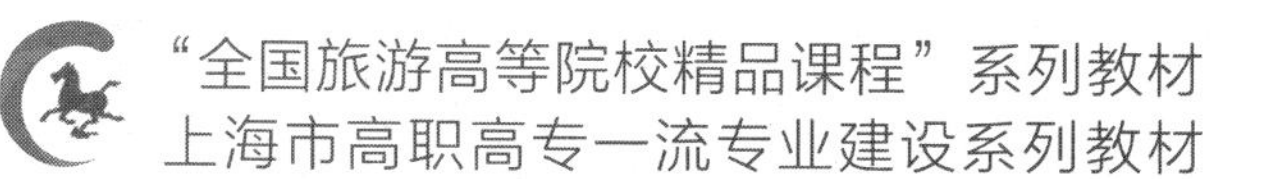

“全国旅游高等院校精品课程”系列教材

上海市高职高专一流专业建设系列教材

调酒技艺

MIXOLOGY

王立进/主编

中国旅游出版社

编委会

总序

为全面落实全国教育大会精神和立德树人根本任务，根据《国家职业教育改革实施方案》总体部署和《上海深化产教融合推进一流专科高等职业教育建设试点方案》（沪教委高〔2019〕11 号）精神，我校积极落实和推进高等职业教育一流专科专业建设工作，烹饪工艺与营养、酒店管理、西餐工艺、旅游英语、旅游管理和会展策划与管理等六个专业获得上海市高职高专一流专业培育立项。在一流专业建设中我校拟建设一批省级、国家级精品课程，出版一系列专业教材，为专业建设、人才培养和课程改革提供示范和借鉴。

教材建设是旅游人才教育的基础，是“三教”改革的核心任务之一，是对接行业和行业标准转化的重要媒介。随着我国旅游教育层次和结构趋于完整化、多元化，旅游专业人才的培养目标更加明确。因此教材建设应对接现代技术发展趋势和岗位能力要求，构建契合产业需求的职业能力框架，将行业最新的技术技能标准转化为专业课程标准，打造一批高阶性、应用性、创新性高职“金课”。拓展优质教育教学资源，健全教材专业审核机制，形成课程比例结构合理、质量优良、形式丰富的课程教材体系。

以一流专业建设为契机，我校积极探索校企共同研制科学规范、符合行业需求的人才培养方案和课程标准，将新技术、新工艺、新规范等产业先进元素纳入教学标准和教学内容，探索模块化教学模式，深化教材与教法改革，在此基础上，学校酒店与烹饪学院组织了经验丰富的资深教师团队，编纂了本套系列教材。本套教材主要包括：酒店经营管理实务、酒店安全管理、酒店接待、酒店业概述、葡萄酒产区知识、酒店专业英语、茶饮基础知识、酒店会计基础、调酒技艺、咖啡技艺与咖啡馆运营、酒店督导技巧、食品营养学、烹调基础技术、厨房管理、筵席设计与宴会组织、中式烹调技艺、餐厅空间设计、酒店服务管理、酒店客房服务与管理、酒

店工程与智能控制。既有专业基础课程教材，又有专业核心课程教材。专业基础课程教材重在夯实学生专业基础理论以及理解专业理论在实践中的应用场景，专业核心课程教材从内容上紧密对接行业工作实际；从呈现形式上力求新颖，可阅读性强，图文并茂；教材选取的案例、习题及补充阅读材料均来自行业实践，充分体现了科学性与前瞻性的结合；从教材体例编排上按照工作过程或工作模块进行组织，充分体现了与实际工作内容的对接。

本套教材的出版作为上海旅游高等专科学校一流专业建设的阶段性成果，必将为专业发展及人才培养成效再添动力。同时，本套教材也为国内同类院校相关专业提供了丰富的选择，对于行业培训而言，专业核心课程教材的内容也可作为员工培训的素材供选择。

上海旅游高等专科学校
一流专业建设系列教材编委会
2020 年 11 月 于上海

前言

由于旅游业的快速发展及人们消费观念的转变，酒吧成为人们休闲娱乐的场所之一，调酒师日益成为一门受到年轻人关注和推崇的职业，调酒课程在院校专业中也成为大多数学生追捧和喜爱的课程之一。目前调酒师人才需求呈现上升趋势，酒水知识与技能成为岗位能力要求的基础。国内大多数院校的旅游酒店类专业开设有调酒课程，以期为酒店与酒吧业培养和储备更多高素质与技能型人才。

《国家职业教育改革实施方案》指出完善职业教育体系，培养服务区域发展的高素质技术技能人才，职业院校要深化以实训为导向的课程体系改革、以技能为导向的教学体制改革、以就业为导向的实习模式改革，按照专业设置与产业需求对接、课程内容与职业标准对接、教学过程与生产过程对接的要求，提升职业院校教学管理和教学实践能力。

在上述背景下，本书以酒吧从业人员岗位能力要求为出发点，以职业需求为导向，设置教学目标和内容，注重实践能力与理论素养并重为原则，既要培养学生的一线工作能力，又要培养学生独立思考或集体协作，提高其识别、分析和解决具体问题能力。编者在教学过程中发现，学生对于掌握一门操作技能的热情高涨，却忽略了技能的原理及该技能所需的理论基础，从而出现既不能踏实地练好技能，又不能夯实理论基础，最后理论与技能都不精通。本书并未一味强调调酒技艺的技能培养，而是在技能培养的同时，解释和介绍了技能背后的道理和原因，让学生能够知其然并知其所以然。本书每个项目后面都有对应的学生自评和教师评价表，培养学生的管理思维和客观评价能力。通过该书的学习，读者不但能够了解调酒师行业发展及调制鸡尾酒的基本方法，并能够掌握对客服务中所需的部分酒水及原材料知识。

多数院校开设的饮食或酒水类课程中均有葡萄酒、黄酒等发酵酒知识，因此本

书中并未对该部分进行赘述。本书共九个项目，内容包括调酒师职业介绍、鸡尾酒和酒吧认知、酒吧设备与器具、鸡尾酒调制技艺、鸡尾酒基酒知识，鸡尾酒辅料知识、鸡尾酒装饰物和鸡尾酒创作等。为便于教师教学和学生学习，本教材同步开发了数字化课程资源，读者可在相应章节扫码获得。本书在编写过程中借鉴了大量前人的科研成果和实践经验，在此我向这些学者、行业专家和作者表示崇高的敬意和由衷的感谢。

由于本人学识和能力有限，本书难免有不足和疏漏之处，敬请各位专家、同行、读者批评指正。

王立进

2020 年 3 月于上海

目录

CONTENTS

项目一

调酒师

教学目标

了解调酒师的由来、调酒师行业和国际调酒师协会发展情况；了解调酒师的职业能力要求；掌握调酒师的工作内容，具备调酒师工作的基本能力；能够熟练进行酒吧的开关张工作。

任务一　调酒师职业简介

知识准备

调酒师是酒吧里的鸡尾酒专家，具备高超的调酒技艺和高品质的服务水平。作为酒吧里的酒水专家，要具备良好的职业能力，熟悉具体工作内容，提供优质服务。

一、调酒师的定义

调酒师（Bartender）是世界通用的称谓，是酒吧（Bar）与照顾者（Tender）两个词语的合成，始于19世纪30年代。调酒师职业则是在19世纪后半期的美国，在社会上确立地位的。之后，以调酒师为职业的人，在世界各地均有增加，除了Bartender之外，还有Barkeeper、Barman等称呼。Barkeeper是源自美国的英语，有酒吧经营者之意，Barman则是源自英国的英语。

调酒师是指在酒吧或餐厅专门从事调制酒水、销售酒水的工作人员。酒吧调酒师的工作任务包括酒吧清洁、酒吧摆设、调制酒水、酒水补充、应酬客人和日常管理等。调酒师只有具备了调酒技艺与服务技能两方面的能力，才算得上是合格的调酒师，并要有能提供顾客美味、快乐的饮品服务及好客的精神。调酒师的服务应根据顾客到酒吧的动机不同而随之变化，另外也可在众多顾客中培养一批能够为酒吧创造出理想氛围的顾客（即顾客教育）。

相关链接

酒吧界100大人物（Bar World 100）

2019年，英国酒界著名媒体*Drinks International*首次推出全球人物类榜单“Bar World 100”，类似于《时代》杂志一年一度评选的最具有世界影响力的百大人物“Time100”榜单。

该榜单编辑Hamish Smith说：“一个酒吧没有了人，只是四面墙而已。正是在那里工作的人给酒吧注入了能量和生命。一个酒吧是什么调性的，看看在里面的人就可知晓。因此，酒吧生意其实是关于人的生意。”“Bar World 100”榜单效仿“Time100”的格式，却抱着不同的宗旨，每年评选出全球范围内酒吧业界中最具有影响力的百大人物，专心致力于推动酒吧行业的发展。

“Bar World 100”榜单背后是100位来自世界各地的业内人士，其中占比最大的是媒体工作者及品牌大使、全球顾问、活动组织者和酒吧培训人员。这些人都知识渊博，有着丰富的从业经验。据悉，评委们来自71个不同的城市，确保国籍、地理、文化和性别方面的多样性。

每位评委都被要求选出业界10位最有影响力的人物，投票没有严格标准，只有一些参考指标。但无论如何，候选人都应该正在积极地推动着全球酒吧行业的发展。评选中有一些需要绝对遵守的原则：评委的10次投票里只能有3次投给与其来自相同城市的人物，5次投给与其来自同一国家的人物。不可以投票给自己及与自己有利益关系的候选人。这些规则保证了评选公平性。

二、调酒师的职业能力

专业的调酒师必须拥有相关知识与技术，如具备根据各种酒类的特色灵活进行销售以及调制不同的鸡尾酒等能力。对顾客而言，调酒师即是酒及鸡尾酒的专家，顾客正是因为对调酒师的知识与技术有所期待才来酒吧的。

（一）职业特定能力

1. 丰富的酒水知识

有关酒及鸡尾酒的信息博大精深。对于酒水知识的学习，可以说是永无止境的。幸运的是在信息化时代，有关酒类的书籍杂志可以很容易地在书店和网络上找到。同样，酒吧顾客也可以了解到这些信息。

因此，对于酒水知识的掌握，调酒师与顾客间的不同之处在于：调酒师能够充分了解这些酒的品质特性，并且利用这些品质特性进行酒水销售和提供饮用方法。

2. 鸡尾酒调制能力

出色的调酒师，必须考虑如何将酒及鸡尾酒的味道发挥到极致，并以最美味的方式提供给顾客。调制鸡尾酒是调酒师的工作重点。鸡尾酒的调制技术，需由资深调酒师或学校酒水教师教授，再经过反复练习而得来。记住标准酒单（配方）对调酒师同样重要，尤其是要正确掌握店内酒单上所有鸡尾酒的调制方法。鸡尾酒多种多样，调酒师并不需要记住所有的鸡尾酒配方，但必须重点掌握点单频率较高和酒吧重点推广的鸡尾酒。

调制鸡尾酒的技术不单只是记住调制方法，还要将顾客所点的鸡尾酒迅速调制完成并上酒。一位顾客点一杯鸡尾酒，若能在 3 分钟以内上酒，顾客会感到满意，但若超过 3 分钟，便会让顾客开始产生不满情绪，时间拖得越久顾客会越烦躁。除非调制方法较为复杂，否则调制速度是非常重要的。

此外，即使调酒师同时调制多种鸡尾酒或是接受多位顾客的下单，对顾客而言，他们对自己所点鸡尾酒的等待时间仍是 3 分钟。因此调酒师必须不断练习，应对各种状况，并且要常常思考用什么样的步骤来调制才可以迅速完成，使顾客满意。

（二）行业通用能力

调酒师应具备基础礼仪知识和公共关系知识，熟悉国内外客源国和地区的风俗，熟悉旅游及餐饮行业基本服务知识和服务技巧。优秀的调酒师除了具备好客精神以外，还应具备能考虑 Q.S.C.（Quality Control 质量控制，Service Management 服务管理，Cleanliness Standard 清洁标准）等整体方面的能力。

质量控制是指商品的质量控制。调酒师的调酒技术当然包含在其中，其他还有商品的选购、原料（酒）的质量、盛装饮品和原料的玻璃杯、器皿等用品的选购品位，以及调制的过程及装饰等，总之包含所有能呈现美味的部分。

因此，调酒师不仅需要具备酒类相关知识，还要研究并训练有关美感、色彩装饰等感性的部分。为了维持商品的质量，原料（酒）等库存的贮藏管理、安全卫生管理、采购体系、标准配方、调酒手册、酒杯架及吧台的适当配置等方面的能力也是相当重要的。

服务管理指好客精神的培养。服务管理需要完善基本服务手册的制定、执行、服务技能培训、顾客投诉处理等方面的工作内容。

清洁标准是指酒吧环境的清洁感。清洁感包括调酒师的仪容仪表，其他还包括酒吧周围（广告牌、入口）及店内（坐垫、地板、桌椅、吧台及酒杯挂架、洗手间等）的卫生状况。

（三）职业核心能力

职业核心能力主要包括交流表达、数字应用、信息处理、与人合作、解决问题、自我提高、革新创新、外语应用。其中，交流表达、与人合作、解决问题、自我提高、革新创新和外语应用能力对于调酒师来说尤为重要。

思考题

调酒师开展工作时的主要注意事项有哪些呢？

三、调酒师的工作内容

（一）营业前准备工作

1. 仪容仪表的准备

调酒师每天频繁且密切地接触客人，其仪容仪表不仅反映个人的精神面貌，而且代表了酒吧和酒店的形象。因此，调酒师每日工作前必须对自己的仪容仪表进行

修饰，做到仪容美。仪容美的基本要素是貌美、发美、肌肤美，主要要求是整洁、干净，要有明朗的笑容。

2. 姿态的准备

姿态是调酒师在上岗以前必须培训和掌握的内容。对于调酒师来说，要有良好的站姿和步态。站姿要挺拔，步态要轻盈。

男士站姿为：肩部平衡，两臂自然下垂，腹部收紧，挺胸、抬头，不弯腰或垂头，两腿可略分开，大约与肩宽相同，双手半握拳或将双手置于体后。女士站姿为：头正稍抬，下颌内收，挺胸、收腹、肩平。双脚呈V形，膝和脚后跟尽量靠拢，或一只脚略前，一只脚略后，前脚的脚后跟稍稍向后脚的脚背靠拢，后腿的膝盖向前腿靠拢。两手平行侧放或在腹前交叉。

3. 个人卫生的准备

调酒师的个人卫生是宾客健康的保障，也是宾客对酒吧和酒店信赖程度的标尺。做好个人卫生并养成良好的卫生习惯，积极参加体育锻炼是对调酒师的基本要求。

4. 酒吧卫生及设备检查

酒吧工作人员进入酒吧后，首先要检查酒吧间的照明、空调系统运作是否正常，室内温度是否符合标准，空气中有无不良气味。地面要打扫干净，墙壁、窗户、桌椅要擦拭干净。其次应对吧台进行检查，吧台要擦亮，所有镜子、玻璃应光洁无尘，每天营业前应用湿毛巾擦拭一遍酒瓶并检查酒杯是否洁净，确保无垢、无损。检查操作台上酒瓶、酒杯及各种工具、用品是否齐全到位，冷藏设备运作是否正常，制冰机是否正常，冰块储备是否充足。如使用饮料配出器，则应检查其压力是否符合标准，如不符合标准应做适当校正。最后，应在水池内注满清水，在洗涤槽中准备好洗杯刷，调配好消毒液，在冰桶中加足新鲜冰块。

5. 酒水辅料等原料的准备

检查各种酒水饮料是否都达到了标准库存量，如有不足，应立即开出领料单去仓库或酒类储藏室领取。然后检查并补足操作台的原料用酒，冷藏柜中的啤酒、葡萄酒以及储藏柜中的各种不需冷藏的酒类、酒吧纸巾、毛巾等原料物品。接着便应当准备各种饮料、配料和装饰物，如准备好樱桃和橄榄，切开柑橘、柠檬和青柠，整理好薄荷叶子，削好柠檬皮，准备好各种果汁、调料，打好奶油，熬制糖浆等。

如果店规允许和必要的话，有些鸡尾酒的配料可以进行预先调制，如酸甜柠檬汁等。

6. 站立迎客

一切准备工作做好后，再次查看自己的仪容仪表、服装、鞋袜等是否美观、整洁，并站立在相应的位置上，面带微笑地准备迎客。

（二）营业中服务工作

1. 调制酒水工作

调酒师应熟练掌握本酒吧或酒店酒单上各种酒水的服务标准和要求，并熟谙相当数量的鸡尾酒和其他混合饮料的调制方法，这样才能做到胸有成竹、得心应手。但如果遇到宾客点要陌生的饮料时，调酒师应该查阅配方或向宾客请教，不应胡乱调制。调制饮料的基本原则是：严格遵照标准配方调制，做到用料正确，用量精确，点缀、装饰合理优美，调制过程干净利落，动作迅速。

2. 酒吧服务工作

在整个酒吧服务过程中还必须做到以下九个方面：

（1）配料、调酒、倒酒应当着宾客面进行，目的是使宾客欣赏服务技巧，同时也可使宾客放心。调酒师使用的原料用量要正确无误，操作符合卫生要求，调制鸡尾酒前、敲好鸡蛋后和制作装饰物前都要洗手。

（2）把调好的饮料端送给宾客后应立即离开，除非宾客直接询问，否则不宜随便插话。

（3）认真对待并礼貌处理宾客对饮料服务的意见或投诉。酒吧与其他任何服务场所一样，要“永远尊重宾客”，如果宾客对某种饮料不满意，应立即设法补救。

（4）任何时候都不得对宾客有不耐烦的语言、表情或动作，要及时关注宾客饮酒的情况，恰当地与宾客沟通和交流，但不要催促宾客点酒、饮酒。不能让宾客感到服务人员在取笑他喝得太多或太少。如果宾客已经喝醉，应用礼貌的方式拒绝供应含酒精饮料。

（5）如果在上班时必须接电话，谈话应当轻声、简短。当有电话寻找宾客时，即使宾客在场也不可告诉对方宾客在此（特殊情况例外），而应该回答“请等一下”，征得宾客意见，然后让宾客自己决定是否接听电话。

（6）除了掌握饮料的标准配方和调制方法外，还应注意宾客的习惯和爱好，如

有特殊要求，应照宾客的意见调制。

（7）有些酒吧免费供应一些佐酒小点，如炸薯片、花生米等，目的是增加饮酒乐趣，提高饮料销售量。因此，工作人员应随时注意佐酒小点的消耗情况，及时补充。

（8）酒吧工作人员对宾客的态度应该友好、热情，不能随便应付。不可打断宾客之间的谈话，不能因为与部分宾客聊天而忽视为其他宾客服务。上班时间不准抽烟、喝酒，不准当着宾客的面嬉笑言谈，即使有宾客邀请自己喝酒，也应婉言谢绝。不可擅自对某些宾客给予额外照顾，也不能擅自为本店同事或同行免费提供饮料，更不能克扣宾客的饮料。

（9）顾客离店后，要迅速收拾座位上的玻璃杯等物品，但要避免发出过大的声响。如果发现顾客忘记物品，要立即联系客人归还，未找到客人时，应及时上报酒吧或酒店主管，妥善保管物品，待客人取回。整理完后，为避免让下一位顾客产生不舒服的感觉，一定要擦拭干净。擦拭完后，必须扫视一下，确认是否还有水渍残留。

（三）营业后收尾工作

酒水服务结束后的工作是清理用具和打扫酒吧卫生。包括收台、清洁台面、摆放标准化的用品。要将客人用过的杯具收回，清洗后按要求摆放。桌椅和工作台表面要清理干净。用过的搅拌器、果汁机、烟灰缸、咖啡壶、咖啡炉和牛奶容器等应随时注意清洗干净并滤干水。

当天工作结束后要对整个酒吧进行清洁。包括：把水壶和冰桶洗净后口朝下放好；容易腐烂变质的食品、饮料及鲜花等应储藏在冰箱中；电和煤气的开关应关好；剩余的牙签和一次性消费的餐巾，以及碟、盘和其他餐具等物品应储藏好。酒吧中比较繁重的清扫工作（包括地板的打扫，墙壁、窗户的清扫和垃圾的清理等）应在营业结束后至下次营业前安排专人负责。

情景训练

你今天是酒吧当班的调酒师，由你来负责酒吧的工作，请根据调酒师的工作内容制订一天的工作计划并模拟营业接待酒吧客人。

复习题

一、多选题

1. 下列能力中属于调酒师的职业特定能力的是（　　）。

A. 鸡尾酒调制能力　　B. 丰富的酒水知识

C. 交流表达　　D. 解决问题

E. 数字应用

2. 调酒师营业中的服务工作主要包括（　　）。

A. 调制酒水工作　　B. 与顾客沟通和交流

C. 清洁调酒工具　　D. 征询顾客意见

E. 盘点酒吧库存

二、判断题

1. 调酒师是酒吧（Bar）与照顾者（Tender）两个词语的合成，始于 19 世纪 30 年代。(　　)

2. 营业前的准备工作是清理用具和打扫酒吧卫生。(　　)

任务二　调酒师行业的发展

知识准备

鸡尾酒像是一门通用的语言，调酒师则是掌握该语言的技术专家。调酒师的就业范围可谓是遍布全球，并且有着专业的调酒师行业协会——国际调酒师协会。

一、国外调酒师行业发展

在国外，调酒师需要接受专门职业培训并获得相应技能证书。经过专门培训的调酒师不但就业机会很多，而且享有较高的工资待遇，可以在全球各地就业。一些国际性饭店管理集团内部也专门设立对调酒师的考核规则和标准。

调酒师又分为两种，即英式调酒师和美式调酒师。英式调酒师主要在星级酒店或古典类型的酒吧工作。其整体形象绅士，调酒过程文雅、规范，通常穿着英式马甲，调酒过程配以古典音乐。美式调酒师又称为花式调酒师，起源于美国，特点是在较为规矩的英式调酒过程中加入一些花样的调酒动作，如抛瓶类技巧动作以及魔术般的互动游戏等，起到活跃酒吧气氛、提高娱乐性的作用。花式调酒师的整体形象充满着动感，调酒过程中的观赏性极强。

值得一提的是国内调酒师行业中多以年轻的调酒师为主，他们大多经过正规的职业教育或接受过专门的调酒培训，有活力、易创新；而在国外调酒师行业中则以年长的男调酒师为主，因为人们普遍认为年长的男性调酒师往往具备丰富的经验和酒水知识，在服务过程中有较强的耐心和责任心。

二、国内调酒师行业发展

近年来，包括我国在内的许多国家出现了前所未有的鸡尾酒热潮，日常饮用鸡尾酒已是人们一种非常普遍的消费习惯，酒吧自然而然也就成了社会各阶层人士经常光顾的地方。从事调制鸡尾酒工作的调酒师行业也发展得越来越迅速，这与我国旅游业和餐饮业的发展是分不开的。

北京、上海、广州等地的调酒师培训行业经历了初级阶段、形成标准、逐步规范、蓬勃发展等若干阶段，调酒师培训学校如雨后春笋般地出现于各大城市。此外，高校中旅游和酒店管理类的专业也纷纷开设调酒的课程，培养和输送了大批调酒人才。

思考题

如何成为国际调酒师协会会员呢？

三、国际调酒师协会

（一）国际调酒师协会

国际调酒师协会（International Bartender Association，IBA）是最具权威性的国际调酒师组织，简称 IBA。国际调酒师协会于 1951 年 2 月 24 日在英格兰特尔奎的格林大饭店成立，有 20 人出席了当时的会议，会议选出了 7 个代表国，它们分别是英格兰、丹麦、法国、荷兰、意大利、瑞典和瑞士。第二届 IBA 会议于 1953 年在意大利威尼斯举行。第三年 IBA 会议于 1954 年 10 月在荷兰举行，并于当年决定每年的秋天召开一次年会。

截至2020年3月，国际调酒师协会已发展成为在欧洲、北美、南美和亚洲设有常务机构，拥有64个会员（包含中国香港、中国澳门和第1年观察期的玻利维亚）的全球性组织（表1–1）。国际调酒师协会的工作目标是“增进职业调酒师的才能，正确引导和教育这个年轻的职业”。协会的工作范围具体分为以下四个方面：

·酒吧业的咨询机构，并解决酒吧范围内的有关问题；

·负责酒吧范围内的职业教育；

·组织职业调酒师比赛；

·负责与酒吧用品（包括酒水）生产供应商之间的相互交流。

表1–1　国际调酒师协会成员国及地区

序号	成员国（地区）	协会名称	简称	序号	成员国（地区）	协会名称	简称
1	阿根廷	阿根廷调酒师互助协会	AMBA	18	爱沙尼亚	爱沙尼亚调酒师协会	EBA
2	亚美尼亚	亚美尼亚调酒师协会	ARBA	19	芬兰	芬兰调酒师协会	FBSK
3	澳大利亚	澳大利亚调酒师协会	ABG	20	法国	法国调酒师协会	ABF
4	奥地利	奥地利调酒师联合会	ÖBU	21	格鲁吉亚	格鲁吉亚调酒师协会	GBA
5	比利时	比利时调酒师联合会	UBB	22	德国	德国调酒师协会	GBG
6	巴西	巴西调酒师协会	ABB	23	希腊	希腊调酒师协会	HBA
7	保加利亚	保加利亚调酒师协会	BAB	24	中国香港	香港调酒师协会	HKBA
8	智利	智利调酒师中央协会	ACEBACH	25	匈牙利	匈牙利调酒师协会	SBH
9	中国	中国酒类流通协会调酒师专业委员会	ABC	26	冰岛	冰岛调酒师俱乐部	BCI
10	哥伦比亚	哥伦比亚调酒师协会	ACBAR	27	爱尔兰	爱尔兰调酒师协会	BAI
11	克罗地亚	克罗地亚调酒师协会	HUB	28	以色列	以色列调酒师协会	IGBS
12	古巴	古巴调酒师协会	ACC	29	意大利	意大利调酒师协会	AIBES
13	塞浦路斯	塞浦路斯调酒师协会	CyBA	30	日本	日本调酒师协会	NBA
14	捷克	捷克调酒师协会	CBA	31	拉脱维亚	拉脱维亚调酒师协会	LBF
15	丹麦	丹麦调酒师协会	DBL	32	卢森堡	卢森堡调酒师协会	ALB

续表

序号	成员国（地区）	协会名称	简称	序号	成员国（地区）	协会名称	简称
16	多米尼加	多米尼加国家调酒师联合会	UNABAR	33	中国澳门	澳门鸡尾酒调酒师协会	UBCM
17	厄瓜多尔	厄瓜多尔调酒师协会	ABEC	34	马其顿	马其顿调酒师协会	ABM
35	马耳他	马耳他调酒师协会	MBG	50	斯洛伐克	斯洛伐克调酒师协会	SKBA
36	墨西哥	墨西哥调酒师协会	BAM	51	斯洛文尼亚	斯洛文尼亚调酒师协会	DBS
37	黑山	黑山调酒师协会	UBCG	52	韩国	韩国调酒师协会	KBG
38	荷兰	荷兰调酒师协会	NBC	53	西班牙	西班牙调酒师联合会	FABE
39	尼加拉瓜	尼加拉瓜调酒师协会	CNB	54	瑞典	瑞典调酒师协会	SBG
40	挪威	挪威调酒师协会	NBF	55	瑞士	瑞士调酒师联合会	SBU
41	秘鲁	秘鲁调酒师协会	APB	56	中国台湾	台湾调酒师协会	BAT
42	菲律宾	菲律宾调酒师协会	PBL	57	土耳其	土耳其调酒师协会	TBD
43	波兰	波兰调酒师协会	PBA	58	乌克兰	乌克兰调酒师协会	AUBA
44	葡萄牙	葡萄牙调酒师协会	ABP	59	英国	英国调酒师协会	UKBG
45	波多黎各	波多黎各调酒师协会	PRBA	60	乌拉圭	乌拉圭调酒师协会	AUDEB
46	罗马尼亚	罗马尼亚调酒师协会	ABPR	61	美国	美国调酒师协会	USBG
47	俄罗斯	俄罗斯调酒师协会	BAR	62	委内瑞拉	委内瑞拉调酒师协会	ABV
48	塞尔维亚	塞尔维亚调酒师协会	BAS	63	越南	越南西贡调酒师协会	SBA-VN
49	新加坡	新加坡调酒师侍酒师协会	ABSS	64	玻利维亚	玻利维亚调酒师协会	ABBAR

正是国际调酒师协会正确的工作目标和工作范围，加之工作人员的勤奋努力，才使得协会在69年的风雨历程中稳步发展，蒸蒸日上，用“权威”两字来形容已不为过。

成为国际调酒师协会会员需具备七个条件：第一，以本地区调酒师协会的名义与国际调酒师协会事务机构取得联系，并且以书面形式阐明本协会的纲领；第二，向国际调酒师协会提供本地区调酒师协会委员会成员名单，内容包括成员的姓名、

性别、年龄、职业、学历、专长等内容；第三，提供本协会所有会员的完整名单，并附加简单说明；第四，介绍协会活动摘要，包括人员培训、协会会议、组织鸡尾酒调酒比赛等；第五，如与某些酒水生产商或酒水供应商已建立良好和稳固的合作关系，也应向 IBA 做简要的说明；第六，申请加入 IBA 的另外一个前提条件就是协会人员的数量至少达到 25 人；第七，英语是国际调酒师协会使用的唯一语言。1975 年，国际调酒师协会打破以往的条例规定，开始接受女性调酒师加入该组织，这一决定为各国发展女性调酒师队伍起到了重要的推动作用。

2006 年，中国酒类流通协会调酒师专业委员会（Association of Bartenders China，ABC）以中国酒类流通协会提供国家级协会资质证明文件，全权委派荷兰籍华人李宝华先生（Mr. Frank Li，ABC 会长）为唯一代表，向国际调酒协会提交中国会员国入会申请获准，经过 3 年观察期，于 2010 年 IBA 世界杯年会时，全体会员国一致通过 ABC 成为 IBA 正式认可的中国会员国代表。并于 2011 年起，ABC 得以每年在 IBA 亚太杯、IBA 世界杯年会及花式调酒大赛时成为唯一指定和代表中国大陆传统及花式调酒比赛选手参与年度赛事。

（二）IBA 培训中心

1965 年的 IBA 会议在意大利的圣·文森特（St. Vincent）召开，为了使全球年轻的调酒师有一个学习和交流的机会及场所，会议决定为 IBA 成员国中年轻的调酒师特别成立一个 IBA 培训中心。培训中心第一套教程的创立得益于卢森堡调酒师联合会的大力协助，其总裁 M. 山姆伯格先生对该中心教程进行了系统的调整和完善，并由他主持实施。1966~1972 年，IBA 培训中心的培训均在卢森堡的饭店和烹饪学校中完成，并一直由 M. 山姆伯格先生领导。

1972 年在瑞典斯德哥尔摩召开的 IBA 会议上，决定转由英格兰调酒师协会在布莱克浦（Blackpool）的饭店和烹饪学校承担培训中心的责任，培训教程由约翰·怀特（John Whyte）先生领导。在“布莱克浦时期”，即 1972~1977 年，IBA 培训中心被不断发展、扩大和完善，不仅成为一个重要机构，还成为 IBA 议程的一个重要组成部分。

1976 年，约翰·怀特先生突然去世，使英国调酒师协会不得不暂停了培训中心在布莱克浦的课程。此后，在意大利的圣·文森特召开的 IBA 年会上，人们为了表示对约翰·怀特先生的哀悼和纪念，以及感谢他对 IBA 培训中心的发展和提高所做的一系列贡献，会议决定将 IBA 培训中心教程命名为“约翰·怀特教程”（John Whyte Course），并由意大利调酒师协会承担教程的实施任务，负责人为路吉帕伦蒂（Luigi Parent）先生。1982~1987 年，“约翰·怀特教程”转由葡萄牙的调酒师协会负责。1988 年，课程再次转由意大利调酒师协会负责。

（三）IBA 培训中心的课程

IBA 培训中心在亚洲、欧洲和美洲的指定国家开展调酒师培训课程。课程着重贯彻理论和实践相结合的教学指导方针，通过不同的侧面将酒类和饮料类的知识传授给大家，且尽可能多方面地收集、编辑和传授酒水知识。课程的宗旨就是使大家能够互相交流思想和经验，多方面的主张、不同的见地与个性成为讨论的基础，以此达到使年轻调酒师的业务技能和技艺更加丰富、全面的目的。

从 1965 年开始，IBA 培训中心认可并且接受了一个有良好关系的商业机构所提供的巨大的帮助。他们的帮助不仅仅是在物质方面的，还包括提供讲义和教学方面的指导，这些帮助对课程的成功起了很大的作用。

（四）世界鸡尾酒大赛

世界鸡尾酒大赛（World Cocktail Championships，WCC）是 IBA 的又一个重要安排，第一届 WCC 于 1955 年由荷兰调酒师俱乐部组织发起，并在其首都阿姆斯特丹举行，冠军是来自意大利的朱塞佩·奈瑞（Giuseppe Neri）先生。自 1976 年开始，WCC 每三年举办一次。从 2000 年开始，WCC 则改为每年举办一次。每一个 IBA 成员都有权利参加这个世界调酒业最高等级的大赛。

（五）国际调酒师协会会旗

在国外，特别是欧美国家，有的酒吧里会悬挂带有 IBA 标记的三角小旗帜，这些旗帜是国际调酒师协会对这些酒吧的特别褒奖方式。这些 IBA 的旗帜说明：当人们置身于这些酒吧时，会感到这里的职业调酒师就像是自己的知心朋友，他们会使人们乐于与之交往，乐于与之倾诉；会旗还代表人们在这些酒吧里能享受到高质量的产品和酒水服务；这里每一个人都会做到“尊重顾客的隐私”；这些酒吧向顾

客提供优良的环境和高雅的气氛。

相关链接

第68届世界鸡尾酒大赛

2019年11月4~7日，中国酒类流通协会与国际调酒师协会在成都世纪城会议中心共同举办了2019年IBA年会暨第68届世界鸡尾酒大赛。国外有IBA 65个会员国（或地区）协会领导、参赛选手等共计400余人，国内酒类产销企业数百人参加。

此次比赛推动了白酒国内市场的时尚化、年轻化，培育了白酒鸡尾酒的氛围，提高白酒鸡尾酒调制技艺水平，扩大中国调酒师视野与创新发展能力。同时，推动了白酒的国际化，60多个国家（或地区）的顶级调酒高手尝试用白酒调制鸡尾酒，把白酒推向了世界。

情景训练

你今天是酒吧经理，酒吧调酒师有意向参加世界杯国际调酒师大赛，请组织店内调酒师进行有关比赛知识和规则的培训。

复习题

一、单选题

1. 国际调酒师协会于1951年2月24日在（　　）成立。

A. 美国　　B. 中国　　C. 加拿大　　D. 英格兰

2. 中国调酒师协会于（　　）年正式成为国际调酒师协会会员。

A. 2003　　B. 2006　　C. 2010　　D. 2019

3.（　　）年国际调酒师协会开始接纳女调酒师。

A. 1951　　B. 1953　　C. 1955　　D. 1975

4. 中国调酒师协会的英文缩写是（　　）。

A. ABC　　B. ACC　　C. ABM　　D. APB

5. 截至 2020 年 3 月，国际调酒师协会拥有（　　）个会员。

A. 34　　B. 44　　C. 54　　D. 64

二、简答题

请简述国际调酒师协会的具体工作范围。

任务评价系统

项目一

项目二
酒吧认知

教学目标

了解酒吧的历史与演变；熟悉酒吧的定义、类型和结构；掌握吧台三个组成部分的功能和特点。

任务一 酒吧的定义与类型

知识准备

酒吧是供应所有饮品储存、制造和调配的地方。依照功能与形态都有不同的分类，同时还可根据不同的时空因素按功能需求做不同的变化。

相关链接

世界50佳酒吧

“世界50佳酒吧”是目前为止全球范围内最具权威性的年度排名榜单。由世界50佳酒吧学会（World's 50 Best Bars Academy）成员投票产生，他们是来自全球酒吧业界、饮品媒体和调酒艺术领域的专业人士，覆盖全球58个国家、100余座城市，体现出不同地区的酒吧业态与影响力。

2019年10月3日晚（伦敦当地时间）出炉了2019年世界50佳酒吧榜单（2019 World's 50 Best Bars），各界酒吧人士重返伦敦卡姆登圆屋剧场（The Roundhouse）。中国香港的The Old Man连续三年进入全球Top10，排名由第10上升至第9。上海的Speak Low和Sober Company分别排在第35位和第45位，两座酒吧均由日本调酒师Shingo Gokan打造。

一、酒吧的定义

酒吧是指专门为客人提供酒水和饮用服务的场所。它同餐厅的区别是不供应主食，以供应酒水为主，配售小食。

酒吧的主要特征是：以销售酒水和小食为主；有一定数量的专业调酒师为宾客调制酒水；具备营业所需的酒水、酒杯和调酒用具；环境幽雅、装潢独特、主题鲜明；营业时间长，一般从下午开始，直至次日凌晨。

二、酒吧的结构

酒吧的内部结构一般由吧台、座位区、舞台、娱乐活动区、音控室、后台工作室、卫生间七个部分组成。

（一）吧台

吧台是酒吧向客人提供酒水及服务的工作区域，是酒吧的核心部分。通常由吧台面（前吧）、操作台（中心吧）以及吧柜（后吧）组成。吧台的大小、组成及形状也因具体条件的不同而有所不同。因为酒吧的空间形式、经营特点不一样，所以吧台最好是由经营者自己设计。经营者必须了解吧台的结构。

1. 前吧（The Front Bar）

前吧主要是指吧台面。一般情况下，高度为110~120厘米，但这种高度标准应随调酒师的平均身高而定，其计算方法应为

$$吧台高度 = 调酒师平均身高 \times 0.618$$

吧台宽度标准应为60~70厘米（其中包括外沿部分，即顾客坐在吧台前时放置手臂的地方），吧台的厚度通常为4~5厘米。吧台的表面应选用较坚固且易于清洁的材料。吧台面主要放置饮料，调酒师在此向顾客提供酒水，一些顾客也在此饮用酒水。吧台后上部可倒挂各种酒杯，并装饰新颖的吊灯。

2. 中心吧（The Center Bar）

中心吧即操作台，是调酒师工作的重要区域。一般高度为70厘米，但也并非一成不变，应根据调酒师的身高而定，一般操作台高度应在调酒师手腕处，这样比较省力。操作台宽度为40厘米，用不锈钢或大理石材质制造而成，便于清洗和消

毒。操作台通常包括双格带沥水洗涤槽（具有冲洗、涮洗、沥水功能）或自动洗杯机、水池、储冰槽、酒瓶架、杯架，以及饮料或啤酒机等设备。这样安排既减轻了调酒师的体力消耗，又不影响操作。

3. 后吧（The Back Bar）

后吧具有展示和储存的双重功能，酒柜上摆满了各种品牌的瓶装，并镶嵌了玻璃镜，可以增加房间的深度，使坐在吧台前喝酒的顾客可以通过镜子的反射观赏酒吧内的一切；同时，调酒师也可以此观察顾客。传统观念认为没有酒瓶、酒杯、镜子便不是酒吧，现代酒吧仍沿袭这一习惯。后吧包括陈列柜、制冰机、收银机、冰箱等。后吧高度通常为 170 厘米，但顶部不可高于调酒师伸手可及处。下层一般为 110 厘米左右，或与吧台面（前吧）等高。后吧上层的橱柜通常陈列酒具、酒杯及各种瓶装酒，一般为各种烈性酒，下层橱柜存放红葡萄酒及其他酒吧用品，安装在下层的冷藏柜则用于冷藏葡萄酒、啤酒以及各种水果原料。

前吧与后吧之间的空间即调酒师的工作走道，宽度一般为 1 米左右，且不可有其他设备向走道突出，如果太宽，则调酒师来回走动时间长，影响工作效率；如果太窄，则显得很拥挤，也不利于工作。如果一个酒吧有两名以上的调酒师一起工作，那么每个调酒师都应有自己的工作区，分别进行操作和控制。工作走道的地面铺设采用防滑材质，以防止服务员长时间站立而疲劳或滑倒。酒吧中服务员走道应相应增宽，因为酒吧时有宴会，饮料、酒水供应量变化较大，而较宽敞的走道便于在供应量较大时堆放各种酒、饮料及原料。

（二）座位区

座位区是客人饮用酒水和休息的主要区域，也是客人聊天、交谈的主要场所。因酒吧类型的不同，座位区的布置也各不相同，但都应遵循舒适、方便、相对独立的原则，以满足不同客人的需要。座位区的服务台也应有台卡，写有不同的台号，以便为客人提供准确、快捷的服务。

（三）舞台

舞台是为客人提供演出服务的区域。舞台上往往摆放钢琴，根据酒吧功能的不同，舞台的面积也不相等。有的舞台还附设有小舞池，供客人使用。

（四）娱乐活动区

娱乐项目是酒吧吸引客源的主要因素之一，主要有飞镖、棋牌、桌游等。所以，选择何种娱乐项目及档次高低都要符合经营目标。

（五）音控室

音控室是酒吧灯光、音响的控制中心。音控室不仅为酒吧座位区和包厢的客人提供音乐服务，而且对酒吧进行音量调节和灯光控制，以满足客人听觉和视觉上的需要，并通过灯光控制来营造酒吧的气氛。

（六）后台工作室

后台工作室供清洁器具、准备材料、储藏酒水等物品之用。

（七）卫生间

卫生间是酒吧不可缺少的设施，卫生间设施档次的高低及卫生洁净程度在一定程度上反映了酒吧的档次。卫生间的设施及通风状况要符合卫生防疫部门的要求。

思考题

酒吧的结构中是否包含所有列举出来的区域呢，设计的时候应该如何考虑这些结构区域？

三、酒吧的类型

伴随社会的发展和城市的进步，人们的消费空间越来越广泛，生活需求越来越个性化，酒吧的发展日益完善，它不再仅仅是依附于旅游业的产物，而渐渐向社会化、城市化、人文化发展，并形成独特的酒吧文化，也成为整个社会文化的组成部分。

酒吧根据其定位和性质不同可分为以下三类：

（一）宾馆酒店酒吧

随着饭店规模的扩大，酒店内所设酒吧的数量和种类也不断增加，纵观世界各地，酒店中的酒吧有以下七种形式：

1. 主酒吧（Main Bar或Open Bar）

主酒吧也称为鸡尾酒酒吧。在国外也叫“English Pub”或“Cash Bar”。主酒吧大多装饰美观、典雅、别致，具有浓厚的欧洲或美洲风格。视听设备比较完善，并备有足够的靠柜吧凳。客人可以坐在靠柜吧凳上直接面对调酒师，当面欣赏调酒师的操作；调酒师从准备材料到酒水调制的全过程都在客人的注视下完成。主酒吧以提供有名的标准的酒水为主，酒水、载杯及调酒器具等种类齐全，摆设得体，特点突出。大多主酒吧的另一特色是各自具有风格独特的乐队表演。来此消费的客人大多是来享受音乐、美酒，以及无拘无束的人际交流所带来的乐趣的，因此，主酒吧对调酒师的业务技术和文化素质要求较高。

相关链接

英式酒吧文化

英国的酒吧文化有着1000多年的悠久历史，最早起源于中世纪的教堂，最初的形式与中国的客栈相似，是为了给沿途赶路的人提供歇脚、吃饭的地方。现在的英式传统酒吧一般指Pub和Bar。

在英文表达中，酒吧大致可以分为三种，分别是Bar、Pub和Club。Bar主要分布在各个城市的闹市区，适合喝酒聊天，是年轻人比较喜欢的场所。特别是世界杯期间，英国人喜欢聚集在Bar看球赛。Pub相对于Bar而言更加传统一些，装饰更加古朴具有英伦风，有些Pub对穿着有要求，穿着运动鞋、牛仔裤会被禁止入内，是英国最大众也是历史最悠久的酒吧类型。Club适合压力太大时去放松，进入时要购买门票，里面会放节奏感很强的音乐，营业时间一般较晚。

英国酒吧里有很多规矩，首先必须要满18岁才能合法饮用酒精饮品，去酒吧时很可能被要求出示证件。满 16 岁的少年，在有成人陪同就餐时可以喝酒。英国酒吧禁止室内吸烟，大多在酒吧门口或后院设有室外吸烟区。和一群英国人喝酒，通常很少会 AA 制，大家都会轮流负责买单，或者请服务员随意抽取一张信用卡结账。被人请客时，最好喝完这一杯再请回去比较有礼貌。

当喝酒聊天到一半时，突然听到店内工作人员摇铃并喊“Last Call”，表示“现在是准备关门前的最后一次点单时间”，这时就要在 20 分钟内把最后想喝的酒赶紧点完才行。当第二次摇铃时，就代表着酒吧要关门了，通常英国的酒吧只能卖酒到晚上 11 点。

大多数英国酒吧没有服务员，要到吧台去买酒。人多时，最好轮流或派 1~2 个人去吧台点酒，点酒的时候也要注意排队。酒吧里的队是无形的，一个好的调酒师会注意到客人的先来后到，大声招呼调酒师来点酒是非常不礼貌的行为，你可以举起空杯子或钱来示意，但不要摇晃。如果想对调酒师表示感谢，千万不要给小费，正确的做法是请调酒师喝一杯，调酒师并不一定真的喝，而是收你一杯酒的钱，取现放在口袋里。

2. 大堂酒吧（Lobby Bar）

这种酒吧设立在酒店大堂旁边，宽敞，装饰富丽堂皇，现场有钢琴或提琴伴奏，以经营饮料为主，也提供鸡尾酒服务，另外还提供一些糕点、小吃。与主酒吧不同的是没有靠柜吧凳，座位区座席很宽敞，给人以舒适自如的感觉，客人可以在此临时休息、等人，大堂酒吧的客流量很大。

3. 鸡尾酒廊（Lounge）

鸡尾酒廊以供应常用混合饮料为主，客人饮用酒水的空间不大，座位较紧凑，主要供客人娱乐活动之余休息时用。很多酒店将它设置在饭店最高层，称为空中酒吧，或将其设在露天，客人可以一边饮酒一边欣赏美景。

4. 服务酒吧（Service Bar）

服务酒吧是一种设置在餐厅中的酒吧，服务对象也以用餐客人为主。中餐厅的服务酒吧较为简单，酒水种类也以国产酒为主。西餐厅中的服务酒吧较为复杂，除要具备种类齐全的洋酒之外，调酒师还要具有全面的餐酒保管和服务知识。

5. 宴会酒吧（Banquet Bar）

宴会酒吧是根据宴会标准、形式、人数、厅堂布局及客人要求而摆设的酒吧，临时性、机动性较强。外卖酒吧（Catering Bar）也属于宴会酒吧范畴，是根据客人要求在某一地点（如大使馆、公寓、风景区等）临时设置的酒吧。

6. 游泳池酒吧（Poolside Bar）

这类酒吧是设在酒店游泳池的小型酒吧，服务于来此游泳的客人，供应的饮料以软饮料和长饮类饮料为主。

7. 客房酒吧（Mini Bar）

为了进一步满足宾客的要求，提高酒店服务质量，很多高档酒店多在客房设置客房酒吧。客房酒吧是设置在客房中的小型酒吧，大部分饮料和酒水放置在冰箱里，部分烈酒和杯具放在酒橱中，供客人随时饮用。由于仅供住宿的客人使用，酒品种类少、规模小，又称迷你酒吧。酒品种类因酒店的档次不同而各异。客人使用后不用马上付费，可以在离店时一起结账。

（二）附属经营酒吧

1. 大型娱乐中心酒吧

娱乐中心酒吧附属于大型娱乐中心，客人在娱乐之余，到酒吧饮酒，以休闲放松。此类酒吧往往是供应酒精含量低及不含酒精的饮品，使客人在娱乐之余获得另一种休息和放松。

2. 大型购物中心酒吧

大型购物中心或商场也常设有酒吧。现代社会，购物也是一种享受，此类酒吧往往为人们购物之后休息及欣赏所购置物品而设，主要经营不含酒精的饮品。

3. 交通旅游酒吧

交通旅游酒吧多设置在飞机、火车、游船等交通工具上。为了让旅客在旅途中消磨时光，增加兴致，飞机、火车、游船上也常设有酒吧，但仅提供无酒精饮料及低度酒精饮品。

（三）主题酒吧

主题酒吧通常指社会酒吧，多为独立经营、单独设立。此类酒吧往往经营品种较全，服务及设施较好，有些也经营其他娱乐项目，如现在比较流行的氧吧、网吧、怀旧酒吧、音乐酒吧。这类酒吧的明显特点是提供特色服务，来此消费的客人大部分也是来享受酒吧提供的特色服务，酒水却往往排在次要的位置。这种酒吧有两种不同的风格：一种是西方风格的；另一种是当地特色风格的。如近年来在北京和上海等地形成的酒吧街区；也有新兴的啤酒酒吧、葡萄酒酒吧等，这些酒吧有不同的主题风格，反映着不同的文化背景，有相对固定的消费群体，有时也称为沙龙或俱乐部。

情景训练

酒吧经营的成功首先始于一个酒吧的筹备，今天你作为酒吧筹备的负责人，应该如何筹备并成功开业一间酒吧？

复习题

一、单选题

1.（　　）附属于大型娱乐中心，客人在娱乐之余，往往要到酒吧饮酒，以增强兴致。

A. 大堂酒吧　B. 娱乐中心酒吧　C. 购物中心酒吧　D. 交通旅游酒吧

2. 前吧的吧台高度范围是（　　）。

A. 70~80 厘米　B. 80~90 厘米　C. 90~110 厘米　D. 110~120 厘米

二、判断题

1. 中吧具有展示和储存的双重功能，酒柜上摆满了各种品牌的瓶装，并镶嵌了玻璃镜，可以增加房间的深度。（　　）

2. 主酒吧也称为鸡尾酒酒吧。在国外也叫“English Pub”或“Cash Bar”。主酒吧大多装饰美观、典雅、别致，具有浓厚的欧洲或美洲风格。（　　）

任务二　酒吧的历史与演变

知识准备

酒吧的历史悠久，随着人类社交活动的频繁，酒吧由客栈等形式逐渐独立为经营单位。当今酒吧的功能和形式越来越多样化，设备越来越先进，酒水的品种越来越多，酒吧的环境也越来越幽雅。

一、酒吧的历史

有关酒吧最古老的文献，出现于公元前1800年以楔形文字刻于黏土板上的《汉谟拉比法典》。这是古代巴比伦王国的汉谟拉比国王（前1728~前1688年）所制定的法律，是历史上最古老的成文法，无论在法律上或文化史上均极为有名，其中包含如下条文："假使啤酒酒吧的卖酒妇不收谷物作为酒资，直接收取银子或提供分量不及谷物价值的啤酒，此女将会受到处罚，投之于水。"（第108条）由此可以确定，当时已有以经济利益的交换为原则的酒吧存在，但此种类似酒吧的营业形态究竟始于何时，并没有留下文献记载或历史遗物，只能期待考古学的发现来解开这个谜题。

此外，约公元前1400年古埃及的纸草文书中也留有"不得在啤酒酒吧中喝醉"的文字，可以判断当时埃及已有酒吧的存在。古罗马为了将欧洲、中东、非洲纳入势力范围而派军出征，当时他们一边前进一边扎营，以不停扩大前线，而其驻扎的营地成为支援前线的补给基地，必须有人留守，因此需要住宿设施。尤其对跨越现今法国，向英国北部进攻的罗马军队而言，这种必要性更强。后来此种住宿设施就称为客栈（Inn，可遮风挡雨并用于睡眠之所）。

客栈的周围会聚集许多人，一旦形成聚落，独立的饮食部门小酒馆（Tavern）便应运而生，于是客栈成为以住宿为主的设施，小酒馆成为以饮食为主的设施。后来便由小酒馆衍生出针对饮食中“饮”的需求的小规模酒吧，并出现以饮用啤酒为主的啤酒馆（Ale House）。15 世纪后半叶的英国，便是此种啤酒酒吧的全盛时代。这些住宿、饮食形态随着时代的变迁，实现了从客栈向旅馆（Inn to Hotel）、小酒馆向餐厅（Tavern to Restaurant）以及啤酒馆向酒吧（Ale House to Bar）的形式转变。

相关链接

百年前的酒吧游戏

1. 苏姆贝尔（Sumbel）

苏姆贝尔最早是中世纪斯堪的纳维亚半岛上的一种饮酒仪式。这样的仪式或许是来源于北欧古神奥丁，据说只有在洛基喝酒之后，奥丁才会举杯喝酒，出于对奥丁尊敬兄弟行为的敬重，仪式中人们还会将一些酒洒向火焰以敬神明。

苏姆贝尔是生活环境寒冷的北欧人的一种麦芽酒聚会，通常是在酋长或首领的会堂中举行。聚会上有一个专用的酒杯，每一个拿到酒杯的人都需要说上一段话或是一段祝酒词才能饮酒，之后再传给旁边的人，到场的所有人都需要举着这个杯子，说上几句话。

2. 铜盘游戏（Kottabos）

铜盘游戏起源于古希腊，伊特鲁利亚人的座谈会，实际上就是饮酒的聚会。饮酒者斜靠在座位上，从杯中倒一些酒浇在一个小雕塑上，雕塑顶端有一个铜质的盘子，谁能用酒把铜盘弄下雕塑击中雕塑下的另一个铜盘，发出清脆的声响，就算获胜。这个游戏还有另外两种玩法，第一种是在一个不太

稳定的支撑架上放上铜盘，并往里倒酒，倒尽量多的酒直到铜盘倾覆，酒倒入最多的人获胜，第二是在水盆中装满水，在水面上放上铜盘，还是往铜盘里倒酒，在铜盘沉入水中前倒入酒最多的人就获胜。

3. 细高酒杯（The Yard of Ale）

至今这个游戏还存在于一些饮酒活动中，尤其是在一些啤酒节上经常会有这种游戏的出现。英国17世纪就有了这个游戏，游戏规则只有一个：看谁喝得快。《吉尼斯世界纪录大全》中，来自美国卡来尔市的史蒂芬·派特罗斯诺是世界上喝啤酒最快的纪录保持者，1977年6月22日，他在1.3秒内喝下1升啤酒。当然为了增加游戏难度和趣味，有时候酒杯底会有些机关，在喝酒的人快要喝完时，酒杯会把酒喷洒在饮酒者的脸上。

二、酒吧的发展

距今大约150年前，来自英国及爱尔兰的移民，首先定居于美国东海岸的波士顿及费城一带，后来为寻找新天地，便跨越阿帕拉契山脉，一路往西开发。另外，来自法国的移民则绕过佛罗里达半岛，由南部的新奥尔良沿密西西比河，前往圣路易斯及芝加哥。

移民行进之处形成村落，就像古代罗马军队出征时一样，村落中也产生了小酒馆（Tavern）及沙龙（Salon，法语意指众人休憩之处）。沙龙后来被称为酒馆（Saloon，指大客厅或谈话室），也成为西部拓荒时代位于前线的简易小酒馆名称。

在这样的简易小酒馆中，啤酒及威士忌是由酒桶倒出顾客所需分量再计价的。有些醉酒的客人便会自行靠在酒桶边，喝个不停，因此，简易小酒馆的经营者在酒桶前设置一根横木（Bar），使醉酒的客人无法靠近。此横木后来演变成横板，经营者与顾客面对面交易，此种形态的小酒馆便称为酒吧（Bar）。据说酒吧一词的广泛使用是在19世纪30~50年代。

当时的酒吧是站立式饮酒，只有一部分酒吧设置了桌椅。这种站立式饮酒的酒吧在19世纪后半叶传到了欧洲，但是由于欧洲的酒馆一半是以把酒送到酒桌的方式来进行销售的，所以美国这种站立在吧台前饮酒的酒吧被称为美式酒吧，以便进行区别。

现在，酒吧通常被认为是各种酒类供应与消耗的主要场所，它是酒店的餐饮部门之一，专供客人喝酒休闲。一家酒店可能有一个或几个设在不同地方的酒吧，供不同需求的客人使用，有的设在酒店顶楼，供客人欣赏风景或夜景；有的设在餐厅边，方便客人小饮后进入餐厅用餐；有的设在酒店大堂，方便大堂客人使用。酒吧通常供应含酒精的饮料，也为不擅饮酒的客人供应汽水、果汁，并伴以轻松、愉快的音乐调节气氛。

目前，酒吧正朝着多功能、多样化的方向发展，酒吧的设备越来越先进，酒水的品种越来越多，酒吧的装潢越来越独特，环境也越来越幽雅。同时，社会性的主题酒吧也正在现代城市中形成一道亮丽的文化景观。不过，不管哪种酒吧，其经营目的都是相似的，即为客人提供饮料和服务并赢得利润。

相关链接

金酒宫殿（*Gin Palaces*）

19世纪，在英国，为了提高金酒的知名度，建立了一些非常豪华的酒店，命名为金酒宫殿（Gin Palaces）。在达到目的之后，这些酒店也成了现代酒吧的雏形。

红狮酒吧（The Red Lion）是现存金酒宫殿中最古老的一个。奥斯卡·王尔德（Oscar Wilde）是它的一位常客，而吉米·亨德里克斯（Jimmy Hendrix）在这里组建了自己的乐队。有理由这样说，在全世界很难找到比这里更好的酒吧，在这里，无可挑剔的维多利亚式样的摇酒壶映照在古老的镜子和镀金的水龙头上。酒吧的主人Michel Browne，曾经是一位设计师，非常喜爱漂亮的东西，即使是酒吧中古老的钢笔，他也从不更换。因为他的酒吧是一座历史的纪念碑。酒吧中挂着一个具有200多年历史的挂钟，至今仍然可以运转。但人们让它停了下来，永远指向使顾客们给予在打烊前点最后一杯酒的时刻——22点10分。

思考题

中国和西方在酒吧的设计、客源和酒吧文化方面有哪些不同呢？

情景训练

作为一名调酒师，需要清晰了解酒吧的发展脉络，今天你作为酒吧经理负责培训酒吧的历史和发展知识，请你做一份酒吧发展脉络谱系图，直观地呈现给你的员工。

复习题

一、单选题

1. 埃及的（　　）记载，有了文献证明这个时期酒吧已经存在。

A. 汉谟拉比法典　　B. 纸草文书　　C. 圣经　　D. 唐律疏议

2. 站立在吧台前饮酒的酒吧称为（　　）。

A. 欧式酒吧　　B. 中式酒吧　　C. 美式酒吧　　D. 英式酒吧

二、判断题

1. 小酒馆成为以住宿为主的设施，客栈成为以饮食为主的设施。（　　）

2. 15 世纪后半叶的英国，是啤酒酒吧的全盛时代。（　　）

项目二

项目三 酒吧设备与器具

教学目标

掌握酒吧设备的正确使用方法；掌握调酒器具的特点和功能；熟练掌握并正确使用各种调酒器具；正确识别和选用各种鸡尾酒的载杯；掌握擦拭酒杯的方法。

任务一　酒吧设备

知识准备

一套完善的酒吧设备应该是随时保持在最佳状态。所有设备、器皿的清洁度与各项设备的温控、压力、各种机件的调整，都需随时赋予高度的关注。

酒吧的重心是为客人提供酒和鸡尾酒，以及一个舒适的休闲空间。因此，酒吧装修、酒吧产品及服务是否能够吸引顾客是三个重要的关键因素。除上述因素外，也要提供让员工感觉舒适便利的工作空间。从上述两个角度考虑则需要对酒吧设备进完善。酒吧的基本设备应包括照明、音响、吧台和厨房周边、给排水、空调、桌椅、收银机等各种设备，本任务仅介绍酒吧的吧台设备。

一、冰槽和冰铲（Ice Trough/Ice Shovel）

冰槽只能用来储存冰块而无法制造冰块，在冰槽的底部会有一个排水孔，以便让冰块溶解的水可以排出去。应在上班前从制冰机中把冰块拿出放入冰槽，以便营业时使用。当业务量很大的时候，需要注意随时补充冰块。每天营业结束时，必须把冰槽清理干净并且彻底地做好清洁工作。图 3–1 中的冰铲，在不用的时候不可以放在冰块中。

图 3-1　冰槽和冰铲

二、酒瓶架（Speed Rack）

在酒瓶架（图 3-2）上可以摆放平时最常用的酒，这样在忙的时候非常方便。但如果是许多人在一起工作，则应该有一个固定的排列次序，以免每次取酒时浪费时间。

当每一瓶酒的位置被固定在记忆中，只要一看到要调的酒名，需要用到哪些东西便会在调酒师脑海中显现，一伸手便可将所要的东西备齐。

图 3-2　酒瓶架

三、烈酒枪和苏打枪（Bar Gun/Soda Gun）

并非所有的吧台上都有烈酒枪和苏打枪（图 3–3）。大体上分为各种基酒、烈酒和苏打类的碳酸饮料，它们都有各自的系统，要随时检查末端各种酒品的存量。越繁忙的酒吧越能发挥它的功能。不过有些调酒师会认为其调酒的速度并不比机器慢，同时手动调出来的酒比较有艺术性，也比较有品位。

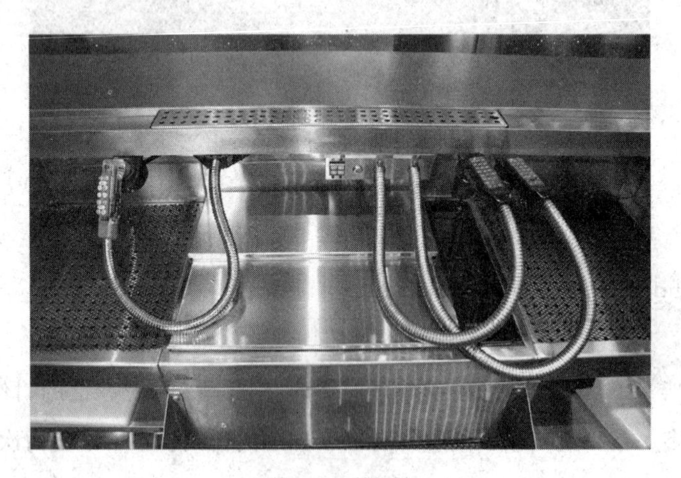

图 3–3　苏打枪

四、电动混合机（Mixer）

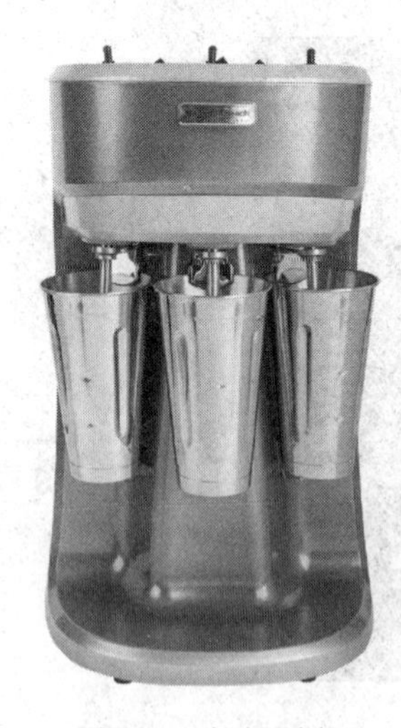

图 3–4　电动混合机

调酒的分量多的时候，电动混合机（图 3–4）非常好用，它可以用最快的速度把所有的调酒材料均匀混合，也具有发泡效用。若能熟悉、顺畅地使用它，会使我们调酒的速度加快许多。同时，也确保每一次的混合都很均匀。一般来说需要摇和的酒，无论是要混合或发泡都可以使用它。

五、电动搅拌机（Blender）

电动搅拌机（图 3–5）即常用的果汁机。调酒时需要将冰块或果肉、果粒等材料打碎时要使用该机器。要特别注意的是：每一次用完都要当场清理干净，否则下一杯果汁会有上一杯果汁的味道。

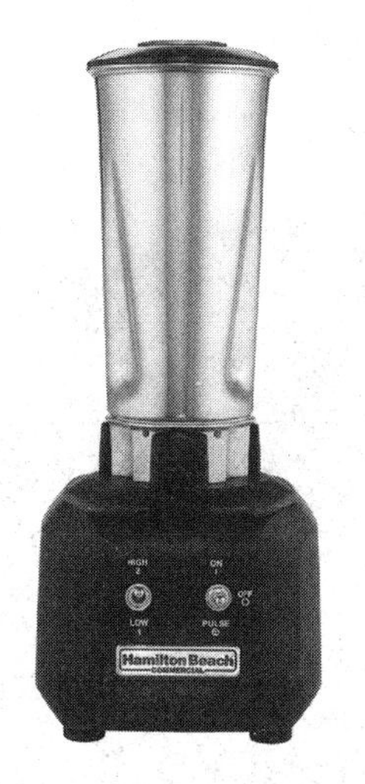

图 3-5　电动搅拌机

六、洗杯槽和洗杯器（Rinser）

洗杯槽是用来清洗水果类的东西或者其他的器材用具。洗杯器（图 3-6）有台上型和嵌入型两种。洗杯器一般由五孔洗杯头，六向分支的洗杯托、底座、进出水口等部分组成。把需要清洗的杯子倒扣在洗杯器出水口上方，利用出水压力清洗杯子上的污垢。

图 3-6　洗杯器

七、冰杯机（Glass Chiller）

大多数鸡尾酒在提供给客人的时候都应该是冰凉的，因此酒杯也必须是冰凉

的。所以冰杯机（图 3–7）中应随时补齐安全库存量，以备不时之需，必须注意随着使用量和季节的变化库存所需也要做调整。

图 3-7　冰杯机

八、滤滴板（Drain Board）

滤滴板用于将洗好的杯子或用具晾干以便擦拭。整理、收拾晾干台要选择在服务的间隙，养成随时整理的好习惯，吧台上就会井然有序（图 3–8）。

图 3-8　滤滴板

九、洗杯机（Washing Glass Machine）

洗杯机（图 3-9）中有自动喷射装置和高温蒸汽管。加大的洗杯机可以放入整盘的杯子进行清洗。有些较先进的洗杯机还有自动输入清洁剂和催干剂的装置。洗杯机型号各异，可根据需求选用。例如，有一种小型的、旋转式的洗杯机，每次只能洗一个杯子；还有一种洗杯机则是可以清洁固定杯型，放在水槽中使用的。

图 3-9　洗杯机

十、生啤酒机（Draft Beer Machine）

生啤酒机（图 3-10）不只是有摆在吧台上的那个很漂亮的机器。事实上，露在吧台上的只是出酒口（可以调整泡沫的多少），一个完整的生啤酒机还必须包括一个二氧化碳钢瓶，啤酒机器本身以及一桶生啤酒。

图 3-10　生啤酒机

十一、咖啡机（Coffee Machine）

咖啡机（图 3-11）的种类非常多，有全自动、半自动等类型。每天营业结束，出完最后一杯咖啡，应做清洁管理（加入药片做管路清洁）。这些机器在固定的时间里还需专人保养，调整压力、温控、研磨、水量等事项。

图 3-11 咖啡机

十二、储酒柜（Wine Dispensing System）

图 3-12 储酒柜

储酒柜（图 3–12）在兼顾方便与卫生的同时也提高了专业的形象与品位。经过开封的酒（杯卖酒：House Wine）都可以摆在这里，上图是能够保持恒温的储酒柜，酒瓶里充满二氧化碳（可抑制发酵），一按开关可自动出酒。

十三、制冰机（Icemaker）

越大型的制冰机（图 3–13）单位时间产量越大，但是噪声也越大，尤其是冰块掉落的时候。因此制冰机大多摆在后场，以免影响酒吧安静的环境。绝对不可以用玻璃器皿去舀冰块，一旦玻璃破在冰块里，只能把所有的冰块挖出来丢弃。

图 3–13　制冰机

相关链接

1755 年，苏格兰教授威廉·卡伦在自家的小工作室里尝试着使用泵在乙醚容器上形成部分真空然后煮沸，吸收周围空气中的热量来制冷。这种通过蒸发结晶法运转的小型制冷机创造出了少量冰块，虽然在当时没有得到实际应用，但也拉开了人工制冷的历史序幕。

十四、酒品展示柜（Wine Cellar）

酒品展示柜（图 3-14）是恒温冰箱，将葡萄酒储存在固定的温度中，同时也能够让顾客看到所要挑选的红葡萄酒和白葡萄酒。若是要长期储存红葡萄酒和白葡萄酒，应将其摆在没有光线同时又能保持恒温的酒窖中。

图 3-14　酒品展示柜

思考题

葡萄酒存放的适宜温度是多少呢，此外还有哪些注意事项？

十五、冰箱（Refrigerator）

冰箱（图 3-15）是酒吧中用于冷藏酒水饮料，保存适量酒品和其他调酒用品的设备。通常放在后吧，大小型号可根据酒吧的规模、环境等条件进行选择。冰箱内温度一般保持在 4~8℃，内部分层、分格，便于存放不同种类的酒品和调酒用品。通常果汁、装饰物、奶油等都应放入冰箱中冷藏。

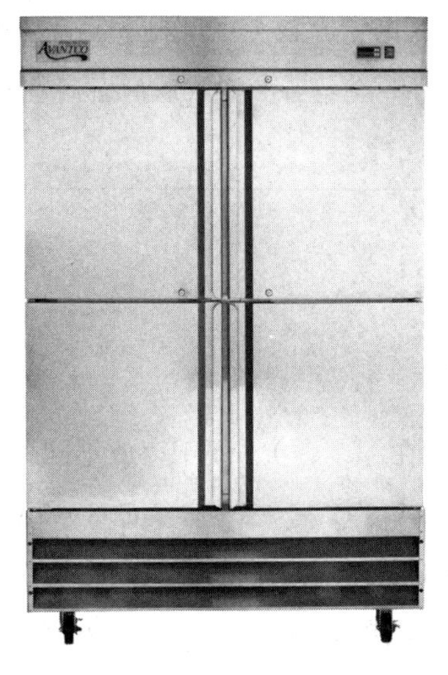

图 3-15　冰箱

相关链接

中国古代的冷库和冰箱

中国古代就有了冰块的使用历史。古人储存冰块多使用冰窖。冰窖大多建在干燥且杜绝阳光的地方。建造地点与现代农村的菜窖或楼房的地下室类似，并且更深。在古代，冰窖分为国有和民间两种。明代，国有冰窖归内官监管，清代则由内务府督办，且不允许民间私自采冰。

如果说冰窖相当于现代冰库的话，那么古代的冰鉴就是现代的冰箱。冰鉴分青铜和木质，箱底留孔用来放水，箱身内有缝隙保证冷气扩散。内部挂一层锡，有隔热保温的作用，类似现代的暖壶内胆。

情景训练

今天的你作为酒吧新入职的调酒师，需要制订一个熟悉和掌握酒吧设备

用途和功能的学习计划，除了本任务中所列举的设备外，请再找出五个你认为酒吧中会用到的设备，并介绍给共同入职的新同事。

复习题

一、单选题

1. 冰箱内温度要求保持在（　　），便于存放不同种类的酒品和调酒用品。

A. 0~4℃　　B. 4~8℃　　C. 8~12℃　　D. 12~16℃

2.（　　）可以摆放平时最常用的酒，尤其是在忙的时候非常方便。

A. 酒品展示柜　　B. 酒瓶架　　C. 滤滴板　　D. 储酒柜

3. 在制冰机里不可用（　　）舀冰块。

A. 玻璃器皿　　B. 冰铲　　C. 钢杯　　D. 大汤勺

4. 一个完整的生啤酒机除了包括吧台上那台漂亮的“出酒口”机器外，还包括（　　）。

A. 二氧化碳钢瓶　　B. 啤酒机器　　C. 一桶生啤酒　　D. 以上皆是

5.“储酒柜”是一个能够保持恒温的储酒柜，酒瓶里充满着（　　），而且它是自动的，一按开关酒就出来了。

A. 氧气　　B. 二氧化碳　　C. 一氧化碳　　D. 氢

二、判断题

1. 冰槽只能用来储存冰块而无法制造冰块。（　　）

2. 可以用玻璃器皿去舀冰块，玻璃破在冰块里，只需把破碎的玻璃取出丢掉即可。（　　）

3. 制冰机内随时都要有冰铲，以备不时之需。（　　）

4. 生啤酒机可适用于所有的生啤酒，并无品牌之分。（　　）

5. 电动搅拌机每次用完要当场清理干净，否则，下一杯果汁会有上一杯果汁的味道。（　　）

任务二　调酒器具

知识准备

调酒器具（Bar Tools）主要是指在吧台的工作人员用以调制酒品的工具，如量酒器、开瓶器、榨汁器、摇酒壶、吧匙等。

一、榨汁器（Squeezer）

常用的榨汁器（图3–16）是塑料或不锈钢制品，有电动和手动两种，用法简单，只要把切开的水果（主要是柠檬、柑橘）放在榨汁头上用手一压即可出汁。

一般柑橘类的皮层分为外表有颜色的一层和里面白色的一层，有颜色的这层含有柑橘类的芳香油脂，散发出柑橘类特有的清爽香气。白色的这一层则会带来苦涩的味道，挤出来的柠檬原汁会被稀释所以影响较小。但是橙汁原汁就不免有苦涩的味道，因此橙汁更适合用旋转式的榨汁器。

图3–16　榨汁器

二、酒嘴（Pourers）

酒嘴（图 3-17）是为了减缓酒液的冲力和控制酒液的流量而安置在酒瓶口的一种小型控制器。定量酒嘴会有一颗小钢珠，可以控制刚好 1oz、1.5oz 及其他固定规格的液体量。

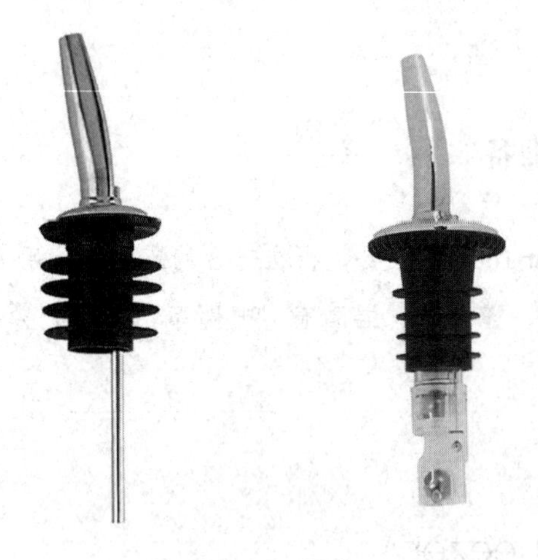

图 3-17 酒嘴

三、摇酒壶（Shaker）

摇酒壶（图 3-18）有考不勒（Cobbler Shaker）和波士顿（Boston Shaker）两种，功能是加冰块、各类的酒和果汁（不可以加有气泡的碳酸饮料）进行摇荡，可以迅速冷却并产生泡沫。

图 3-18 考不勒摇酒壶（左）和波士顿摇酒壶（右）

考不勒摇酒壶由壶盖、滤冰器及壶体三个部分组成。摇酒壶通常用银、铬合金或不锈钢等金属材料制成，以不锈钢制的居多。目前常见的有大号（530mL）、中号（350mL）、小号（250mL）三种规格。

波士顿摇酒壶，分为不锈钢的厅（TIN）杯和玻璃量杯，也有很多使用双不锈钢厅杯，双厅杯的大小杯容量一般是18oz和28oz。使用效果并没有哪一种摇酒壶更好，适合自己即可。考不勒摇酒壶更容易发力，所以比较容易摇出泡沫来。

四、滤冰器 / 调酒杯（Strainer/Mixing Glass）

在调酒的过程中只要是用到调和法，就会用到调酒杯（图 3-19）。它的功能是把两种或两种以上的酒混在一起调匀（多数是清澈透明的酒）。

滤冰器有两种类型：霍桑滤冰器（Hawthorne Strainer）与朱莉普滤冰器（Julep Strainer）。霍桑隔滤冰器由弹簧圈、匙面和爪子组成，弹簧圈能屈能伸，可以配合不同调酒杯杯口把冰块留在杯中，凸出的爪子是为了扩大压盖范围而不让隔冰匙陷入杯中，半圆形开孔和数个小洞的作用是当液体从下方快速流出时用来排气。朱莉普滤冰器是由匙柄与含洞的匙面组成，有些朱莉普滤冰器还有波纹可以卡住杯缘，朱莉普滤冰器将冰块抵住在杯底，滤出酒液的时候冰块不会移动。

图 3-19　霍桑滤冰器（左一）、朱利普滤冰器（左二）和调酒杯（右一至右四）

五、开瓶器（Corkscrew）

开瓶器是用于葡萄酒开瓶的工具。种类与样式各式各样，用法各异。但是专业使用的是图 3-20 中的这种开瓶器，也被称为海马刀。使用起来优雅而流畅需要多多练习。原则上开瓶器具有五旋螺纹丝的较为好用。

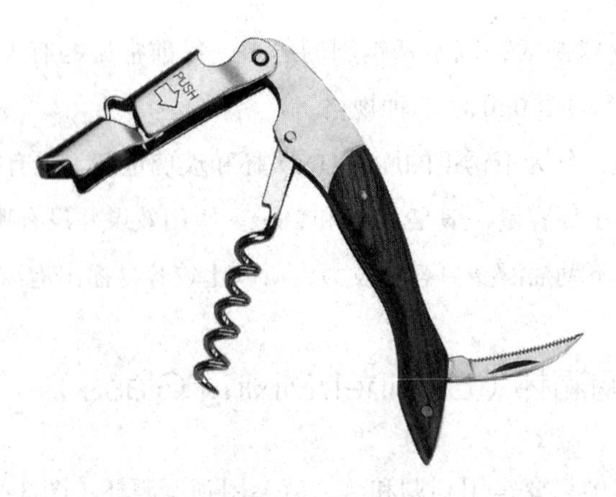

图3-20　海马刀

相关链接

海马刀的历史

开瓶器的发明源于17世纪时英国发明了玻璃瓶。有了玻璃瓶后，人们开始使用橡木塞来密封瓶口，但是把橡木塞取出就变成了一项难题。最早的历史记载出现在17世纪80年代，开瓶器被称为“钢铁蠕虫”（Steel Worm）。

大约在1795年，Reverend Samuel Henshall获得了世界上第一个开瓶器的专利，这个发明在世界各地风靡了100多年，最终被海马刀的出现所改变。

在1882年，德国的发明家Carl F.A. Wienke发明了一个名叫“酒保助手”（Butler’s friend）的工具，就是现在被大家所熟知的海马刀。

思考题

你还见过或使用过哪些类型的开瓶器，它们之间有什么区别和用途呢？

六、盐糖盒（Rimmer）

盐糖盒（图 3–21）是在杯口沾上盐或是砂糖和其他配料时使用。使用前先用柠檬或橙子将杯口润湿，使杯口带有柠檬或橙子香味，再覆盖上去蘸所需要的盐或糖。（龙舌兰系列的酒多数会用到盐。）

图 3–21　盐糖盒

七、量酒器（Jigger）

量酒器（图 3–22）是吧台的灵魂工具，是调制鸡尾酒和其他混合饮料时用来量取各种液体的标准容量杯。量酒器有两种式样：一种是不锈钢量杯；另一种是玻璃量杯。酒吧营业高峰时段，量杯是保证鸡尾酒品质和口感的重要工具之一。

思考题

调酒师是否可以不使用量杯，请阐明原因。

不锈钢量杯呈漏斗形，一头大，另一头小。最常用的型号组合有 1oz 和 1.5oz，也有 1oz 与 2oz、1oz 与 0.5oz 的组合。大部分没有刻度，部分在内侧有刻线。玻璃量杯杯体高且底平而厚，杯身上有刻度，用玻璃量杯量酒时应将酒倒至刻线处。

图 3-22　量酒器

八、砧板（Cutting Board）

所有要切割、雕花的工作都要在砧板（图 3-23）上进行操作。如果担心滑动，可以在下面铺一层抹布。每一阶段使用过后都必须清洗，以免上一次的味道和这一次的味道混合在一起。砧板非常容易藏污纳垢，在夏天经过 1 小时便可产生异味。

图 3-23　砧板

九、吧台刀（Knife）

有砧板当然需要有刀。刀随时都要摆在砧板旁边伸手可得的地方，同时要注意刀刃不可朝上，要朝内，安全是最重要的（图 3-24）。

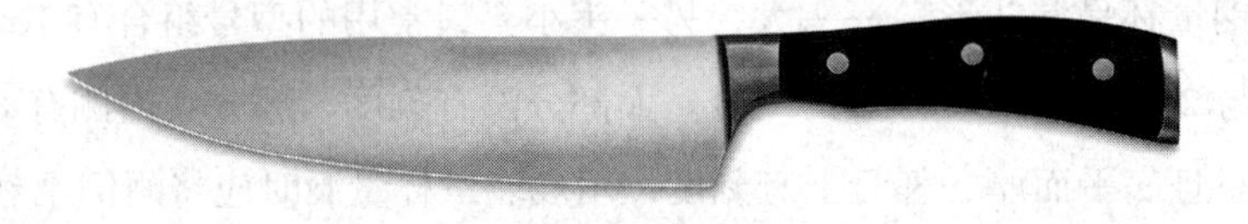

图 3-24　吧台刀

十、吧匙（Bar Spoon）

吧匙（图 3-25）又称为调酒匙，在调制鸡尾酒时，特别是使用直身杯时，要配备专用的调酒匙。主要作用是搅拌或调和饮料、引流和分层。吧匙多为不锈钢制品，柄很长，约 25 厘米，匙头大小如咖啡匙，其容量和茶匙差不多大，匙底浅，前端呈圆形，中间呈螺旋状，可以避免搅拌饮料时滑动。有些鸡尾酒配方中用匙作为计量单位。

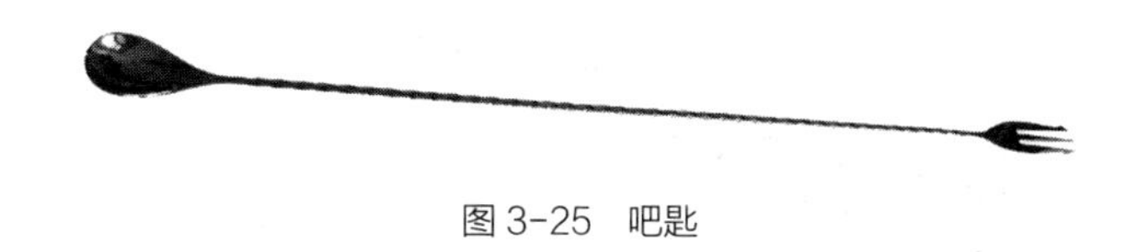

图 3-25　吧匙

十一、四维索调酒棒（Swizzle Stick）

四维索调酒棒（图 3-26）法语叫作 bois lélé，是从加勒比海的小安的列斯群岛生长的一种常绿灌木 Quararibea Turbinate 上获得的直立木棒。这种灌木树枝的末端有几个方向的分叉，可以将其剪下以适合各种酒杯。在加勒比海地区，人们用它来搅打奶油。现在主要用来做朱莉普、四维索以及其他混合在碎冰里的鸡尾酒。

调酒棒上的分叉头就像一个手动的浸入式搅拌机，深入到饮料中，搅动碎冰。饮料与碎冰接触的增加会使它很快变冷，但长时间搅拌会导致被饮料过度稀释。

19 世纪 20 年代，四维索调酒棒进入白金汉宫，维多利亚女王和宫廷女士会用它们减少香槟中的二氧化碳，以免打嗝。禁酒时代慢慢地使这项技术消亡，直到美国人发明了塑料材质的调酒棒，才让越来越多的人认识这种调酒工具。

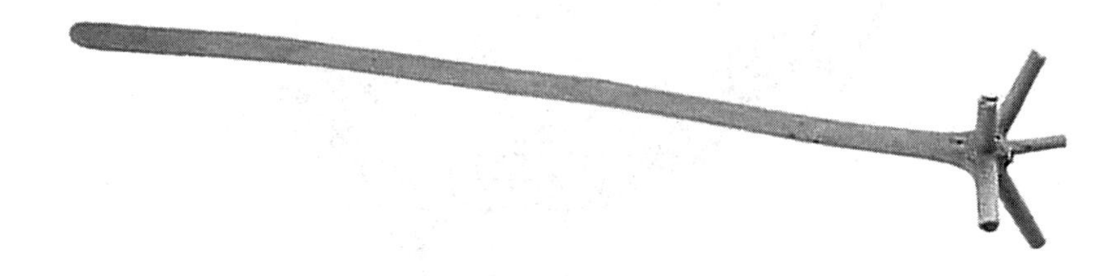

图 3-26　四维索调酒棒

十二、碾杵（Muddler）

碾杵（图3-27）又称作捣棒，主要用于碾压水果、草本植物等材料。市面上的捣棒有金属、木质、塑料三种常见材质，通常不锈钢的捣棒更便于发力和清洗。如果手边无碾杵时，可以用擀面杖等临时替代。

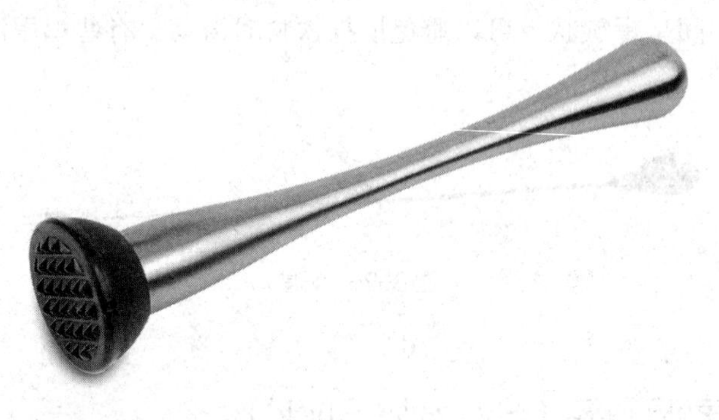

图3-27　碾杵

十三、装饰物备品盒（Garnish Tray）

平常做好的装饰物，不能长期暴露在空气中，否则容易风干或氧化。所有准备作为装饰用的备品、调酒用的材料，都要放在有盖的保鲜盒内或是用保鲜膜盖好（图3-28）。

图3-28　装饰物备品盒

十四、冰桶 / 冰夹（Ice Bucket/Ice Tongs）

冰桶为不锈钢或玻璃制品，用于盛装冰块用；冰夹一般为不锈钢制品，用于夹取冰块放到酒杯或摇酒壶中（图 3-29）。

图 3-29　冰桶和冰夹

十五、碎冰器 / 冰锥（Ice Smasher/Ice Pick）

碎冰器是在把普通冰块碎成小冰块时使用的器具；冰锥是用于凿碎冰块和冰球的锥子（图 3-30）。

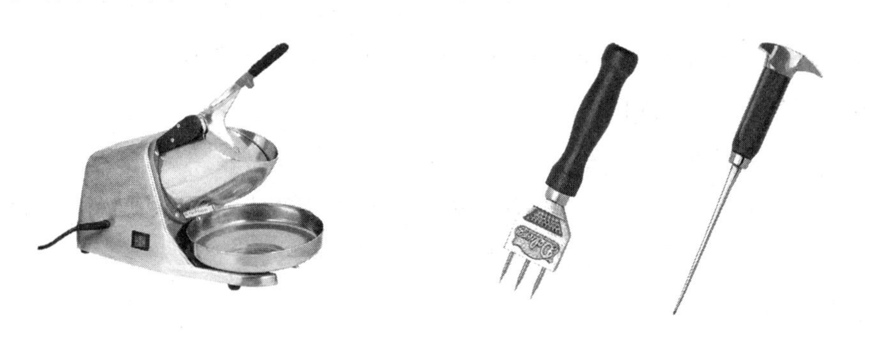

图 3-30　碎冰器和冰锥

十六、酒签/吸管/杯垫（Cocktail Pin/Straw/Coaster）

酒签用来穿插各种水果装饰品，由塑料、木头或不锈钢等材料制成；吸管，花色品种繁多，是长饮类鸡尾酒的点缀物和装饰物；杯垫用于垫在杯子底部，由纸、塑料、皮革和金属等材料制成，其中以吸水性能好的厚纸为佳。杯垫上往往印有酒店或酒吧的标志。

除上述物品外还有苦精瓶、喷火枪、酒炮、长勺、长叉、香槟桶、洁杯布、开罐器等物品。

● 相关链接

新型吸管

纸吸管是当前最流行的塑料吸管的替代品，也是许多外卖饮料行业巨头的不二之选。例如，星巴克在上海和深圳已经用100%可回收的纸吸管取代了塑料吸管。大多数纸吸管可生物降解，有些还可堆肥处理。缺点主要是很快就会浸水变软，影响饮用体验。并不是所有的纸吸管都可生物降解，生产纸吸管也会消耗树木。

金属吸管容易买到，样子漂亮，而且不会变软变黏，是可以重复使用的吸管。它结实耐用，但不易清洁，低廉的金属吸管还可能会在口腔中产生金属味道。

玻璃吸管，色彩缤纷，款式多样，很适合在酒吧中销售，供消费者带回家中使用。且玻璃吸管因为透明，所以比其他可重复使用的吸管更容易清洁，但是易碎，较难保存。

竹吸管，有地域特色，可以为某些鸡尾酒增添特色。是最环保的一种选择，吸管纯天然，无添加剂，只需对竹子进行打磨抛光处理即可。缺点是耐用性相对较差，竹子在液体中膨胀收缩容易裂开，清洁和抛光等维护比其他类型的吸管要复杂。

麦秸吸管，是人类最原始的饮用工具，这种纯天然有机的替代吸管如今正变得越来越流行。麦秸吸管百分之百可生物降解，做可堆肥处理，但相对较细，一杯酒中需要的数量更多。

复习题

一、单选题

1. 整套的波士顿摇酒壶包含（　　）。

A. 不锈钢厅杯和玻璃量杯　　B. 吧匙

C. 滤冰器　　D. 以上皆是

2. 开瓶器最好是有（　　）较为好用。

A. 3 旋螺纹　　B. 4 旋螺纹　　C. 5 旋螺纹　　D. 6 旋螺纹

3. 吧台刀要摆在砧板旁边伸手可得的地方，同时也要注意刀刃不可朝（　　），安全是最重要的。

A. 上　　B. 下　　C. 内　　D. 外

4. 砧板上非常容易藏污纳垢，在夏天经过（　　）便会产生异味。

A. 1 小时　　B. 2 小时　　C. 3 小时　　D. 4 小时

5. 波士顿雪克杯是从美国（　　）流传出来的。

A. 休斯敦　　B. 波士顿　　C. 纽约　　D. 华盛顿地区

二、判断题

1. 吧台砧板要常常用抹布擦拭保持清洁。（　　）

2. 吧台刀越锐利越安全。（　　）

3. 因为柠檬有防腐作用，榨汁器不需要每次清洗。（　　）

4. 霍桑隔滤冰器由弹簧圈、匙面和爪子组成，弹簧圈能屈能伸，可以配合不同调酒杯杯口把冰块确实留在杯中。（　　）

5. 定量酒嘴会有两颗小钢珠，可以控制刚好 1oz、1.5oz 及其他固定规格的液体量。（　　）

任务三　酒吧酒杯

知识准备

酒吧常用酒杯大多是由玻璃和水晶玻璃制作的，在家庭酒吧中还有用水晶制成的。不管材质如何，酒杯首先要求无杂色，无刻花、印花，杯体厚重，无色透明，酒杯相碰时能发出金属般清脆的声音。高质量酒杯不仅能显出豪华和高贵，而且能增加客人饮酒的欲望。

酒杯在形状上有非常严格的要求，不同的酒应该用不同形状的酒杯来展示酒品的风格和情调。不同饮品用杯大小容量不同，这是由酒品的分量、特征及装饰要求来决定的。合理选择酒杯的质地、容量及形状，不仅能体现出典雅和美观，而且能增加饮酒的氛围。

一、酒杯的类型

杯子通常包括杯体、杯脚及杯底，还有些杯子带杯柄。一种杯子可能具有上述两个或三个部分。根据这一特点，可将酒杯划分为以下三类：

第一类，平底无脚杯（Tumbler）。它的杯体有直的、外倾的、曲线形的，酒杯的名称通常是由所装的饮品的名称来确定的。

第二类，矮脚杯（Footed Glass）。杯脚矮，粗壮而结实。

第三类，高脚杯（Goblet）。杯脚修长，光洁而透明。

相关链接

杯具的使用与管理

1. 搬运

玻璃器皿应轻拿轻放，整箱搬运时应注意外包装上的向上标记，不要倒置。准备摆台时，平底无脚杯和带把的啤酒杯应倒扣在托盘上运送；拿葡萄酒杯时，可用手托送（戴手套），将杯脚插入手指中，平底靠近掌心。注意：在服务过程中，所有酒杯都必须用托盘搬运。

2. 测定耐温性能

对新购进的玻璃器皿可进行一次耐温急变测定。测定时，可抽出几个器皿放置在1~5℃的水中约5分钟，取出后，再用沸水冲，以没出现破裂的质量为好。

若质量稍差的可以放置在锅内，加入冷水和少量食盐逐渐加热煮沸。从而提高玻璃器皿的耐温性，以利于日后的使用和洗涤。

3. 检查

在营业前要对全部器皿进行认真检查，不能有丝毫破损。

4. 清洗

用过的酒杯先用冷水浸泡去除酒味，然后用清洗剂洗涤，冲净后消毒，保持器皿光亮透明。高档酒杯宜手洗。

5. 保管

洗涤过的器皿要分类存放好，不经常使用的玻璃器皿要用软性材料隔开，以免直接接触发生摩擦和碰撞，造成破损。

二、酒吧常用酒杯

（一）鸡尾酒杯（Cocktail Glass）

大多数鸡尾酒主要以鸡尾酒杯作为载杯，所以鸡尾酒杯是混合酒中最常用的酒

杯。它是高脚杯的一种，杯体呈三角形或倒梯形，杯脚修长或圆粗，光洁而透明，杯子的容量为3~12oz（90~360mL），其中教学中多用3oz的，酒吧销售中多用4.5oz的。液体盎司（oz）为调酒时酒液容量计量专用单位，有英制盎司（1oz≈28.4mL）和美制盎司（1oz≈29.6mL）两种。

鸡尾酒杯还可以是各种形状的异形杯，但所有的鸡尾酒杯须具备以下条件：①不带任何花纹和色彩，色彩会混淆酒的颜色；②不可用塑料杯，塑料会使酒走味；③一定是高脚的，便于手握，因为鸡尾酒要尽量保持其冰冷度，手的触摸会使其变暖。

（二）海波杯（Highball Glass）

海波杯即所谓的直筒杯，一般容量为8~10oz，常用于调制各种长饮类的简单混合饮料，如金汤力等。

（三）柯林杯（Collins Glass）

柯林杯又称长饮杯（Chimney Glass），形状与海波杯相似，只是比海波杯细且长，其容量为8~14oz，标准的长饮杯高度与底面周长相等。长饮杯经常用于调制柯林斯类鸡尾酒，其他长饮类饮品也可使用此种杯型，一般配有吸管。海波杯和柯林杯可称为平底杯（Tumbler）。

（四）白兰地杯（Brandy Glass）

白兰地杯形似郁金香，酒杯腰部丰满，杯口缩窄，又称白兰地吸杯（Snifter）。使用时以手掌托着杯身，让手温传入杯中使酒升温，并轻轻摇荡杯子，这样可以充分享受杯中的酒香。这种杯子容量很大，通常为8oz左右。但饮用白兰地时一般只倒1oz左右，酒太多不易很快温热，就难以充分尝到酒味。另外，标准的白兰地杯放倒时所能盛装的容量应刚好为1oz。

（五）香槟杯（Champagne Glass）

常用于祝酒的场合，用其盛放鸡尾酒也很普遍。香槟杯又分为碟形香槟杯（Champagne Saucer）、笛形香槟杯（Champagne Flute）和郁金香形香槟杯

（Champagne Tulip）三种。碟形香槟杯为高脚、开口浅宽的杯型，可用于盛载鸡尾酒或软饮料，也可作为小吃的容器；笛形香槟杯，杯身细长，笛形杯身可令酒的气泡不易散掉，令香槟更可口；郁金香形香槟杯形似郁金香，收口、大肚，可用来盛放香槟酒，细饮慢啜，能充分欣赏酒中的气泡。香槟杯的容量为3~9oz，以4oz左右的香槟用途最为广泛。

（六）葡萄酒杯（Wine Glass）

葡萄酒杯为无色透明的高脚杯，材质有玻璃和水晶两种，又分为白葡萄酒杯（White Wine Glass）和红葡萄酒杯（Red Wine Glass）两种，红葡萄酒杯比白葡萄酒杯肚稍大。为了充分领略葡萄酒的色、香、味，酒杯杯壁以薄为佳。

（七）古典杯（Old Fashioned Glass）

古典杯又称为老式酒杯或岩石杯（Rock Glass），是平底杯的鼻祖。过去是英国人饮用威士忌酒和其他蒸馏酒及主饮料的载杯，也常用于装载鸡尾酒，现多用此杯盛载烈酒加冰。古典杯呈直筒状，杯口与杯身等粗或稍大，无脚，容量为5~10oz。古典杯最大的特点是壁厚，杯体矮，有矮壮结实的外形，这种造型是由英国人的传统饮酒习惯造成的，他们喜欢碰杯，所以要求酒杯结实，具有稳定感。

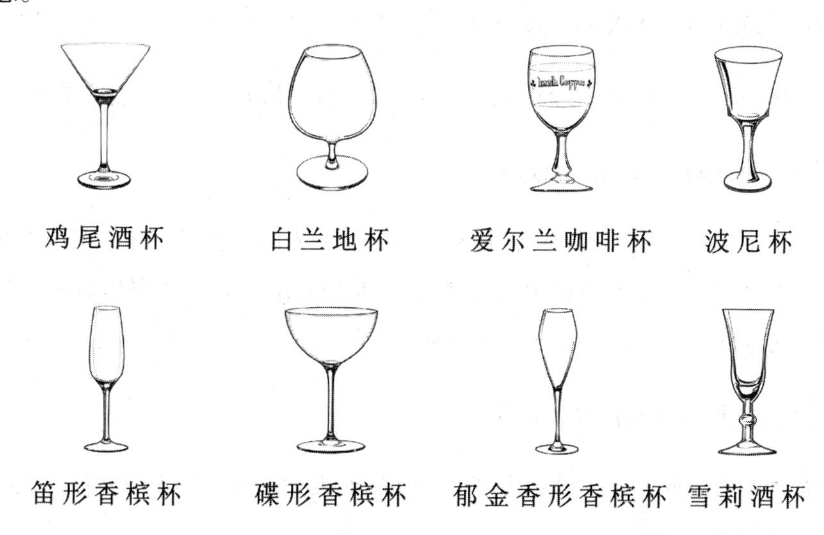

图3-31 酒杯类型

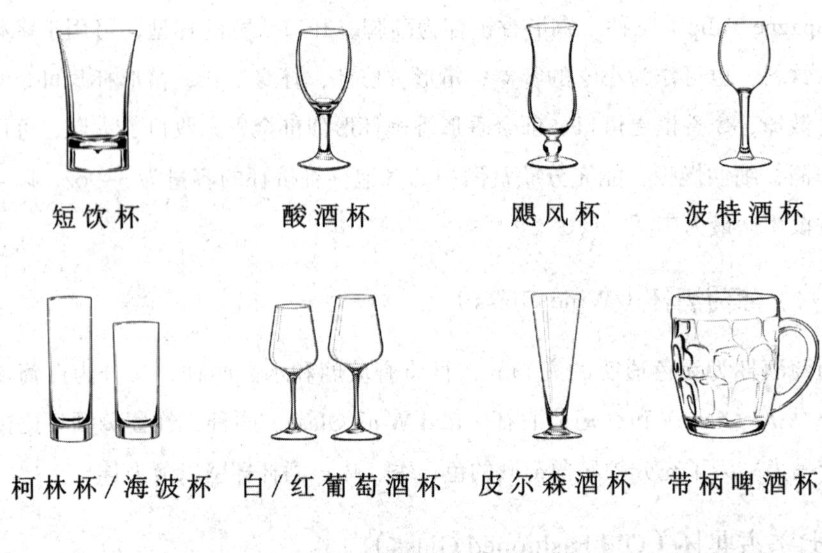

图 3-31　酒杯类型（续）

（八）果汁杯（Juice Glass）

果汁杯为高筒直身杯，比海波杯稍小一号，容量为 6~8oz，盛装鲜果汁用。

（九）短饮杯（Shot Glass）

短饮杯也称一口杯、烈酒杯，是指一口就能喝光的小容量杯子，多用于饮用烈酒，容量为 1~3oz。此类酒杯中还包含波尼杯（Pony Glass）、作弊酒杯（Cheater Glass）、笛形杯（Fluted Glass）等各种杯型。

（十）酸酒杯（Sour Glass）

通常把带有柠檬酸味的酒称为酸酒，饮用此类酒的杯子称为酸酒杯。酸酒杯为高脚杯，容量在 4~6oz。

（十一）利口杯（Liqueur Glass）

利口杯是一种容量为1oz的小型有脚杯，杯身为管状，可用来饮用五彩缤纷的利口酒、彩虹酒，也可用于伏特加、龙舌兰、朗姆酒的纯饮。目前酒吧中也有无脚利口杯。

（十二）雪莉酒杯（Sherry Glass）

雪莉酒杯类似鸡尾酒杯，细长而高，容量为2oz，用于盛装雪莉酒。

（十三）波特酒杯（Port Glass）

波特酒杯是饮用波特酒时使用的杯子，与葡萄酒杯相似，容量为2oz左右。

（十四）甜酒杯（Cordial Glass）

在国外，因甜酒的产地不同，酒的品质也各异，为适应不同的酒品，杯形也多种多样。法国的甜酒杯较大，杯的上部略长呈郁金香形，容量为4~5oz，但饮用时一般只斟到2/3满；有些地方甜酒不像西欧那样流行，饮用时，只用2~3oz的较小型酒杯，斟倒量约是2/3杯。一般的酒杯都是无色透明的，但盛装白色甜酒时也可用淡绿色的酒杯。

（十五）爱尔兰咖啡杯（Irish Coffee Glass）

爱尔兰咖啡杯是调制爱尔兰咖啡的专用杯，容量为6oz，形状近似于葡萄酒杯。杯子的玻璃上有三条细线，第一条线的底层是爱尔兰威士忌，第一条线和第二条线之间是咖啡，第二条线以上至杯口的金线之间是奶油。

（十六）果冻杯（Sherbet Glass）

果冻杯用于盛放冰激凌或果冻，容量为5oz左右。

（十七）啤酒杯（Beer Glass）

普通的啤酒杯杯身较长，呈直筒型或近直筒型，容量大致10oz以上，无脚或有墩形矮脚。啤酒起泡性很强，泡沫持久，占用空间大，故要求杯具容量大，安放平稳。啤酒杯有不同的造型和用途，如皮尔森酒杯用来饮用皮尔森啤酒。

（十八）宾治盆（Punch Bowl）

宾治盆即调制宾治酒时使用的大型玻璃容器，便于多种果汁、酒类的混合以及宾治酒的分杯。

思考题

如何区分海波杯和柯林杯？

相关链接

酒杯的选择

不加冰块冰镇饮用的浓烈的短饮，倒入鸡尾酒杯中；

含有柠檬汁、苏打水或果汁的长饮，可以用海波杯或柯林斯杯来盛装，杯中要提前加入适量冰块；

对于具有异域风情的鸡尾酒来说，常常用飓风杯；

舒特类（Shot）鸡尾酒，常常不加冰，倒入小酒杯中，一饮而尽；

含有起泡葡萄酒的鸡尾酒，常常用笛形或郁金香形酒杯，不加冰块；

古典杯等类型的平地无脚酒杯适合盛装从长饮到作为消化酒的短饮的各种鸡尾酒。通常杯中要预先加适量冰块。

三、酒杯的擦拭方法

酒杯的擦拭方法

酒杯是喝饮料的器具，要求其洁净，特别是在酒吧中，酒杯不允许有一点污渍。这就要求酒吧服务人员要经常擦拭酒杯。

擦酒杯时要用桶或其他容器装些开水，将酒杯的口部对着热水，用水蒸气熏酒杯，直至杯中充满水蒸气时，再用清洁、干爽的擦杯布擦拭，在擦杯时不可太用力，以防止扭碎酒杯。擦拭酒杯的方法如图 3-32 所示。

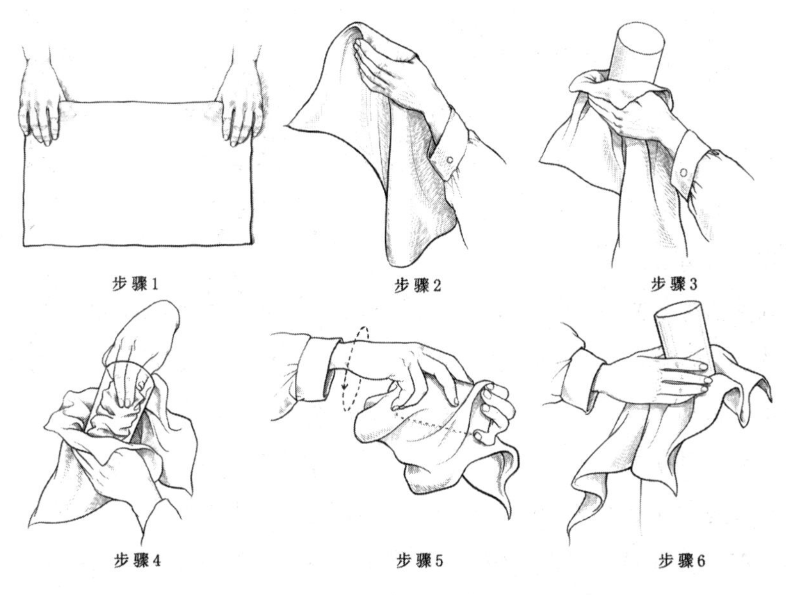

图 3-32 酒杯擦拭步骤

第一步，将口布打开，将拇指放于里面，拿住两端；

第二步，左手持布，手心朝上，右手离开；

第三步，右手取杯，杯底部放入左手手心，握住；

第四步，右手将口布的另一端（对角部分）夹起，放入杯中；

第五步，右手拇指放入杯中，其他四指握住杯子外部，左右手交替转动并擦拭杯子；

第六步，一边擦拭一边观察是否擦净，擦干净后，右手握住杯子的下部（拿杯子时，有杯脚的杯子拿杯脚，无杯脚的杯子拿底部），放置于指定的地方备用，手指不能再碰杯子内部或上部以免留下痕迹。

思考题

为什么要经常擦拭酒杯？

相关链接

酒吧器具的清洗与消毒

酒吧器具的清洗通常包括冲洗、浸泡、漂洗和消毒四个步骤。其中消毒是指对冲洗干净的器具进行消毒，常用的消毒方法有高温消毒法和化学消毒法。

凡是有条件的地方都要采用高温消毒法，其次才考虑化学消毒法。高温消毒法主要包括以下三种：

1. 煮沸消毒法

煮沸消毒法是公认的简单、可靠的消毒法。将器皿放入水中，将水煮沸并持续2~5分钟就可以达到消毒的目的。但要注意：器皿要全部浸没在水中，消毒时间从水沸腾后开始计算，水沸腾后到消毒结束期间不能降温。

2. 蒸汽消毒法

在消毒柜上插入蒸汽管，管中的流动蒸汽是过饱和蒸汽，一般温度在90℃左右。消毒时间为10分钟。消毒时要尽量避免消毒柜漏气。器皿堆放要留有空间，以利于蒸汽穿透流通。

3. 远红外线消毒法

远红外线消毒法属于热消毒法，使用远红外线消毒柜，在120~150℃高温下持续5分钟，基本可达到消毒目的。

一般情况下不提倡采用化学消毒法，但在没有高温消毒的条件下，可考虑采用化学消毒法。常用的消毒药物有氯制剂和酸制剂。

情景训练

作为酒吧新入职的调酒师，你需要制订一个熟悉和掌握酒杯类型的学习计划，除了本任务中所列举的酒杯类型外，请再找出五种你认为酒吧中会用到的酒杯，并介绍给共同入职的新同事。

复习题

一、单选题

1. 白兰地杯，把杯子倾倒放平，留在酒杯里的，就是标准容量为（　　）。

A. 2oz　　B. 1oz　　C. 3oz　　D. 1.5oz

2. 酒杯大致可分为（　　）。

A. 平底无脚杯　　B. 矮脚杯　　C. 高脚杯　　D. 以上皆是

3.（　　）又称为岩石杯，是平底杯的鼻祖。

A. 古典杯　　B. 海波杯　　C. 香槟杯　　D. 葡萄酒杯

4. 爱尔兰咖啡杯，杯身从上至下画有三条线，第二条给咖啡用，第三条是给（　　）用的。

A. 果汁　　B. 酒　　C. 苏打水　　D. 水

5.（　　）可称为平底杯（Tumbler）。

A. 海波杯　　B. 柯林杯　　C. 古典杯　　D. 以上皆是

二、判断题

1. 酒杯的质量对鸡尾酒的呈现没有任何影响。（　　）

2. 同时使用红、白酒杯，红酒杯比白酒杯略小。（　　）

3. 利口杯也称一口杯，是指一口就能喝光的小容量杯子，多用于饮用烈酒，容量为 1~3oz。（　　）

4. 爱尔兰咖啡为单一用途的杯子。（　　）

5. 平底杯要用杯垫，高脚杯则不需要。（　　）

任务评价系统

项目三

项目四
鸡尾酒认知

教学目标

了解鸡尾酒的定义与特点；了解鸡尾酒的历史与发展；掌握鸡尾酒的结构和类型；能够根据鸡尾酒的配方或结构判断其族系类别。

任务一　鸡尾酒的定义与类型

知识准备

鸡尾酒根据不同的性质与形态有不同的分类，同时还可根据不同的时空因素和需求进行调整与变化。鸡尾酒作为饮品呈现给客人之前，调酒师应严格按照客人需求、配方和鸡尾酒的类型特点进行调制。

一、鸡尾酒的定义

鸡尾酒是由两种或两种以上的酒或由酒混入果汁配制而成的一种饮品。美国的《韦氏字典》是这样注释的：鸡尾酒是一种量少而冰镇的酒。它是以朗姆酒、威士忌或其他烈酒、葡萄酒为基酒，再配以其他辅料，如果汁、蛋清、苦精、糖等，用搅拌法或摇荡法调制而成的，最后再饰以柠檬片或薄荷叶。美国鸡尾酒权威厄思勃里对鸡尾酒做了更全面、深入的阐述："鸡尾酒应是增进食欲的润滑剂，决不能背道而驰。"也就是说，即使酒味很甜或使用大量果汁调和，也不要脱离鸡尾酒的范畴。鸡尾酒应既能刺激食欲，又能使人兴奋，能创造热烈的气氛，否则就失去了其特性。鸡尾酒的饮用方法有两种。一种是直接饮用，称为纯饮（不添加其他饮料）——在美国也称 Straight up。这种方式可以品尝到酒的原味，此种饮料也被称为纯饮饮料（Straight Drink）。因此，在纯饮饮料中加冰的冰镇饮用方法，英文称为 On the Rock 或 Over Rocks。使用冰和器具，在某种酒杯中将酒和其他某种材料混合制成的饮料，被称为混合饮料（Mixed Drink）。

巧妙调制的鸡尾酒风味卓绝。如果酒太甜、太苦、太香，都会降低人的味蕾对酒味的感受能力，降低酒的品质。因此鸡尾酒需要足够地冷却，所以应使用高脚酒杯。调制鸡尾酒时需加冰，加冰量应严格按配方控制，冰块要溶化到要求的程度。

鸡尾酒根据创作者、调制者和饮用者的创意与爱好，能进行各种各样的组合，所以说鸡尾酒是一种具有无限种组合的饮料。鸡尾酒非常讲究色、香、味、形兼备，故又称为艺术酒。鸡尾酒虽然属于混合饮料，但并不是所有的混合饮料都是鸡尾酒。

相关链接

马天尼（*Martini*）

马天尼是鸡尾酒中的纪念碑，关于它的来源也有很多的争论。这个名字与著名的味美思类似的鸡尾酒可能是由传奇的调酒师杰瑞·托马斯（Jerry Thomas）创造出来的，杰瑞·托马斯为自己的创作借用了加利福尼亚城马丁内斯（Martinez）的名字。然而，纽约的“纽约人（Knidcerbocker）”酒店称这款鸡尾酒是用调酒师马天尼（Martini di Arma di Taggia）的名字命名的，他在该酒店的酒吧创作了这种鸡尾酒。此外，还有一个纽约的酒吧霍夫曼小屋（Hoffmann House）认为自己的酒吧是马天尼的诞生地。

事实上最初的马天尼（它今天常被称为First Ever Martini）配方非常复杂，包括1/2的老汤姆金酒，1/2的红味美思，加入少许的苦精酒或苦艾酒，和今天的马天尼没什么相似之处。如今的马天尼淳朴而精致，其中加入了像救生圈一样的油橄榄作为下酒小吃。

马天尼是何时开始趋向简单化的呢？大概是在禁酒令时期，那时制作酒的配料很少。据说丘吉尔喝过自制的超干“马天尼”。在喝金酒和用油橄榄下酒之前，他总要喝上一小口最喜欢的品牌的味美思。一名来自纽约的调酒师很好地总结了如今的情况：“当有人在我这里点比较干的马天尼时，我只倒入金酒，但某些客人会把它退回来，说这种鸡尾酒还不够干！”

马天尼的配方变化无穷，以至于在美国所有用高脚酒杯呈上的鸡尾酒都称作马天尼，甚至鸡尾酒杯也已经被称作马天尼酒杯。

二、鸡尾酒的结构

不论鸡尾酒的配方多么复杂，鸡尾酒的基本组成结构概括起来只有三部分：基酒、辅料、装饰物。

（一）基酒（Base）

基酒又称鸡尾酒的酒底、酒基，以烈酒为主。鸡尾酒通常以金酒、朗姆酒、伏特加、特基拉酒、白兰地、威士忌为基酒，其用量较高，往往达到甚至超过鸡尾酒总量的一半，只有个别鸡尾酒基酒含量低于一半（如长饮类）。

基酒一般用一种烈性酒来确定鸡尾酒的主味。在有些情况下，也可用两种烈性酒为基酒，但不能用更多的不同烈性酒，否则会导致气味混杂而破坏酒味。也有些鸡尾酒用开胃酒、餐后甜酒、葡萄酒或香槟等做基酒。

酒吧基酒有两类。一类是供客人点用的基酒，客人根据酒的品牌点叫，这类酒往往用来纯饮或加冰饮用，按份出售。因其成本较高，一般不用来调制鸡尾酒。另一类称为“酒吧基酒”，为了控制成本和制定调酒标准，酒吧通常将某些牌子的烈酒固定用于调酒，因为在调酒时，调酒师的风格不一致，使用的牌子也不一样，价格也不同。如威士忌，便宜的几十元钱一瓶，贵的几百元一瓶。如果没有明确的规定，调酒师随心所欲地使用任何一种，同一名称的鸡尾酒调制成本便会相差几倍甚至几十倍，所以确定成本与售价后，酒吧会选用一些质量稳定、品牌流行的酒作为酒吧基酒，专门用于调制鸡尾酒。

（二）辅料（Auxiliary Material）

调制鸡尾酒，除基酒外还需要增色增味溶液、调缓溶液和传统的香料等辅料。

1. 增色增味辅料

这类辅料是调酒中必不可少的增色增味剂。主要包括配制酒类、葡萄酒类、起泡酒类等。

2. 调缓溶液

调缓溶液的原料主要是碳酸饮料及果汁，其作用主要是使酒精度数下降，但不改变酒体风味，如矿泉水、可乐、汤力水、苏打水、各类果汁等。

3. 香料

调制鸡尾酒的原材料中，香料所占的比例非常小，但其却占有极其重要的地位。鸡尾酒使用的香料一般为天然香料，用于增加食品风味的芳香性植物物质，如豆蔻粉、桂皮、丁香、薄荷等。

4. 香精

香精是从植物中提取香气成分制成的精油状浓缩香料。食品用香精可以加到食品等相关产品中，赋予、修饰、改变或提高产品的香气。调酒过程中亦有少量色素使用。

5. 其他辅料

鸡尾酒中，使用奶制品调制的饮品颇多，常用品种有鲜牛奶、酸奶、炼乳、淡奶、奶油等。除了奶制品外还会使用鸡蛋、砂糖、食盐、咖啡等各种材料。

6. 冰块

鸡尾酒基本是喝冷的，所以少不了冰。一方面酒要充分冷却；另一方面又不能使饮品由于加冰过多而稀释，此时适量的硬冰则很重要。

理想的冰块是硬度高而且呈高度透明状。冰块有各种形状，调制鸡尾酒通常会指定冰块的大小。日本调酒师协会依据大小顺序将冰块分为大冰块（Block of Ice）、中冰块（Lump of Ice）、锥冰块（Cracked Ice）、方冰块（Ice Cube）、碎冰（Crushed Ice）、粉冰（Chipped Ice）、刨冰（Shaved Ice）。

更多详细内容将在项目七鸡尾酒辅料知识中介绍。

思考题

你认为还有哪些材料可以用来做鸡尾酒的辅料呢？

（三）装饰物（Garnish）

点缀鸡尾酒的装饰物，以其芳香和色彩烘托出鸡尾酒的品质。标准的鸡尾酒均有规定的与之相适应的点缀饰物。熟练的调酒师可凭着各自的感觉和经验，跳出既

定的框架，给各色鸡尾酒以独特的点缀，这也正是鸡尾酒调制中的一大乐趣。但并不是每款鸡尾酒都可以任意装饰。装饰物的制作要遵循一定的原则，如果没有十足的把握，宁可不加装饰也不能给人以画蛇添足之感。

另外，有些特定的鸡尾酒，其装饰物除装饰功效外还有调味效果，更不能轻易改动。如马天尼中的柠檬皮，因其能改变酒的香味，所以实际上它们也是鸡尾酒的调味材料，要严格遵照配方。另外一些装饰物，仅局限于装饰功能，只要不影响其固有的风格，稍有改动是允许的。

总之，一杯鸡尾酒的外观应该有很大的吸引力，艺术装饰物往往就成为这杯酒的标志，看到了盛载的杯子和酒的颜色以及它的装饰物，就可以大致猜到它是一杯什么款式的鸡尾酒或哪一类的鸡尾酒了。

三、鸡尾酒的类型

（一）按调制方法分类

按照调制方法，鸡尾酒分为短饮类和长饮类。

1. 短饮类（Short Drinks）

短饮即是短时间内饮用的鸡尾酒，时间长风味就会减弱。短饮类鸡尾酒酒精含量高（酒精度大多在30%左右），分量较少，饮用时通常可以一饮而尽，如马天尼、曼哈顿等鸡尾酒均属此类。此种酒多采用摇和或调和的方法制成，使用鸡尾酒杯。一般短饮类鸡尾酒在调好后的10~20分钟饮用完毕为宜。

2. 长饮类（Long Drinks）

长饮类鸡尾酒是以烈酒为基酒，配以果汁、汽水等混合调制，适合休闲饮用。它是一种较为温和的酒品，酒精含量较低，饮用时可放置较长时间不变质，因而消费者可长时间饮用。长饮类鸡尾酒多使用柯林杯、高杯等平底玻璃杯或果汁杯这种大容量的杯子盛装，又细分为冷饮类（Cold Drinks）和热饮类（Hot Drinks）。热饮类一般使用沸水、热咖啡或热牛奶冲兑制作而成，如热拖第（Toddy）、热顾乐（Grog）等鸡尾酒。

（二）根据饮用时间分类

1. 餐前鸡尾酒

餐前鸡尾酒又称为餐前开胃鸡尾酒，主要是在餐前饮用，起生津开胃之效，这类鸡尾酒通常含糖分较少，口味或酸或干烈，即使是甜型餐前鸡尾酒，口味也不是十分甜腻，常见的餐前鸡尾酒有马天尼、曼哈顿，各类酸酒等。

2. 佐餐鸡尾酒

佐餐鸡尾酒在用正餐（午、晚餐）时饮用，一般口味较辣，酒品色泽鲜艳且非常注重酒品与菜肴口味的搭配，有时会用俱乐部类鸡尾酒代替头盆汤菜。此类鸡尾酒色泽鲜艳，富有营养，并具有刺激性，如三叶草俱乐部鸡尾酒（Clover Club Cocktail）。但在一些较正规和高雅的用餐场合，通常以葡萄酒佐餐，较少用鸡尾酒佐餐。

3. 餐后鸡尾酒

餐后鸡尾酒是餐后佐助甜品、帮助消化的，因而口味较甜且酒中较多使用利口酒，尤其是香草类利口酒，这类利口酒中掺入了诸多药材，饮后能促进消化。常见的餐后鸡尾酒有 B&B、史丁格（Stinger）、亚历山大（Alexander）等。

4. 晚餐鸡尾酒

晚餐时饮用的鸡尾酒一般口味很辣，如法国的苦艾（Absinthe）鸡尾酒。

5. 全天性鸡尾酒

全天性鸡尾酒是可以在任何时间饮用的鸡尾酒，包括一些短饮类的玛格丽特（Margarita）、吉姆雷特（Gimlet），长饮类的螺丝起子（Screwdriver）、金菲士（Gin Fizz）、龙舌兰日出（Tequila Sunrise）等鸡尾酒。

（三）根据鸡尾酒的基酒分类

1. 白兰地酒（Brandy）类鸡尾酒

以白兰地酒为基酒调制的各款鸡尾酒，如白兰地亚历山大（Alexander）等。

2. 威士忌酒（Whisky）类鸡尾酒

以威士忌酒为基酒调制的各款鸡尾酒，如威士忌酸（Whisky Sour）、曼哈顿（Manhattan）等。

3. 金酒（Gin）类鸡尾酒

以金酒为基酒调制的各款鸡尾酒，如马天尼（Dry Martini）、红粉佳人（Pink Lady）等。

4. 朗姆酒（Rum）类鸡尾酒

以朗姆酒为基酒调制的各款鸡尾酒，如自由古巴（Cuba Libre）等。

5. 伏特加酒（Vodka）类鸡尾酒

以伏特加酒为基酒调制的各款鸡尾酒，如咸狗（Salty Dog）、血腥玛丽（Bloody Mary）等。

6. 龙舌兰（Tequila）类鸡尾酒

以龙舌兰酒为基酒调制的各款鸡尾酒，如玛格丽特（Margarita）等。

7. 香槟酒（Champagne）类鸡尾酒

以香槟酒为基酒调制的各款鸡尾酒，如香槟鸡尾酒（Champagne Cocktail）等。

8. 利口酒类鸡尾酒

以利口酒为基酒调制的各款鸡尾酒，如彩虹鸡尾酒（Rainbow）等。

9. 葡萄酒类鸡尾酒

以葡萄酒为基酒调制的各类鸡尾酒，如科尔（Kir）等。

10. 中国酒类鸡尾酒

此类是以中国酒为基酒调制的各款鸡尾酒，如成都之味、梦幻洋河、金色低语等。早期由于白酒过于强烈的味道让酒吧调酒师只能对其视而不见，加上鸡尾酒在国内流行程度不足，导致鸡尾酒的形式、意念等都以国外模式为主导。

然而近年来，有人发现将新鲜的水果泥掺入白酒后，能将白酒强烈的味道掩盖之余还具有浓郁、独特的香味，从此鸡尾酒界就像巴黎、米兰的时尚界那样被“红色的中国风”席卷。中国酒种类繁多，主要还是挑选相对比较有突出个性的用来作为鸡尾酒的主要基酒，如绍兴10年陈、江小白、五粮液、国粹臻酿、宝丰·国色清香35、红星女娲、桂花陈酒、梅酒、竹叶青酒、汾酒、洋河特曲酒等。

（四）按族系类别分类

1. 霸克（Buck）类鸡尾酒

霸克类鸡尾酒属于长饮类鸡尾酒。它的配制方法是用烈性酒加苏打水或姜汁汽水，直接在饮用杯内用调酒棒搅拌而成，盛装在加有冰块的海波杯中。著名的品种有苏格兰霸克、金霸克、白兰地霸克等。

2. 考布勒（Cobbler）类鸡尾酒

考布勒类鸡尾酒是以烈性酒或葡萄酒为基酒，与糖浆、苏打水或姜汁汽水等混合调制而成，有时还加入柠檬汁，装在有碎冰块的海波杯中。著名的品种有金考布勒、白兰地考布勒、香槟考布勒等。

3. 柯林斯（Collins）类鸡尾酒

柯林斯有时称作考林斯，它是由烈性酒加柠檬汁、苏打水和糖浆调配而成，用高杯盛装。著名的品种有白兰地柯林斯、汤姆柯林斯等。

4. 库勒（Cooler）类鸡尾酒

库勒类鸡尾酒是由蒸馏酒加上柠檬汁或青柠汁，再加上姜汁汽水或苏打水调配而成，以海波杯盛装，如威士忌库勒等。

5. 克鲁斯塔（Crusta）类鸡尾酒

克鲁斯塔类鸡尾酒的命名是因为糖圈应在鸡尾酒制成前数小时做好，以便在饮用饮料时将其干燥或使其变硬。以烈性酒（最常见的是白兰地）为基酒，再加上樱桃利口酒、苦精酒、柠檬汁、橙味利口酒，并在杯内边缘饰有橙皮或柠檬皮。

6. 杯饮（Cup）类鸡尾酒

杯饮类鸡尾酒通常是大量配制，而不单杯配制。传统配方以葡萄酒为基酒，加入少量的调味酒和冰块即可。目前，杯饮类鸡尾酒有多种配方，也逐渐开始以单杯配制。它常以葡萄酒为基酒，加上少量的利口酒、葡萄酒或烈性酒，再加果汁或苏打水等，并点缀一些季节性水果，常以葡萄酒杯盛装。

7. 戴茜（Daisy）类鸡尾酒

戴茜类鸡尾酒以烈性酒配以柠檬汁、糖浆，经过摇酒壶摇匀、过滤，倒在盛有碎冰块的古典杯或海波杯中，用水果或薄荷叶装饰，可加入适量苏打水。金戴茜（Gin Daisy）、威士忌戴茜等都是著名的戴茜类鸡尾酒。

8. 蛋诺（Eggnog）类鸡尾酒

蛋诺类鸡尾酒是由烈性酒加鸡蛋、牛奶、糖浆和豆蔻粉调配而成，可用葡萄酒杯或海波杯盛装。“Nog”一词是指浓烈的英国单色麦酒（一种啤酒），通常在其中加入鸡蛋，大概这款奶油鸡蛋混合饮料的名字就由此而来。在英国，按传统蛋诺酒要在生

日和新年的时候饮用。很多家庭保持着自己特有的配方，这些配方通常都非常复杂并需要几小时的制作时间，在节日的早晨，蛋诺酒被装在专门的大碗里端上餐桌。

9. 费克斯（Fix）类鸡尾酒

费克斯类鸡尾酒是以烈性酒、柠檬汁、糖浆和碎冰块调制而成的鸡尾酒，以海波杯或高杯盛装，也可放适量苏打水，如金费克斯、白兰地费克斯等。

10. 菲士（Fizz）类鸡尾酒

菲士类与柯林斯类鸡尾酒很相近，以金酒或利口酒加柠檬汁和苏打水混合而成，用海波杯或高杯盛装。有时菲士中加入蛋清与烈性酒或利口酒、柠檬汁一起调制，使酒液起泡，再加入苏打水而成，如金色菲士、银色菲士等。

相关链接

金菲士——搅起鸡尾酒泡沫的艺术

金菲士是鸡尾酒中真正的经典，优秀的调酒师为了得到更多的泡沫，会使用砂糖而不是糖浆。拉莫斯金菲士在1888年由亨利·拉莫斯（Henry C. Ramos）在他的新奥尔良酒吧（Imperial Cabiner Saloon）中发明了拉莫斯金菲士（Ramos Gin Fizz），与普通的金菲士不同的是，拉莫斯金菲士必须加入酸橙汁、奶油、橙花水。正是这种改变使得拉莫斯金菲士变得异常难以混合，需持续摇动12分钟才能使其充分混合。

银菲士（Silver Fizz）鸡尾酒与拉莫斯金菲士鸡尾酒比较相似，该鸡尾酒中包括一定比例的蛋白和奶油。除了古典金菲士鸡尾酒的配料外，它还含有几滴蛋白。此外，还有加入了蛋黄的金色菲士（Golden Fizz），以及加入整个鸡蛋的皇家菲士（Royal Fizz），调酒师都必须不停地搅动这类鸡尾酒以充分混合。

11. 菲利普（Flip）类鸡尾酒

菲利普类鸡尾酒是以蛋黄或蛋白与烈性酒或葡萄酒混合并加糖浆调配而成，用鸡尾酒杯或葡萄酒杯盛装，如白兰地菲利普等。

12. 漂浮（Float）类鸡尾酒

漂浮类鸡尾酒是根据酒水的比重或密度不同，将密度较大的酒水放在下面，密度较小的酒水放在上面的原理调制而成的不同颜色的鸡尾酒。

这种酒的调制方法是先将含糖量最大、密度大的酒或果汁倒入杯中，再按密度由大到小依次沿着吧匙背和杯壁轻轻地将其他酒水倒入杯中，不可搅动，使各色酒水依次漂浮，分出层次，呈彩带状。天使之吻、彩虹酒等都属于漂浮类鸡尾酒。

13. 弗莱佩（Frappe）类鸡尾酒

弗莱佩类鸡尾酒是把利口酒、开胃酒或葡萄酒倒在碎冰上制成的鸡尾酒。用鸡尾酒杯或香槟酒杯盛装。

14. 海波（Highball）类鸡尾酒

海波类鸡尾酒，也称高球类鸡尾酒。这类鸡尾酒以白兰地或威士忌等烈性酒为基酒，加入苏打水或姜汁汽水，在海波杯中用调酒棒搅拌而成。

15. 朱莉普（Julep）类鸡尾酒

朱莉普类鸡尾酒是以威士忌或白兰地等烈性酒为基酒，加入糖浆、薄荷叶（捣烂），在调酒杯中用调酒棒搅拌而成，用放有冰块的古典杯或海波杯盛装，用薄荷叶装饰，如薄荷朱莉普鸡尾酒等。

思考题

你知道如何调制薄荷朱莉普鸡尾酒吗？

16. 提神（Pick Me Up）类鸡尾酒

提神类鸡尾酒有不同的配方，酒精含量也不尽相同。这类酒以烈性酒为基酒，常加入橙味利口酒或茴香酒、苦味酒、薄荷酒等提神、开胃的甜酒，再加入果汁或香槟酒、苏打水等。此外，还有一些提神类开胃酒由烈性酒、提神开胃的利口酒加上鸡蛋或牛奶组成。提神类开胃酒通常用鸡尾酒杯或海波杯盛装，加入香槟酒的提神鸡尾酒用香槟杯盛装。

17. 帕弗（Puff）类鸡尾酒

在装有少量冰块的海波杯中，加上烈性酒和牛奶。烈性酒和牛奶通常是等量的，再加苏打水至八成满，用调酒棒搅拌而成，如白兰地帕弗、威士忌帕弗等。

18. 宾治（Punch）类鸡尾酒

宾治类鸡尾酒以烈性酒或葡萄酒为基酒，加上柠檬汁、糖粉、水果或各类果汁和苏打水或汽水混合而成，宾治鸡尾酒酒精含量通常都较低。宾治鸡尾酒不是单杯配制的，它常是几杯、几十杯或几百杯一起配制，用于酒会、宴会和聚会等。配制后的宾治酒用切片的水果装饰并改善口味，以海波杯盛装。宾治的配制原料比较灵活，可根据宴会、客人和调酒师的需要灵活掌握。此外，不含酒精的宾治在国外越来越流行，一些宴会和聚会常常饮用由果汁、汽水和水果配制成的宾治。

19. 利奇（Rickey）类鸡尾酒

利奇类鸡尾酒是以金酒、白兰地酒或威士忌酒为基酒，加入青柠檬汁和苏打水混合而成的鸡尾酒。调制利奇类鸡尾酒时直接将金酒和青柠檬汁倒在装有冰块的海波杯或古典杯中，再倒入苏打水，用调酒棒搅拌均匀即可。

20. 珊格瑞（Sangaree）类鸡尾酒

珊格瑞类鸡尾酒（Sangaree）是由西班牙语 Sangre（血）演变而来。传统配方是以葡萄酒加入少量糖浆和豆蔻粉调制而成，用有冰块的古典杯或海波杯盛装。目前也有用冷藏的啤酒加上少许糖粉和豆蔻粉配制成的，也可以烈性酒为基酒加少许蜂蜜、冰块和苏打水混合而成。烈性酒和苏打水数量相等，用橙皮、豆蔻粉作装饰，盛装在古典杯或海波杯中并且常常放一支吸管，如波特珊格瑞、啤酒珊格瑞和白兰地珊格瑞等。

21. 司令（Sling）类鸡尾酒

司令类鸡尾酒是人们喜爱的一种长饮类鸡尾酒。以烈性酒加柠檬汁、糖浆和苏打水调配而成，有时加入一些调味的利口酒。其配制方法是先用摇酒壶将烈性酒、柠檬汁、糖浆摇匀后，再倒入加有冰块的海波杯中，然后加苏打水，如新加坡司令等。

22. 酸酒（Sour）类鸡尾酒

酸酒类鸡尾酒是以烈性酒为基酒加入柠檬汁和糖浆。通常，酸酒类中的酸味原料比其他类型的鸡尾酒多一些，如威士忌酸（Whisky Sour）等。

23. 四维索（Swizzle）类鸡尾酒

四维索类鸡尾酒是以烈性酒为基酒，加入柠檬汁、糖浆，放入加碎冰块的高杯或海波杯中，可加上适量的苏打水，配上一根调酒棒。

24. 托第（Toddy）类鸡尾酒

托第类鸡尾酒是以烈性酒为基酒，加入糖和水（冷水或热水）混合而成的鸡尾酒。因托第有冷和热两种，有些托第类鸡尾酒用果汁代替冷水，热托第常以豆蔻粉或丁香和柠檬片作装饰物，冷托第以柠檬汁作装饰。冷托第以古典杯盛装；热托第以带柄的热饮杯盛装。

情景训练

今天，你作为酒吧新入职的调酒师，需要制作一份鸡尾酒谱系结构图，并找出三种其他类型的鸡尾酒系列或经典鸡尾酒的历史故事，分享给共同入职的新同事。

复习题

一、单选题

1. 纯饮饮料中加冰的冰镇饮用方法被称为（　　）。

A. Straight up　　B. On the Rock　　C. Neat　　D. Mixed

2. 鸡尾酒的结构包括（　　）。

A. 基酒　　B. 辅料　　C. 装饰物　　D. 以上皆是

3. 马天尼鸡尾酒属于（　　）。

A. 餐前鸡尾酒　　B. 佐餐鸡尾酒　　C. 餐后鸡尾酒　　D. 香槟鸡尾酒

4. 亚历山大（Alexander）是以（　　）为基酒调制的鸡尾酒。

A. 威士忌　　B. 伏特加　　C. 白兰地　　D. 朗姆酒

5.（　　）鸡尾酒是以烈性酒为基酒，加入糖和水（冷水或热水）混合而成的鸡尾酒。

A. 托第类　　B. 利奇类　　C. 珊格瑞类　　D. 司令类

二、判断题

1. 鸡尾酒需要足够地冷却，所以应用高脚酒杯，烫酒最不合适。(　　)

2. 霸克类鸡尾酒是以烈性酒或葡萄酒为基酒，混合糖浆、苏打水或姜汁汽水等调制而成，有时还加入柠檬汁，装在有碎冰块的海波杯中。(　　)

3. 克鲁斯塔类鸡尾酒的命名是因为糖圈应在鸡尾酒制成前数小时做好，以便在饮用饮料时将其干燥或使其变硬。(　　)

4. 中国酒种类繁多，主要还是挑选相对比较有突出个性的用来作为鸡尾酒的主要基酒。(　　)

5. 杯饮（Cup）类鸡尾酒常常是单杯配制，而不是大量配制的。(　　)

任务二　鸡尾酒的历史与发展

知识准备

从早期以调整酒的口感为目的，发展为具有丰富族系的鸡尾酒家族，经历了社会、人文和科技等因素的推动，鸡尾酒丰富了人们的饮酒方式和生活方式。

一、鸡尾酒的词语起源

鸡尾酒一词是何时，在何处，又是如何产生的问题，到现在还没有定论。针对各种说法，国际调酒师协会在其讲义中进行了介绍，内容如下：

过去，在墨西哥的尤卡坦半岛上有个叫作坎贝切的小港，故事发生在英国船只来到小港之后。上岸的船员们进入一个小酒馆，当时站在柜台里的少年正用一根剥光树皮的树枝在调制一种看起来很好喝的混合饮料。当时，英国人只喝纯酒，所以把这当成是一种非常稀奇的景象。其中一个船员问那位少年："这是什么？"船员的本意是想问一下饮料的名字，但少年误以为是在问他当时使用的树枝，便回答说"这是 Cola de gallo"。这在西班牙语中是公鸡尾巴的意思。由于树枝的形状很像公鸡的尾巴，所以少年用这一爱称来称呼它。这句西班牙语直译成英语后便成了鸡尾（Tail of Cock）。从那之后，混合饮料便被称为鸡尾（Tail of Cock），后来演变成鸡尾酒（Cocktail）。

关于鸡尾酒的其他说法：

（一）鸡尾之说

美国独立战争之时，在纽约市北部有一个名叫埃姆斯福德的英国殖民地。在酒吧“四角楼”中，一位名叫贝迪夫拉纳甘的漂亮女店主正在极力向独立军的士兵们劝酒。

前一天，她偷偷溜进反独立派的一个大庄园主家中，偷出了一只长有漂亮尾巴的公鸡，并把它做成烤鸡来招待士兵。士兵们把鸡肉当成下酒菜并狂饮起来。当想续杯时，往柜台酒架上一看，发现在装有混合酒的酒瓶中插着公鸡尾巴的羽毛。由此，士兵们高呼：“鸡尾巴酒万岁！”而每当要喝这种混合酒时，只要说一声Cocktail，大家就都明白了，这就是鸡尾酒的开端。

（二）马尾之说

在英国的约克夏地区，一般将杂种马的马尾切掉，以便同纯种的马区别开来，这种切掉尾巴的马英文发音很近似Cocktail。这是把混合后的酒比喻成杂种马，但几乎没有人支持这种说法。

（三）鸡蛋酒之说

1795年，加勒比海地区西班牙岛上的圣多明各发生暴乱之后，逃到美国的安特瓦奴·阿梅蒂·培萧在新奥尔良开了一个药店。他招徕顾客的商品有两种：一是培萧苦味药，这种药也放入鸡尾酒中；二是以朗姆酒为基酒的鸡蛋酒。

当时，在新奥尔良的法国人很多，这种鸡蛋酒在法语中称为考克切（Coquetier）。原来是一种供病人饮用的酒，但随着健康人饮用此种酒的数量逐渐增多，不知何时被称为“考克切”的混合饮料被改称为“考克切式的饮料”——考克特尔（鸡尾酒）了。

此外，贾里德·M.布朗在其撰写的*Spirituous Journey*：*A History of Drink*中提出，1798年3月16日，在英国伦敦的《晨报》上首次出现鸡尾酒一词。从此时起便开始有了这一正式名称。

1806年5月13日，《平衡和哥伦比亚库》杂志（*The Balance and Columbian Repository*）的作者哈德森（Hudson）在回答一位读者关于“什么是鸡尾酒本质”的问题时对鸡尾酒的结构进行了诠释。他说："鸡尾酒是一种由任何类型的烈酒、糖、水和苦精组合而成的令人感到兴奋的混合酒——它可以被通俗地称作苦味司令酒（Bittered Sling）。"

二、鸡尾酒的历史

鸡尾酒作为混合饮料可以认为是酒加上某种辅料。以这种角度去了解葡萄酒时，鸡尾酒的历史则可以追溯到古代罗马帝国时代。

库赛杰文库中的《味的美学》（Robert J. Courtine）一书讲述了古代罗马人将一些混合物掺到葡萄酒中来饮用的故事。书中写道："这种混合物对葡萄酒只有坏的影响。最好的葡萄酒是酒精很强并且很浓的。从酒壶中倒进酒杯时，要将这种沉淀物过滤出来，并要当场掺水饮用。即使是酒量最强的人，也要掺水喝。那些喝不掺水葡萄酒的人，都是一些不正常的人。这些人就像现在那些常喝酒精的人一样，是要受到谴责的……"在当时的罗马，掺水喝葡萄酒似乎是市民们习以为常的饮用方法，除此之外，还要添加石青、石灰、大理石粉、海水、松香，树脂等来饮用。

另外，在古代埃及，也有在啤酒中掺入蜂蜜或生姜等来饮用的方法，这些酒分别被称为齐兹姆（Zythum）、卡尔米（Calmi）、科尔马（Korma）。

这种在葡萄酒或啤酒中掺入某种东西饮用的方式，应当看成是鸡尾酒的原始创作，只不过在当时还没有把它称为鸡尾酒。

据说，在640年左右时，中国唐朝就已经在葡萄酒中加入马奶制成乳酸饮料来饮用了，类似于现在用酸奶制成的鸡尾酒。

在中世纪的欧洲（12~17世纪），由于冬季极其寒冷，所以冬季就流行起将饮料加热后饮用的方式。

自14世纪起，在中部欧洲，由于葡萄酒产量过高，人们将药草和葡萄酒放在大锅里，将烧热的剑插到锅里，将酒加热后饮用。这就是在法国被称为斑萧（Vin Chaud）、在德国被称为古留拜因（Glühwein）、在北欧被称为古莱古（Glogg）的饮料的前身。

在现代一些鸡尾酒研究著作中所记载的温葡萄酒（Mild Wine）或温啤酒（Mild Beer）可以认为是中世纪时代流传下来的鸡尾酒。这种热饮料并不是在中世

纪突然产生的，也是从古代自然继承下来。蒸馏酒也在中世纪诞生，从而使只有葡萄酒和啤酒的混合饮料世界渐渐扩大起来。

1630 年，由印度人发明的宾治（Punch）酒传到了英国，然后流传下来，广为全球人士喜爱。它是以印度的蒸馏酒阿拉克（Arrack）为基酒，与砂糖、青柠、香料和水一起放入大容器中混合，然后分别倒入酒器中饮用的一种酒。Punch 一词由梵语，意思为“五”的 Panji 一词演变而来。

在历史上产生过重大影响的宾治酒，曾有过一个有趣的故事。1694 年 11 月 26 日，在西班牙南部巴伦西亚附近的阿利坎迪村，当时的英国海军地中海舰队司令官（后晋升为元帅）爱德华特·拉瑟尔在自己家中招待下属。他在院子里挖了一个大坑，然后，用 250 加仑朗姆酒、225 加仑马拉加葡萄酒、20 加仑青柠汁、2500 个柠檬榨取的柠檬汁、1300 磅砂糖、5 磅肉豆蔻、500 加仑水，调制出了宾治酒。这种酒后来被称为“出奇制胜的宾治”（Knockout Punch）。总之，17 世纪后半叶，住在印度东印度公司的英国人开始喝起了宾治酒，后来又将其带入英国，并成为英国人喜爱的饮品。此后，在 1720 年，在英国诞生了 Negus 酒，并在 1740 年又产生了 Grog 酒。

1815 年，在美国又出现了以红葡萄酒为基酒的薄荷朱莉普（Mint Julep）酒（1861 年，以波本威士忌为基酒的混合酒在文献中出现），1830 年，金酒苦酒（Gin & Bitters）在英国海军中诞生。

在 1855 年出版的英国作家萨克雷的小说《纽克姆的一家》中曾出现了这样的对话：“上校，您喝白兰地鸡尾酒吗？”由此可知，这一时期，鸡尾酒已经在欧洲的社交圈中盛行了。但当时的白兰地鸡尾酒不能与现在酒吧中销售的白兰地鸡尾酒相提并论，因为现在的白兰地鸡尾酒是加了很多冰块冷却过后才饮用的酒。

总之，对于我们这些现代人来说，如果考虑到鸡尾酒是“使用冰和器具制造出来的冷的混合饮料”的话，那么鸡尾酒只能是在 19 世纪后半叶人工制冰机被发明之后才出现的。

三、鸡尾酒的发展

由古代罗马人开创的鸡尾酒，在经历了中世纪寒冷的欧洲出现的热鸡尾酒时期之后，到 19 世纪后半叶，又诞生了冷鸡尾酒（冷却后的鸡尾酒）（表 4-1）。

表 4-1　人工制冰机出现后的鸡尾酒发展

年代	鸡尾酒名称	年份	基酒的变化	调制方法	鸡尾酒形象	酒精度数
19 世纪末	马天尼（Martini）	—	威士忌（Whisky/Whiskey）金酒（Gin）	调和法（Stir）摇和法（Shake）	完全保持酒的特性的鸡尾酒	25%~30%
	曼哈顿（Manhattan）	1876				
	金菲士（Gin Fizz）	1888				
	吉姆莱特（Gimlet）	1896				
	金里奇（Gin Ricky）	1896				
	得其利（Daiquiri）	1902				
第一次世界大战与禁酒时代	粉红佳人（Pink Lady）	1912	白兰地（Brandy）金酒（Gin）	摇和法（Shake）调和法（Stir）	色彩鲜艳的心鸡尾酒世界	20%~30%
	新加坡司令（Singapore Sling）	1915				
	旁车（Sidecar）	—				
	白色恋人（White Lady）	1919				
	血腥玛丽（Bloody Mary）	1921				
	百加得（Bacardi）	1933				
第二次世界大战后	莫斯科骡子（Moscow Mule）	1941	金酒（Gin）伏特加（Vodka）朗姆酒（Rum）葡萄酒（Wine）	摇和法（Shake）兑和法（Build）	稍具华丽感的鸡尾酒	10%~25%
	科尔（Kir）	1945				
	贝利尼（Bellini）	1948				
	玛格丽特（Margarita）	1949				
	蓝色珊瑚礁（Blue Coral Reef）	1950				
	公牛子弹（Bull Shot）	1953				
	雪国（Yukiguni）	1958				
	蓝色海湾（Blue Lagoon）	1960				
	跳伞（Sky Diving）	1967				
20 世纪 80 年代之后	冰冻桃子 Frozen Peach	1980	伏特加（Vodka）朗姆酒（Rum）龙舌兰（Tequila）葡萄酒（Wine）	搅拌法（Blend）兑和法（Build）	口感清淡、健康，让人一看便心花怒放的鸡尾酒	8%~20%
	绿色眼睛（Green Eyes）	1983				
	黑雨（Black Rain）	1990				

* 注：本表引自花崎一夫・山崎正信编著《调酒师养成圣典》。

第一台人工制冷压缩机是由哈里森于1851年发明的，他研制出了使用乙醚的冰箱压力泵冷冻机。1873年，慕尼黑工业大学的卡尔·冯·林德（Carl Von Linde，1842~1934年）教授，在氨气高压制冷机的研究方面取得了进展，设计制造了一台工业用冰箱。1879年，他就任林德制冰机制造公司的总经理，并制造出第一台人工制冷的家用冰箱。冰箱的出现使人们一年四季都有冰可用。

随后又出现了通过摇和和搅拌来制作鸡尾酒的技术，人们开始调制广为人知的旁车（Sidecar）或曼哈顿（Manhattan）等冰镇鸡尾酒。这些知名的鸡尾酒至今也不过100多年的历史。在这100多年间，鸡尾酒经历了各种变化。

文学史上常说的“世纪末”，即19世纪末期，当时巴黎的人们不喝鸡尾酒，而是喝苦艾酒（Absinthe）。在美国的城市中，则开始出现了马天尼或曼哈顿之类的酒精度数较高的鸡尾酒。当时的鸡尾酒，还不是大众饮品，主要是上流社会且是男性的饮品。通常在晚餐前作为餐前酒来饮用，所以一般情况下酒精度数都很高。

思考题

你认为还有哪些因素对鸡尾酒的发展起到了推动作用呢？

相关链接

鸡尾酒早期发展史上的几大里程碑

1712年

伦敦的一位药剂师理查德·斯托顿（Richard Stoughton）以他的“大瓶装长生液”取得了皇家专利，这是一种以酒精为基础并添加苦味药草的混合液体。当时它还有另两种众所周知的名称：“Stoughton’s drops”与“Stoughton’s bitters”（斯托顿苦精）。之后，无名人士又发明了往这种液体中添加糖、水，以及金酒或白兰地的好主意，于是最早的鸡尾酒就由此诞生了。

1815年

一个名叫威拉德（Willard）的年轻人开始闯荡纽约的酒吧。没过多久，他就以“城市旅馆的威拉德”而名声远播。这就是美国第一位著名调酒师，在当时他因调制宾治酒、冰镇薄荷酒以及鸡尾酒等名声大噪。

1862 年

杰瑞·托马斯（Jerry Thomas）发表了世界上第一本调酒师指南 *Bar-Tender's Guide*。托马斯具有航海家、淘金者、戏剧赞助人以及艺术家等多重身份，他曾花费 10 年时间周游美国，四处调制饮品并搜集配方。他的著作中包含的配方有近 300 种，其中有 10 种就是关于鸡尾酒的。

1884 年

马提尼酒配方首次付梓，最初的配方是英国金酒、味美思、苦精加上一点黑樱桃利口酒。19 世纪 90 年代，其成分又发生了重大变化，利口酒被去除，更为重要的是，原配方中的甜味美思被换成了干味美思。调整之后，这款鸡尾酒开始了它征服世界的征途。

1920 年

因为禁酒令，纽约著名的“荷兰旅馆酒吧”被迫关门，首席调酒师哈里·克拉多克（Harry Craddock）转投到伦敦萨伏伊饭店麾下。成为萨伏伊首席调酒师之后，克拉多克也担负起了美式混合饮料推广大使之职，并把鸡尾酒推广到了整整一代欧洲酒吧客人的手中。

另外，当时那个年代，果汁还没有形成企业化生产（1869 年，威尔奇公司的葡萄汁是最早商品化的产品），所以纯用酒类调制的马天尼被称为鸡尾酒之王，而曼哈顿则被称为鸡尾酒王后。随着时代的变化，用于调制鸡尾酒的各种酒类和辅助材料种类也丰富多彩起来，所以鸡尾酒之王和鸡尾酒王后也将随着时代的变化而变化。

1862 年，由杰瑞·托马斯（Jerry Thomas）撰写的第一本关于鸡尾酒的专著 *Bar-tender's Guide: How to Mix Drinks* 出版。杰瑞·托马斯是鸡尾酒发展的关键人物之一，他走遍欧洲大小城市，搜集配酒秘方并开始配制混合饮料。从那时起鸡尾酒开始成为人们用餐和闲暇时所喜爱的饮品，杰瑞·托马斯使鸡尾酒变成当时最流行的酒吧饮料。1882 年，哈里·约翰逊（Harry Johnson）编撰的 *Bartender' Manual* 一书出版。随后又有许多关于鸡尾酒的书籍出版，但这些书中仍存在着诸多不足

之处。直到1953年，全世界第一本权威性鸡尾酒调酒专著《英国调酒师协会酒水指南》（*The U.B.K.G. Guide To Drinks*）正式出版，该书成为全世界调酒师的工作指南。

从19世纪末到20世纪初，美国迎来了鸡尾酒繁花似锦的时代。在20世纪初的美国，无论是历史还是文化都比较年轻，加之国民也由多民族构成，所以，其饮酒文化没有被传统所束缚，而是在饮品和饮用方式上都表现出积极的创新。这种创新在第一次世界大战期间，由被驻派欧洲的美国军人带到了欧洲，美式酒吧的出现促使鸡尾酒更加普及。因此，现代鸡尾酒是在美国诞生并随着第一次世界大战的爆发，由美国人传播到世界各地的。

后来美国禁酒令（1920~1933年）的实施对欧洲鸡尾酒热潮的出现起到了加速作用。这一禁酒法案在鸡尾酒的世界中分化出两种趋势。

第一种趋势是在禁酒期间，美国城市中出现了很多地下非法营业的酒馆（Speakeasy），出现了一股避开政府限制品尝鸡尾酒的风潮。为了在家里偷偷地饮酒，人们制造出和书架很相似的鸡尾酒台架（家庭酒吧），并出现了收藏艺术装饰型的酒吧用具（冰桶、摇酒壶、苏打水虹吸瓶、搅拌棒等）和玻璃酒杯的风气。

第二种趋势是对禁酒法案心怀不满并具有反抗精神的调酒师离开了美国而到欧洲去寻求发展，这也使得美式的饮酒文化得以广泛流传。20世纪20年代的欧洲，在伦敦已出现了夜总会，青年人欣赏爵士音乐并饮酒到深夜。在1889年开业的萨伏依饭店也成立了美式酒吧，从中午开始营业，人们在这里可以尽情地享用鸡尾酒。出版了被称为经典的鸡尾酒书籍 *The Savoy Cocktail Book*（1930年）的 Harry Craddock 也生活在这一时代。

除此之外，在饮酒文化中更为突出的变化是女性走进了酒吧。在此之前，酒吧是男人的天地，但此时顾客的男女性别比例也开始发生变化。

鸡尾酒的世界渐渐地出现了两大流派：一种是自由奔放的美式鸡尾酒；另一种是既借鉴美国饮酒文化又保持欧洲传统的欧式鸡尾酒。

当时的鸡尾酒主要是以威士忌、白兰地、金酒为基酒。鸡尾酒的调制方法也是以搅拌或摇和为主。从味道来说，不把材料本身的味道放在首位，基本是浑然一体、完全被调制成另外一种味道的鸡尾酒。从饮用方式上说，大多数是调制短饮类鸡尾酒。

第二次世界大战结束后，欧洲风格的鸡尾酒，尤其是法国和意大利的鸡尾酒又再次在鸡尾酒的世界中发挥其影响力。最先登场的是 1945 年的科尔（Kir，在 20 世纪 60 年代，被称为动荡的“60 年代”而流行一时）、马卡（Macca）、马拉加迷雾（Malaga Mist）等以葡萄酒或利口酒为基酒的鸡尾酒。清淡却具有甜味的意大利贝利尼（Bellini）和金色天鹅绒（Gold Velvet）等以起泡葡萄酒或啤酒为基酒调制的鸡尾酒也开始出现。

另外，1950 年前后，在美国也出现了使用搅拌器调制的冰沙类鸡尾酒或带有浓烈原味的威士忌、龙舌兰为基酒的鸡尾酒。同时出现了像伏特加汤力水、清凉葡萄酒等口感柔顺、酒精度低的清淡型鸡尾酒。这类鸡尾酒有海上微风（Sea Breeze）和哥德角（Cape Codder）等，它们是现在所谓的“伏特加 + 果汁”模式的鸡尾酒的前身。

20 世纪 80 年代，在美国掀起了追求体形美和健康食品的热潮，原以为人们从此会对酒疏远起来，但恰恰与之相反，鸡尾酒出现了新的热潮。利口酒东山再起，加入果汁或苏打水，或者将数种利口酒混合起来调制成舒特类（Shot）等鸡尾酒，这类新的饮酒方式和新型的利口酒的不断出现，吸引了大量新的饮酒人群。

1965 年之后，女性饮酒趋势明显增强，并且成为扩大鸡尾酒影响的一股巨大力量。1975 年之后，受海外旅行热的影响，出现了热带鸡尾酒的热潮。1985 年之后，咖啡吧和地道的酒吧为鸡尾酒奠定了正式的地位，吸引了更多的顾客。在以往掺水饮用威士忌的饮酒模式之外，又刮起了新流行风，将鸡尾酒引向广阔的新天地。鸡尾酒也从自我陶醉的一种饮品，发展成为让日常生活增光添彩的辅助工具。

鸡尾酒和酒吧进入中国有几十年的时间，迄今为止，在中国一些经济发达和沿海地区发展迅速，但总体成长速度非常缓慢，这主要受中国传统酒文化的影响，在酒吧、餐厅中，人们喜欢大口喝啤酒和白酒，喜欢这种热闹的氛围，当然也有少数人喝酒的目的是真正地品酒，但大多数人在酒吧开一打啤酒或一瓶威士忌饮用单纯是为了感受热闹的氛围。也有少部分人去酒吧点杯鸡尾酒享受一下，但还不是一种习惯，而只是一种尝试。所以调酒师和鸡尾酒在中国的发展还需要时间和文化来培育。值得期待的是，随着第三产业的发展，越来越多的人开始步入酒吧，真正地去了解鸡尾酒。2019 年 11 月 4~8 日，第 68 届世界鸡尾酒大赛在成都举办，为中国白酒作为鸡尾酒基酒的使用、中国鸡尾酒文化的推广和市场发展起到了一定的推动作用。

现在的鸡尾酒的主流，无论是在亚洲还是在欧美，都已集中到可以被称为“回归传统”的质朴至上（Simple is Best）路线上来。无论是在伦敦，还是在纽约、上海、东京，干马天尼（Dry Martini）、金汤力（Gin Tonic）、伏特加汤力（Vodka Tonic）、金巴利苏打（Campari Soda）、血腥玛丽（Bloody Mary）、螺丝起子（Screw Driver）等经典鸡尾酒仍保持着持久的生命力。

情景训练

作为一名调酒师，需要清晰了解鸡尾酒的发展脉络，今天你作为酒吧经理负责培训酒吧的历史和发展知识，请你做一份鸡尾酒发展的重要阶段谱系图，直观地呈现给你的员工。

复习题

一、单选题

1. 1873 年，（　　）设计制造了一台工业用冰箱。

A. 卡尔·维恩克　　B. 哈里森

C. 杰瑞·托马斯　　D. 卡尔·冯·林德

2. 1630 年，由（　　）发明的宾治（Punch）酒传到了英国，然后流传下来，广为全球人士喜爱。

A. 印度人　　B. 英国人　　C. 西班牙人　　D. 葡萄牙人

二、判断题

1. 1798 年 3 月 16 日，在英国伦敦的《晨报》首次出现鸡尾酒一词。（　　）

2. 随之制冷技术的发展，到 19 世纪后半叶，又诞生了热鸡尾酒。（　　）

项目四

项目五

鸡尾酒调制技艺

教学目标

了解鸡尾酒的味道与调味；掌握鸡尾酒的估算方法，能够对一杯鸡尾酒的酒精度数进行估算；熟悉鸡尾酒调制的原则和注意事项；掌握鸡尾酒调制的步骤；掌握鸡尾酒的四种调制方法和其他调酒技巧，能够使用不同的方法调制鸡尾酒。

任务一　鸡尾酒酒精度数估算法

知识准备

酒精度是客人在饮用鸡尾酒时关注的重点，因此调酒师应该能够估算出客人所点鸡尾酒的酒精度数，并给出饮用建议，从而更好地提升服务品质。

估算一杯鸡尾酒的酒精度数时，可以分别计算出材料用量与酒精度数相乘，将结果合计后除以材料总量和冰块融化后的水量（一般冰块的融化水量约 10mL）。当遇到一些酒的配方中存在未给确切数量的苏打水、可乐等调缓溶液时也可借鉴用酒杯容量的大小的 1/2 作为公式的分母进行估算。

$$\text{鸡尾酒酒精度数} \approx \frac{(\text{A 的酒精度数} \times \text{用量}) + (\text{B 酒精度数} \times \text{用量}) + \cdots\cdots}{(\text{材料总量}) + (\text{冰块融化的水量})}$$

为便于快速估算出酒精度数，也可以在不考虑冰块化水量的前提下，用分数计算法对鸡尾酒酒精度数进行表述，将所用的材料整体量视为 1，再将各项材料的使用量予以分数化，再乘以材料的酒精度数，然后全部加总的数字就是鸡尾酒的酒精度数。

表 5-1　鸡尾酒酒精度数估算法

得其力（Daiquiri）		21.2%
白朗姆（White Rum）	45mL	(45 ÷ 85) × 40%=21.2%
糖浆（Simple Syrup）	15mL	(15 ÷ 85) × 0%=0
青柠汁（Fresh Lime Juice）	25mL	(25 ÷ 85) × 0%=0

注：表格中未考虑冰块化水量。若以冰块化水量为 10mL 为条件时，则酒精度数约为 18.9%。

思考题

如果客人要求调制一款酒精度数约为35%的鸡尾酒，你会如何进行调制呢？

相关链接

北美第一杯鸡尾酒——萨兹拉克（*Sazerac*）

萨兹拉克是1830年由新奥尔良一位名叫Antoine Peychaud的药剂师创造的。Sazerac的传统配方是：干邑、苦精、苦艾酒和糖，以柠檬皮装饰。在诞生之初，通常使用一种名叫Sazerac-de-Forge et Fils的干邑，然而受19世纪末席卷欧洲的根瘤蚜虫害影响，法国干邑在美国市场一度绝迹，调酒师们便用美国的黑麦威士忌代替干邑来调制Sazerac。现在用干邑或黑麦威士忌做基酒的都有。

Sazerac的出现有着里程碑意义，它指向了鸡尾酒发展的另一种可能性——气味型。无论是果味，还是甜、烈、苦，这些都是从味觉层次享受一杯酒，而Sazerac突出的是丰富的气味变化，进而带出酒的层次，它是独特的，很抽象，也很高级。这种气味的变化，主要是由苦精（Bitters）带来的。

苦精带给调酒师们的是独一无二的香气，其中的苦味来自于草本、植物根和树皮，香气则来自鲜花、种子和水果。因为具有防腐和溶解作用，在19世纪它是用于治疗胃部不适的药品。Sazerac配方中的苦精和苦艾酒是Sazerac的精髓。Peychaud’s苦精以其轻盈甜软的风格赋予了这杯酒樱桃香、茴香和芹菜香。

情景训练

今天你作为酒吧主调酒师，两位客人来到酒吧。其中一位客人想点一杯酒精度数为10%、口感稍甜的鸡尾酒；另一位客人想点一杯干马天尼（Dry Martini）并想知道这杯酒的度数，请为第一位客人推荐鸡尾酒，并为第二位客人估算马天尼的酒精度数。

复习题

请计算长岛冰茶（Long Island Iced Tea）、尼格罗尼（Negroni）、玛格丽特（Margarita）和B-52四款鸡尾酒的酒精度数。

任务二　鸡尾酒的味道与调味

知识准备

品尝一杯鸡尾酒是由人的舌头、嘴巴、鼻子、眼睛，甚至是耳朵同时协作，共同感受酒里的点点滴滴带来的感官享受。味觉可以说是大脑所创造出来的最复杂的感受之一。人类感知味道时会综合运用视觉、嗅觉、味觉、听觉等外部感觉，然后由复杂的神经系统进行信息处理，让人类体验到意识形态上的味道。

一、鸡尾酒的味道

人类复杂的味觉感知为鸡尾酒发明人奠定了前进的道路。鸡尾酒的主要味道直接影响饮用者的感官，通过鸡尾酒的调制过程，就能够了解为什么用这种方法而不用另一种方法来调制。从而可以从人类的味觉感来分析鸡尾酒的味道。

（一）甜味

甜味主要来自于糖。糖是一种能量，人类天生就非常喜欢这种食物。糖可以轻微地减轻鸡尾酒中酒精的味道，也可能是因为糖可以减少酒精的挥发（酒精非常容易挥发），人脑中的奖励系统可以识别出糖含有的热量，并选择忽略掉酒精对黏膜产生的负面刺激。以利口酒为例，酒精度 40% 的利口酒比相同酒精度的伏特加要容易入口。同时，实验证明糖还可以抑制苦味、酸味和咸味。此外，其他味道中加

入糖以后，会比原来的味道更让人愉悦。

（二）酸味

酸味是令许多鸡尾酒的风味得以绽放的关键要素。通常调制鸡尾酒时会用甜味调和过度的酸，借以模仿水果成熟的味道。青柠和柠檬是最常用的酸味材料，因其口感相当中性，起支配作用的是酸味。

酸味可以对其他味道的味觉体验起到非常好的平衡作用。如果没有酸味来调和或者加强甜味的味觉感受，成熟的水果就仅仅是单调的甜味，新鲜的桃子散发出的香气也不再是那种完美。

（三）咸味

咸味可以通过突出令人愉悦的味道，从而有选择地抑制苦或其他不好的味道。加入少量的盐（0.1%~0.3%）可以优化鸡尾酒的口感，对于利口酒、果汁糖浆等也同样起作用。

不过盐在鸡尾酒调制中的应用相对有限。在印度，鸡尾酒金利奇（Gin Rickey）中的糖浆被换成了盐，使得酒的口感变得更加柔和易饮。盐在热带气候的地区可以用来帮助人体保持水分，因此热带地区有很多含盐的饮品。

（四）苦味

苦味是目前发现的最复杂的味觉感知。人的舌头可以品尝出多种不同的苦味，少数苦味物质可以用来治病，如咀嚼丁香具有麻醉作用，奎宁可以治疗疟疾，苦丁茶可以用于生津利尿等。人类对苦味有天生的排斥，接受苦味需要对大脑进行大量的感觉训练。

在混合饮料中加入苦味，可以把强烈的苦味和其他味道及香气融合在一起，制作出更加复杂的鸡尾酒。苦味使舌头感觉到干燥，从而使人想快速恢复味觉感知，便会继续饮用酒水。苦味伴随着芳香类和甜味或者咸味物质的时候则会让人产生愉悦感，这也是金汤力鸡尾酒如此受到消费者喜爱的原因。

（五）鲜味

1908 年东京大学教授池田菊苗发现了鲜味，并制造出了日常生活中所使用的味精调味品。鲜味除来自于谷氨酸钠以外，肌苷酸、鸟苷酸、琥珀酸钠等也都是鲜味的主要来源。

鲜味可以给人带来愉悦的感受，但却具有一定抑制食欲的作用，因此在鸡尾酒中并不常见，但使用番茄汁作为辅料的鸡尾酒能比较明显地感受到鲜味，如血腥玛丽鸡尾酒。

（六）酒精

烈酒都有些味道，因为在蒸馏过程中会残留一些杂醇油和高级醇，并且原材料本身的味道也有可能留在酒中。纯的乙醇几乎是无味的，但与水进行一定比例的混合之后，则会产生轻微的苦味和甜味。除此以外，乙醇和丙酮对于味觉都有一种脱水作用，会给人带来涩感。同时，酒精跟辣椒素引起的神经反应是相同的，都会让人感觉到辣而有痛觉，痛觉虽不是一种味道，但却可以对食物的味道和香气产生相应的连锁反应。

相关链接

脂肪味

2015 年美国普渡大学研究人员发表在《化学感受》(*Chemical Senses*)上的一项研究表明：脂肪被认为是已知的第六种味道，它可以被称为 Oleogustus（在拉丁语中意思是脂肪味）。营养学教授理查德·马特斯（Richard D. Mattes）说，大部分脂肪是以三酸甘油酯（Triglycerides）的形式为人类所食用的，这种分子由三种脂肪酸构成。人类对脂肪的味觉感受可能与一种叫作 CD36 的蛋白质受体有关。著名遗传与发育生物学专家约翰·斯皮克曼则认为，要认定“脂肪味”是人类的第六种基本味觉，还有很长一段路要走。如果真的可以确定脂肪味为人类的第六种味觉，最直接的贡献就在于开发脂肪

替代品。随着对脂肪味的深入了解，人们就能更加逼真地模拟天然脂肪的味觉感受，制造出能满足食欲却不会使人发胖的食品。

二、鸡尾酒的调味

（一）甜味

鸡尾酒中的甜味主要来自于甜味利口酒、各类糖浆、固体糖类及甜味果汁等材料。许多鸡尾酒中会加入风味糖浆来增加风味。糖浆的来源可以是购买成品糖浆和自制糖浆，酒吧调酒师通常会根据酒吧的配方和习惯自制糖浆，并有自己的糖水比例。通常普通糖浆的糖水比是 1∶1 或 2∶1。

制作糖浆时，只有在必要时才加热以溶解糖或从其他成分中提取味道（风味糖浆）。因为加热糖会改变它的味道和质地，很难保持一致性。超细糖溶解起来更容易，而砂糖会更好控制，只是溶解过程需要更多的时间和耐心。

一般来说，最好让煮熟的糖浆冷却到室温，然后再转移到储存容器中并冷藏。大多数浸泡过的糖浆在开始失去味道之前可以保存 1~2 周，糖的含量越高，糖浆保存的时间就越长。为了保证效果，每次使用前都要尝一下储存的糖浆。

（二）酸味

直接购买粉末状的纯酸用于调酒是最经济、最简单又最直接的方法。先把纯酸稀释到可以直接使用的程度，如稀释到 pH 值为 2.5 左右，比较接近柠檬汁的酸度。如果要和苦味剂配合使用，可以把酸溶液调得更浓一些，放在瓶子里备用（表 5–2）。

表 5–2　常用的酸及特点

名称	特点	常见来源
醋酸	爽口、有强烈的刺激性气味	醋
抗坏血酸	口味新鲜	柑橘类水果
柠檬酸	口味刺激而清新	柑橘类水果

续表

名称	特点	常见来源
乳酸	味微酸，有引湿性	酸奶、乳酪
苹果酸	带有果香味、味道浓烈	青苹果、油桃
酒石酸	清爽、味道浓烈	葡萄酒

醋也是鸡尾酒中酸的来源，如在一些改进版的玛格丽特中会使用醋来进行调味，或者和橙汁一起使用，可以为鸡尾酒风味带来更加丰富的层次感。醋的种类也有很多，如不同种类的果醋、意大利黑醋、雪莉酒醋等。酸味还可以从不同的水果中获得，调酒中使用较多的酸味来自于柑橘类水果，此外还可以从其他水果中获取酸性物质（表 5-3）。

表 5-3　不同水果中含有的酸类物质

柠檬酸	苹果酸	酒石酸
柠檬、青柠、橙子、草莓、菠萝、葡萄干、西番莲、蔓越莓、猕猴桃	苹果、梨、桃子、番茄、青柠、菠萝、蔓越莓	葡萄干

（三）咸味

咸味调制时可以使用颗粒大且微量元素较多的海盐，其具有较高的可溶性，易于掌握。盐具有较强的吸附性，可以被添加到干性材料中来吸附风味物质，如将盐与香草荚、薰衣草花朵等放在一起，可以制作风味盐。

适量的盐可以增进食物的味道，调酒师在创作鸡尾酒时会适当加入些盐来抑制其他材料中的苦味与涩味，从而更好地突出鸡尾酒令人愉悦的味道。但在绝大多数的鸡尾酒中，不能让人察觉出里面的咸味，否则会掩盖其他的味道。

咸味还存在于培根、咸酱等材料中，不同的咸味来源，咸味的程度也有所不同。因此在调酒之前，需要确认每种调味品的咸度，便于控制鸡尾酒的味道。如用虾酱来调制血腥玛丽就会产生美妙的风味。

（四）鲜味

调制鲜爽美味的鸡尾酒，选材范围很广，番茄、干香菇、海带等都具有鲜味。

最经济简单的方法是直接购买味精进行调制。在烟熏类的分子鸡尾酒中使用上述材料进行调制，适当分量的鲜味剂可以增强饮品的鲜爽风格。

银龙舌兰酒中添加鸡油菌糖浆可以带来新鲜的绿色植物风味，同样在苏格兰威士忌和绿查特酒中（Chartreuse）加入伍斯特酱油（Worcestershire Sauce），可以调制出清爽的鸡尾酒，并具有出色的解酒功效。

对于鸡尾酒来说，鲜味不仅是一种风味，还使口感丰富而柔滑，从而使人有很愉悦的满足感。美国纽约第一家以中国白酒为主题的酒吧的调酒师奥森·萨利切蒂（Orson Salicetti）经常将白酒和鲜味材料结合调制鸡尾酒。如此酒吧的番茄罗勒马天尼鸡尾酒，以白酒为基酒，配以利莱白味美思、樱桃番茄和卢莫斯盐，再配以番茄罗勒做装饰物。鲜味可以为鸡尾酒带来很多奇妙的味道和创意，酒吧灵活运用鲜味可以为消费者提供具有创意和个性的产品。

（五）苦味

早在1865年，苦味剂就一直是调酒师使用的重要材料，在今天则变成了很多顾客和调酒师追求的一种主流的味道。

鸡尾酒的苦味一般来自于苦精酒（Bitters）。苦精酒是通过在中性烈性酒中掺入多种芳香剂制成的，包括香料、树皮、根、种子、水果等。苦精酒最初是出于药用目的，如用于治疗疟疾等，它具有刺激食欲等功效。柑橘类的苦精酒（橙味或柚子味）往往更甜一些，并且味道更草本，它们通常被用于波本威士忌类鸡尾酒和古典鸡尾酒中。

调酒师通常会在酒吧使用伏特加、朗姆酒等烈性酒加入洋甘菊、迷迭香、百里香、茴香、牛至、芫荽、肉桂、八角、丁香、生姜、小豆蔻荚、柑橘皮、咖啡豆、可可粒、甘草等物品制成各种香型的苦味酒。

思考题

调酒师还可以通过哪些操作来增加鸡尾酒的风味呢？

● 相关链接

鸡尾酒的酸味世界

在鸡尾酒的世界里，酸是无处不在的。美食作家戴夫·阿诺德（Dave Arnold）在其书中写道："很难找到一款不含有任何酸的鸡尾酒。有时候，酸味只不过是隐而不现……但它几乎一直都在那里。"在绝大多数情况下，鸡尾酒会依赖柑橘类水果（尤其是柠檬和青柠）来提供酸度。

然而，对柑橘的需求通常意味着会造成大量果皮和果肉废料，酒吧行业对环保可持续问题的日益重视，已经推动着调酒师们去尝试其他选项。在选择或尝试替代品时，可以选择一款经典鸡尾酒，研究酒的平衡发生了何种变化，是否可以用其他替代品来替代柑橘类水果。下面讲介绍一些替代性酸类及使用方法。

粉末状酸和酸溶液。无论是单独使用，还是与其他原料混合，粉末状酸和酸溶液均可以在某种程度上模拟天然原料的酸度。酸溶液最大的优点之一便是出品稳定。但由于酸在化学成分上的简单纯粹，只能够为鸡尾酒带来酸度，而无法增加风味。

醋。醋的酸度与柑橘类似，但最大的差别在于酸的类型不同。前者为醋酸，后者为柠檬酸。这种差别会使酒具有截然不同的风味特征，醋酸发酵时会产生额外风味，从而会影响到鸡尾酒的风味变化，但也为鸡尾酒带来了多样化的风格。醋酸的味道非常强烈，可使龙舌兰酒、干邑、朗姆酒或威士忌等类型的鸡尾酒风味变得更加浓郁和强劲。

酸葡萄汁。酸葡萄汁是榨取未成熟的葡萄而得到的果汁，具有酸味香气，令其成为柑橘类水果的理想替代品。酸葡萄汁是一种非常灵活多变的原料，可以充当一种醋和柑橘之间的折中选择。酸葡萄汁没有柑橘水果的酸度高，需要增加用量来达到相同的酸度。此外，用来制作酸葡萄汁的葡萄品种不同，也会影响酸度。

乳清。从牛奶、酸奶、奶酪等乳制品中滤出的乳清，是一种独具特色的酸性原料。乳清在增加与众不同的风味和酸度的同时会增加酒的柔滑口感。

乳清能在冰箱中保存很长时间，不需要摇动或搅动，因此很适合大批量制作。从咸酸味的奶酪中滤得的乳清，适合调制咸鲜味的鸡尾酒。

情景训练

今天你作为酒吧主调酒师，请设计并制作两款不同风味的糖浆，并将制作方法、配方和用途分享给你的同事。

复习题

一、单选题

1. 鸡尾酒中调制中的酸性材料有（　　）。

A. 青柠檬　　B. 柠檬　　C. 醋　　D. 以上皆是

2.（　　）是目前发现的最复杂的味觉感知。

A. 苦味　　B. 甜味　　C. 酸味　　D. 咸味

二、判断题

1. 适当加入些盐来抑制鸡尾酒其他材料中的苦味与涩味。（　　）

2. 制作糖浆时，必须要加热以溶解糖。（　　）

任务三　鸡尾酒调制方法

知识准备

鸡尾酒的调制方法多种多样，基酒、辅料和装饰物经过调酒师的精心调制，几分钟之内便可变成色、香、味、形俱佳的饮品。不同的调制方法会产生不同的效果，合理使用调制方法制作鸡尾酒是保证鸡尾酒品质的关键因素之一。

一、兑和法（Build）

特基拉日出制作演示

兑和法又称为直接注入法，可以理解为直接在杯中调制。是一种将材料倒入放有冰块的杯中，用吧匙轻轻搅拌调制的方法。自由古巴、长岛冰茶等鸡尾酒均是使用此种方法调制而成。

（一）兑和法的作用

1. 保留碳酸气体

使用碳酸饮料的时候，摇和法和调和法都会使得酒液中的碳酸气体消失，但用兑和法调酒既可以保持原有的碳酸气体，也不会使得调出的酒水分过多。另外，碳酸饮料喜冷不喜热，需冷藏后使用。

2. 防止材料混合过度

鸡尾酒调酒的魅力之一就是可以通过摇酒或者搅拌使得材料充分混合，产生完全新鲜的混合味道，这样使得酒味更符合预先的设计。但兑和法却与之相反，是为

了着重突出酒本身的味道。

兑和法动作要领

（二）兑和法的重点

兑和法有两个重点。第一个重点是使用威士忌等基酒和苏打水之类含有碳酸气体的辅料来稀释调制时，要先将冰块放入平底杯中；再用量杯将威士忌倒入酒杯里；接着倒入冷却过的苏打水至八分满；此时若苏打水为常温，会让冰块升温过快，融化的水量过多，所以要先将苏打水冷却。另外，最重要就是使用吧匙轻轻搅拌一两下就要停手；搅拌过度会导致碳酸气体跑掉，鸡尾酒就会寡淡无味。第二个重点是相对比重大的酒液会沉淀在杯底，所以混合的时候必须使用吧匙轻轻搅拌两下，让酒液上下均匀。搅拌时需要将吧匙沿杯壁滑入杯中，这样才不会破坏冰块层，在搅拌时吧匙应紧贴在杯壁上，或连动冰块上下提拉两下，最后抽出吧匙。

（三）兑和法的步骤

兑和法的操作步骤有三种类型，第一种是使用碳酸饮料，第二种是不使用碳酸饮料，第三种是普斯咖啡风格（此种类型操作步骤请参照漂浮法）。

1. 使用碳酸饮料类的鸡尾酒

该类型的鸡尾酒包括莫斯科骡子（Moscow Mule）、金汤力（Gin&Tonic）等。由于碳酸饮料的刺激感决定着人们体验该类鸡尾酒的美味程度，所以在调制时绝对不可破坏气泡，避免混合过度就非常重要，混合过度不仅会造成气体跑掉，也可能导致鸡尾酒寡淡无味。碳酸饮料应直接注入酒里，不要碰到冰块，应在冰块间慢慢地蔓延舒展开来，碳酸饮料触碰的其他东西越多，气泡就损失得越多。冰块在兑和法中扮演的角色不同于搅拌法和摇和法，其目的主要是制冷。所以，无论使用碳酸饮料与否，酒和碳酸饮料等材料都需要事先置于冰箱内冰镇，否则味道会变得比较寡淡。使用碳酸饮料时的操作步骤如下：

（1）将酒杯冰镇至起雾，然后根据酒杯容量确定冰块的量，一般 3 厘米左右的冰块 2~4 块即可，但不要让冰块超出杯口，否则不方便饮用。

（2）按照配方将最小或最便宜的辅料加入杯中，然后加入基酒。

（3）从冰块间隙将碳酸饮料倒入至八分满，如果需要的话，可以用吧匙将冰块避开。

（4）在不撞击冰块的前提下，迅速将吧匙插入杯中。不要旋转，如若有多种基酒或材料在底部时，可轻微提拉一下冰块，然后取出吧匙。

2. 不使用碳酸饮料的鸡尾酒

该类型包括生锈钉（Rusty Nail）、黑俄罗斯（Black Russian）等。当鸡尾酒所采用的材料难以相互混合时，虽然可以稍微搅拌，但是切勿过度。只要先从比重较轻的材料开始依次倒入杯中，较重的材料就会由上往下沉，可以自然地达到混合的目的。随着倒入过程自然形成的混合状态就是兑和法的特色。因此，兑和法的优点是享受不同材料的风味。倘若必须完美地混合材料，可以采用调和法的方式调制。

（1）将酒杯冰镇至起雾，放入2~3块3厘米左右的冰块，切勿让冰块超出杯口。

（2）根据比重，从比重较轻的材料开始依次加入鸡尾酒材料。

（3）插入吧匙，稍微搅拌几下，切勿过度。

（4）顺着液体的方向取出吧匙。

相关链接

冰杯的方法

冰杯的方法

为达到饮用温度要求，调制鸡尾酒时，常需要事先将载杯进行冰杯处理，具体方法有以下三种：第一种是通过在杯中装满冰块来冰杯；第二种是把杯子放入冰杯机中降温；第三种是溜杯，即杯中放入一块冰，然后摇杯，使冰块产生离心力在杯壁上溜滑，以降低杯子的温度。有些酒品的溜杯要求很严，直至杯壁溜滑凝附一层薄霜为止。

二、调和法（Stir）

干马天尼制作演示

（一）调和法的作用

1. 材料平缓混合

在调酒杯中调和材料，材料能够很平缓地进行混合，所以不会损失材料特有的

细腻味道。调和鸡尾酒时一定不要剧烈搅拌。

2. 不产生泡沫

调和法调制鸡尾酒时不会产生泡沫，适合于调制口味细腻且口感润滑的鸡尾酒。

3. 冷却稀释鸡尾酒

在调酒杯中加入冰块，可以使得鸡尾酒在调和的时候自然降温，这样可以使酒的水分增加。但要注意时间，时间过长会导致冰块融化过度，从而使鸡尾酒水分过多，口感寡淡。

（二）调和法的步骤

调和法动作要领

调和法又称为搅拌法，搅拌时要使用调酒杯（Mixing Glass）、量杯（Jigger），吧匙（Bar Spoon）、滤冰器（Strainer）等器具。调和法又包括两种，即调和滤冰（Stir Straining）及调和（Stir）。

1. 调和法的动作要领（图 5-1）

（1）将惯用手掌心朝上，以中指和无名指轻轻夹住吧匙中间的螺旋状部分，再将大拇指食指轻靠在吧匙上方。

（2）将吧匙放入空的搅拌杯中，勺子背面朝向 12 点钟方向，紧贴调酒杯杯壁。想象一条线连接着调酒杯中心和屋顶天花板，勺子的顶部应该与这条线相连。

（3）在一个没有液体或冰的调酒杯里，练习只用中指和无名指来移动吧匙。大拇指和食指不发力，利用中指指腹和无名指指背依顺时针方向转动吧匙，用中指将吧匙从 12 点钟方向拉到 6 点钟方向，然后用你的无名指把它推向相反的方向。吧匙的顶部应该保持不变，吧匙的背面应该紧贴调酒杯杯壁。

（4）练习时可以把吧匙贴在调酒杯上，先从半圈开始。从 12 点开始，顺时针拉动勺子（如果是左手为惯用手，用中指按逆时针方向拉动勺子），6 点钟停止，腕部的弯曲面应该总是碰到玻璃杯的侧面。然后，用无名指将吧匙推回到原来的方向，以平稳的节奏重复到 12 点，每一次都要准确地停顿。

（5）练习做一个完整的动作后，把调酒杯装满冰。大拇指和食指不发力，利用中指指腹和无名指指背依顺时针方向转动吧匙。从 12 点钟的方向开始转动勺子，再用中指推到 6 点钟的位置后，用无名指完成旋转。利用冰的惯性，发挥手腕的弹动力，持续以中指和无名指转动吧匙，顺时针绕着杯子转一圈。

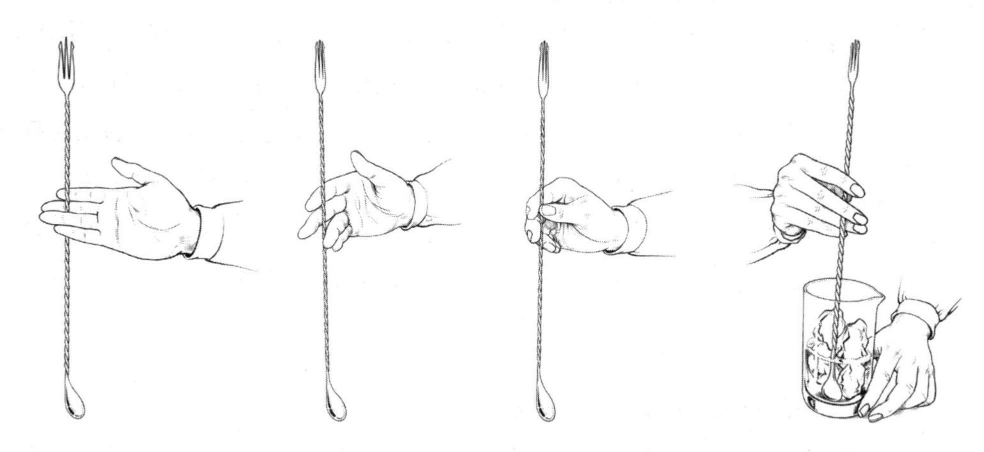

图 5-1 调和法动作要领

2. 调和法的操作步骤

在调制搅拌鸡尾酒时，调酒杯使用前应当进行冷却，可以把调酒杯放在冰杯机里，或者在里面装满冰水放置几分钟，然后将冰水倒出，达到冷却的目的。

（1）向调酒杯中加入原料，从最便宜或体积最小的材料开始。如果出现错误，可以重新开始，而不至于浪费大量的原料或价格昂贵的烈酒和辅料。

（2）把混合的酒水快速搅拌几下，也可以在此步骤时品尝一下材料的用量是否保证了口味的平衡或达到了客人要求的口感。

（3）加入足够的冰块，将杯子装满大约 3/4，将冰尽可能地分层。如果是大块的冰块，则需要把冰块打碎，这样冰块才能更便于装进调酒杯里；否则要花很长时间来冷却和稀释材料。

（4）用两根或三根手指把调酒杯底部拿稳；如果手放得过高，会导致热量使杯子升温。

（5）以稳定的节奏搅拌材料约 15 秒后停止。

（6）品尝饮品。用吸管取出一点，或者用吧匙将酒液点在手背上，不要用正在搅动饮料的吧匙直接放入口中品尝。

（7）将饮料倒入冷却过的鸡尾酒杯中，观察一下酒液中是否有气泡。如果有的话，可以搅动一下或在将酒液倒入酒杯时速度快一些，以便将气泡排出。

（8）清理操作台，原材料归位，清洗工具。

在相同或类似的条件下（同样的工具，类似的冰等）搅拌鸡尾酒，很快你就会掌握到什么时候它们接近合适的温度和稀释度，所以不必经常品尝所调制的鸡尾酒。当冰融化到饮料中时，也可以观察调酒杯中液面的变化来了解鸡尾酒的适宜程度。

调和鸡尾酒的时间，还有一些其他的因素需要考虑。首先是鸡尾酒是短饮还是长饮。大多调和法制作的鸡尾酒在服务时是不加冰的，但像古典鸡尾酒和尼格罗尼鸡尾酒杯中有冰块时，调和的时间则会缩短，因为酒在杯中的时候，冰会继续融化。其次，小冰块比大冰块融化得快，所以在成品中使用小冰块或碎冰时，一定要减少次数。

（三）调和法的基本原理

如果鸡尾酒中含有任何不透明或混浊的成分，如果汁（柑橘类或其他类）、鸡蛋、乳制品等，就应该大力摇荡，把这些成分融合均匀。相反，如果鸡尾酒完全由透明成分组成，如烈酒、苦艾酒、甜味剂、苦味剂等，就应该选择调和法。

搅拌饮料的目的有两个：降温和稀释。鸡尾酒理想的温度为 -5~0℃，同时还要达到理想的稀释度。水是鸡尾酒中不容忽视的成分，如果水量太少，温度就会过热或者酒精度太高；如果水量太多，鸡尾酒的味道就会太淡。

除了搅拌的速度和持续时间以外，调酒杯、冰块和鸡尾酒的原材料也会影响鸡尾酒的品质和口感。

1. 调酒杯

调酒杯的温度对杯中冰和液体之间的相互作用有很大的影响。搅拌的目标应该是减缓稀释的过程，使鸡尾酒在达到适当稀释程度时保持足够低的温度。室温下，调酒杯会将其热量转移到较冷的液体中，从而加速稀释过程。另外，一个冷的调酒杯会冷却里面的液体（至少可以到达平衡的温度），从而使酒的稀释速度变慢，这就是为什么要把调酒杯放在冰杯机里的原因。在忙碌的时候，调酒杯一直放在冰杯机内是不现实的，于是，调酒师们开始越来越多地使用日式调酒杯，因为它的宽度允许更多的冰与液体相互作用，比窄底的品脱杯更容易帮助饮品达到目标温度和稀释度。

2. 冰块

冰块的大小很关键。从小冰球到大块冰，任何规格都可以调制出较好的饮料。家用冰箱制造出来的冰，也同样可以调制出高品质的鸡尾酒。由于冰的大小不同，最大的挑战依然是搅拌的持续时间和冰块的融化程度。在酒吧里，关键是要找到速度、效率和控制之间的平衡。

碎冰或小颗粒冰会很快地冷却和稀释饮料，同时还会使更多的冰接触到饮料的表面，出现过度稀释的问题。相反，用单个冰块调和鸡尾酒，因为冰块与饮料接触的表面积小，意味着饮料的冷却和稀释速度会更慢。

酒吧的制冰机生产的 3 厘米冰块可以用来做大部分的调和类鸡尾酒。将 3 厘米大小的冰块整齐地叠放在我们的调酒杯里，有足够的时间来慢慢稀释饮料，同时可以提供足够与饮料接触的表面积，使搅拌时间变短。

3. 原材料

稀释度的多少因鸡尾酒而异。鸡尾酒原材料的量对调和时间也有直接的影响。由烈性酒（如干马天尼酒或萨泽拉克酒）调制而成的饮料需要更多的水，因此需要更长的时间才能稀释。一些配料更多的短饮类的鸡尾酒（如曼哈顿）则会更快地达到稀释度。

三、摇和法（Shake）

粉红佳人制作演示

（一）摇和法的作用

1. 混合原材料

摇酒壶是密封容器，通过摇动可以很好地混合各种材料。特别是混合鲜奶油时，可以通过摇酒壶的反复摇动，将奶油均匀地打散，使鸡尾酒味道平衡。

2. 降温与化水

在摇酒壶中放入冰块，通过摇动可以使材料自然冷却，调配出低温的鸡尾酒。在摇动过程中冰块可以部分融化成冰水，增加鸡尾酒的水分，使其口感更加润滑。但需注意切勿过度摇和，以免冰块过度融化。

3. 调整酒的口感

通过摇和，可以使酒中融入适量的空气，使调制出的鸡尾酒口感丰润柔和。并且，摇和过程中会产生一些细小的碎冰，对鸡尾酒的口感有所调整。

（二）摇和法的步骤

摇和法动作要领

摇和法也称摇荡法。当鸡尾酒中的某些成分（如糖、牛奶、鸡蛋、果汁）不能与基酒稳定混合时，应采用摇和法进行调制。值得注意的是，在摇酒壶内不能加入汽水等含有二氧化碳气体的材料，以免产生泡沫和气体膨胀，导致摇酒壶材料喷洒。对奶油、鸡蛋等不易混合的材料，要大力摇匀。用摇和法制作的鸡尾酒多使用鸡尾酒杯、古典杯或香槟杯盛载，如红粉佳人、玛格丽特等。

每位调酒师都有自己的习惯和动作，本书中所描述的动作要领（图 5–2，图 5–3）并不一定是最好的，在学会这些动作要领之后，可以尝试不同的动作和握法来找到你自己的风格。

1. 考布勒摇酒壶的操作步骤

考布勒摇酒壶易于使用、制作精准，基本步骤如下：

（1）按配方把辅料、基酒等材料依次量入壶体内，最后加入冰块。通常，所放材料和冰块占壶体的 60% 左右。

（2）先将滤冰器盖在壶体上，再将壶盖盖上。如果将滤冰器与壶盖作为整体盖在壶体上，摇动后摇酒壶内外会产生气压差，壶盖会出现脱落的情况。

（3）以右手为惯用手为例，双手持摇酒壶的时候，右手拇指压住靠向身前的壶盖，其他手指自然放于壶体之上（也可用无名指和小指夹住壶体），左手拇指按住滤冰器，中指与无名指第一关节拖住壶底，其他手指指尖轻轻地抵住摇酒壶。实际工作中采用左右手对换的相反姿势或用单手摇壶也是可以的。

（4）握着摇酒壶，将摇酒壶由身体正面拿到靠近左胸前和左肩之间的位置。然后在胸前按照斜上—胸前—斜下—胸前的顺序，有节奏地重复摇动。这种摇酒方式被称为二段式摇和法。该动作是最常用的摇酒动作，此外还有一段式摇和法以及三段式摇和法。不管是哪种方法，只要使用正确的动作摇和，指尖都会感受到摇酒壶中温度的变化，待摇酒壶表面结了一层白霜时，就表示摇和完毕。如果使用奶油、砂糖、鸡蛋等材料，摇动次数要加倍，同时力道也要加强，才能均匀混合。

（5）摇和结束后，拿掉壶盖，右手食指按于滤冰器肩部，防止滤冰器偏移，并将酒倒入杯中。此时要将摇酒壶中的酒全部倒尽。

（6）倒好后将摇酒壶里的冰块丢掉，用水洗净，摆放在原来的位置。如果使用高脂材料或气味较浓的茴香酒、薄荷酒，则需使用中性洗洁剂和热水清洗，切勿让摇酒壶残留气味。

（7）清理操作台，原材料归位，清洗工具。

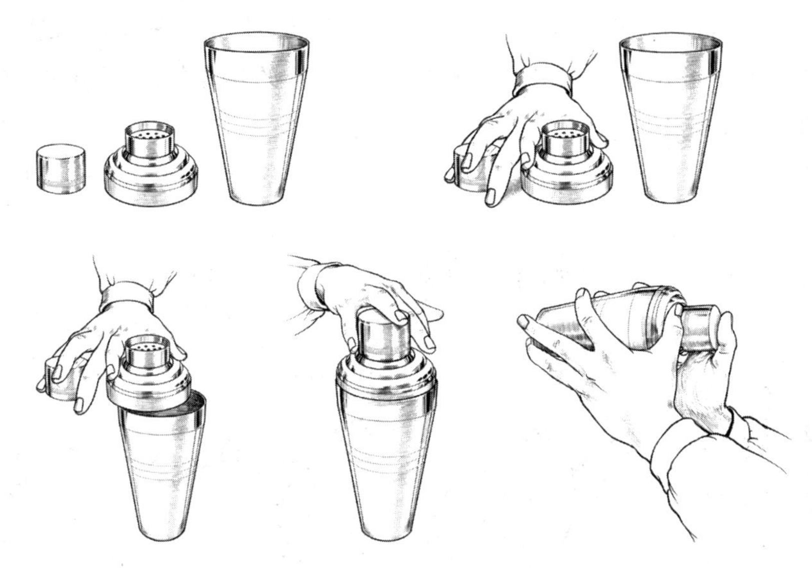

图 5-2　摇和法动作要领（考布勒摇酒壶）

2. 波士顿摇酒壶的操作步骤

波士顿摇酒壶容量大，效率高。酒吧中通常使用波士顿摇酒壶混合绝大多数的饮品，波士顿摇酒壶的步骤如下：

（1）把波士顿小的厅杯放在吧台上，然后将材料放入其中，不要加冰。给另一半大的厅杯中装入大约一半的冰。

（2）选择一个角度，把大厅杯放在小厅杯上，使摇酒壶的一边形成一条直线。用手掌击打大厅杯的顶部，使两个厅杯密封在一起。此时的摇酒壶是密封的，当用手提起顶部厅杯时，底部的厅杯也不会分离。

（3）拿起摇酒壶，小厅杯的顶部朝向自己的身体。这样，如果在摇动的时候漏水或打开，饮料就会洒在调酒师身上，从而保护客人。通常将惯用手拇指放在小厅杯的顶部，其余手指在两个厅杯的连接处找一个舒适的位置，两根手指分别放在两个厅杯上，然后用非惯用手托起大厅杯的底部。关键点是掌握尽量减少手掌接触的握法。因为将全部手掌放在摇酒壶上时，会提高摇酒壶的温度，这样当冰块达到合

适的融化量时，鸡尾酒的温度会偏高。

（4）把摇酒壶转几圈，让冰与溶液之间进行温度传递，这样可以减少摇动时冰的碎裂。

（5）把摇酒壶放在身体前面，把它推开，然后再拉回来。在摇动的过程中要稍微有一些弧度，而不是直来直去。目的是让冰以环形的方式移动，使其边缘更加圆润，而不是破成碎片。

（6）摇酒结束后，小厅杯在上，大厅杯在下。将摇酒壶打开后快速把鸡尾酒倒入杯中。

（7）清理操作台，原材料归位，清洗工具。

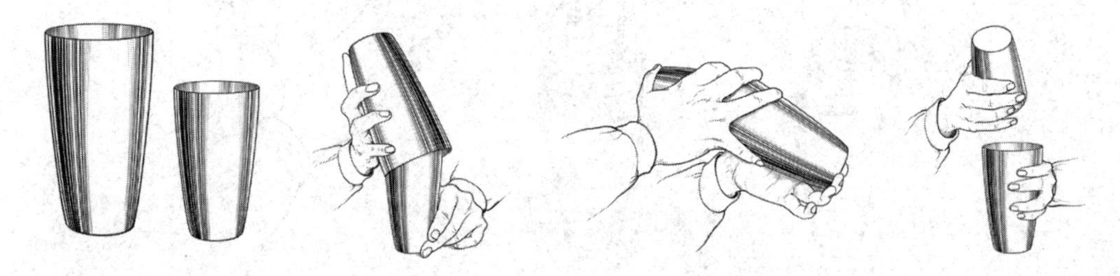

图 5-3　摇和法动作要领（波士顿摇酒壶）

（三）其他类型的摇和法

1. 硬摇法（Hard Shake）

硬摇法是由日本调酒师上田和男（Kazoo Ueda）首创。此种方法可以使鸡尾酒中产生细小的气泡，让酒精口感变得更加温和，饮用起来更加顺口。

硬摇法的动作要领是：正确持摇酒壶后，将摇酒壶从左胸前笔直且等高地向外推出，然后拉回到原位，此时冰块会在滤冰器和壶底之间来回弹跳。收回的速度不能慢于冰块弹回的时间点，因此，每次摇荡是都可以听到两次冰块撞击的声音。随后使用右肩和右手肘向上倾斜，加以扭转摇酒壶，并在摇出时向左旋转。在摇荡过程中，兼顾手腕甩力、扭转，并以不同的角度操作，这样可以使摇酒壶中的材料进行对流。

鸡尾酒基酒通常有白色烈酒（White Spirits）和棕色烈酒（Brown Spirits）两类。并非所有的烈酒都是一样的，硬摇白色烈酒与棕色烈酒时要考虑三个要点。

（1）两者都必须精确控制手腕的动作，尽可能多地融合空气，并在摇酒壶的大小，液体量和冰块数量之间取得适当的平衡。

（2）一般而言，摇和白色烈酒时，强烈的摇和可以使白色烈酒达到最佳效果，其目的是向鸡尾酒中融合尽可能多的空气，以消除酸度的影响并赋予鸡尾酒更大的体积。对于摇和，重要的是不要将冰砸在摇酒壶的底部。相反，应转动手腕和手臂，使冰贴摇酒壶的侧面来回运动。

（3）摇和棕色烈酒时，继续旋转手腕，但应将摇酒壶摆成更大的角度以融合更多的空气，并最大限度地减少冰在摇酒壶侧面来回运动的数量。将残留的碎冰进行双过滤，因为过冷的棕色烈酒会导致刺鼻的酸性味道，并会阻止天然桶装香气的释放。

2. 干摇法（Dry Shaking）

干摇法可以比传统的冰摇法产生更多的泡沫。当制作含奶油和鸡蛋的饮料时，通常的做法是先将混合物在不加冰的情况下摇动，然后再与冰一起摇动。这种做法被称为“干摇法”，其方法是首先在没有冰的情况下摇动，因为这样在较高温度下材料会更好地乳化，从而在成品鸡尾酒上产生更多的空气和较厚的泡沫。

一些调酒师还会在干摇期间将霍桑过滤器的弹簧放在摇酒壶中，当摇动时，弹簧就会像打蛋器一样运动，从而更加快速地使蛋白质打散和捕获空气。

3. 双摇法（Double Shaking）

当你掌握了一次只摇一种饮料的方法时，就可以准备好进入双摇阶段，实现一次摇两杯鸡尾酒。抓住两个摇壶，然后把它们放在头旁边，前后摇荡。

双摇法的关键是确定哪只摇酒壶在哪只手中。在惯用手中，可以摇荡将要饮用的鸡尾酒，非惯用手则摇荡加冰饮用的鸡尾酒。这种做法可使调酒师保持每种饮料的质地和稀释水平，不会为了效率而牺牲酒的品质。

4. 短摇法（Short Shaking）

当鸡尾酒中加了冰或在上面加入一些起泡材料（苏打水、起泡酒、姜汁啤酒等）时，不需要大力摇和或摇很长时间，因为酒会在玻璃杯中被冰或其他成分稀释。

我们在制作柯林斯类和一些蒂基（Tiki）类鸡尾酒时使用短摇法。这样做的目的是让各种材料充分地混合和稍微冷却，有助于防止把酒倒在冰里的时候被稀释得

太快。

5. 摇打法（Whipping）

摇打法用于盛有大量碎冰的鸡尾酒，如四维索和迈泰类的鸡尾酒。仅用一块方冰或几块碎冰将饮料进行摇匀，刚好使冰块完全融化、材料完全融合。此种方法制作的鸡尾酒不会过冷或稀释，但会在杯中进行冷却和稀释。

（四）摇和法的基本原理

调和法调制鸡尾酒的目的是冷却和稀释。摇和法则加入了第三个元素：通过增加气泡和乳化材料来改变饮品的质地。含有固体（如水果或香草）或混浊成分（如柑橘类果汁、乳制品等）的鸡尾酒通常要摇和。多种调酒方法中，摇和法仍然是鸡尾酒界最具有竞争力的技术之一。摇和法的质量高低与冰块、摇和方向和持续时间都有重要的关系。

1. 冰块

可以用任何一种冰，甚至是家用冰箱制造的冰来制作一款合适的摇和类鸡尾酒。关键是要调整冰的量和摇荡的持续时间和强度。较小的冰会使更多的表面裸露在液体中而快速融化，此时则需要更短时间的摇荡。大的冰块会使饮料稀释得更慢，这意味着调酒师需要摇得更久。如果使用少量的冰块使劲地摇荡，冰块就会碎成更小的碎片，进一步增加表面积，更快地稀释饮料。

冰的另一个作用使饮料增加气泡。在摇荡时冰块通过液体会产生微小的气泡。冰块越大，就越需要用力摇荡才能得到想要的空气。在一些纯饮类的酒中可以使用5厘米的大冰块。大冰块能够较好地在冰块融化时保证饮料尽可能地凉。

2. 方向

摇酒的方向以适应调酒师为最佳。但需要考虑两个问题：第一，摇酒的方向是否会使冰块在摇酒壶中形成圆形移动。理想情况下，它会以圆形的模式移动冰块，使冰块的边缘变圆。验证方向是否正确的一个好方法是在摇荡后查看冰是否是圆的。一个直接地、来回地运动将导致冰块在摇酒壶两端之间做直线运动，会使冰块变得更碎，导致饮料的稀释速度变快。一些优秀的调酒师在使用这种摇酒方式时已经知道如何调整其他变量来达到准确的结果。第二，这个动作能否让调酒师长时间地用力摇荡而不伤到自己。摇酒步骤中描述的推拉技巧能够减少肩膀上的压力。一些调酒师在摇的时候会上下摇动摇酒壶，这有助于创造一种稳定、一致的节奏，并促使冰以一种类似于圆形的模式移动。

3. 时间

很难给出确切的摇荡时间，有太多的变量影响着时间长短，需要长时间练习才能掌握适当的稀释度，其中最主要的是冰的大小和用量，以及摇荡的强度和速度。所需要调制的饮品也同样需要。对于短饮类鸡尾酒，调酒师应该一直摇到所需要的稀释程度。一些加冰饮用的饮料应摇至稀释度的 3/4 左右，具体的摇量取决于加冰的大小和数量，以及是否会用苏打水、香槟或其他类似成分进一步稀释。

调酒师需要一些经验才能知道什么时候能把饮料摇到理想的温度、稀释度和气泡程度。但是，稀释不足的酒比稀释过度的酒更容易调整，所以，当有疑问的时候，应停止摇荡，尝一下酒的味道，如果还没有到理想的程度，再摇一下。当积累了更多的经验后，调酒师会养成一种直觉，知道把摇酒器摇到什么程度时才是想要的内部变化。

这里有一些基本的数据可以作为借鉴：用 2 个 5 厘米的方形冰块摇鸡尾酒时，需要 10~15 秒的快速用力摇匀，以达到适当的稀释程度。用 3 个 3 厘米大小的冰块短时间摇动需要 8~10 秒。至于得心应手的使用好摇和法则需要调酒师对感官进行不断的训练，虽然看不到摇酒壶内部发生了什么，但可以听到随着冰块融化和液体体积的增加导致的声音变化。如果听到冰块碎裂的声音，那就是饮料接近稀释的迹象。随着时间的推移，调酒师将学会分辨出适当的摇荡饮料的声音。触觉也同样重要，如果摇匀了，摇酒壶温度会很低，手可能会开始粘在上面。

四、搅拌法（Blend）

椰林飘香制作演示

搅拌法主要是用电动搅拌机进行操作，当调制的酒品中含有水果块或固体食物时，必须使用搅拌法制作鸡尾酒，因此搅拌法特别适合调配冰冻类型的鸡尾酒。目前在酒吧内，一些摇和的酒也可以用搅拌法来调制，但两法相比，摇和法能更好地把握所调制酒品的质量和口味。有时电动搅拌机也可与摇酒壶互相代替使用。

（一）搅拌法的作用

1. 增加鸡尾酒气体

使用电动搅拌机对材料进行剧烈搅拌，可以使得空气充分进入材料，比摇酒壶的效果更加明显。酒精度数相对较高的酒使用搅拌机搅拌之后，口感会完全变化，味道也会大大不同。

2. 混合新鲜水果

将新鲜的草莓和香蕉等一起加入电动搅拌机内，可以调配出果酱风味、口感顺滑丰润的水果鸡尾酒，这是使用摇酒壶进行混合很难达到的。

3. 调制冰冻鸡尾酒

将材料和碎冰块一并放入电动搅拌机内，充分搅拌后可以调制出冰冻鸡尾酒。加入冰激凌、牛奶等材料，可以调制出口感丰润的奶油类鸡尾酒。

（二）搅拌法的重点

采用搅拌法操作时先将冰块（最好是碎冰）和辅料、基酒等材料按配方放入搅拌机中，如果使用水果为材料，就先放水果，再放碎冰，这样可以预防水果氧化变色。

启动搅拌机迅速搅拌 10 秒左右，使冰块、酒水、水果块等材料均匀混合，然后将酒品连同冰块一起倒入杯中。采用搅拌法制作的鸡尾酒多为长饮，如香蕉得奇利、水果宾治等。同样，在电动搅拌机内，也不能加进汽水类含有二氧化碳气体的材料，以免产生泡沫和气体膨胀。

（三）搅拌法的步骤

（1）制作鸡尾酒装饰物。

（2）搅拌杯中加入碎冰，有水果原料时，先放水果。冰块数量根据鸡尾酒配方、载杯等实际情况进行调整。

（3）搅拌杯中依次加入鸡尾酒材料，盖上搅拌杯盖。

（4）将搅拌杯放在搅拌机座上，启动开关约 10 秒，随时注意搅拌状态，切勿过度搅拌，以免机器的热量导致冰块融化，影响鸡尾酒口感。

（5）关闭开关，搅拌机马达不再转动后，取下搅拌杯，将已经搅拌好的鸡尾酒倒入杯中。

（6）将已制作好的装饰物挂在杯上，插入吸管与搅拌棒。

（7）清理操作台，原材料归位，清洗工具。

相关链接

油脂浸洗鸡尾酒

纽约传奇酒吧（Please Do Not Tell）在2007年首次将以油脂浸洗技术制作的鸡尾酒带到了大众面前。油脂浸洗（Fat-washing）是指在正常室温下，只需向酒中加入香油或融化的黄油等液体，然后放进冰箱静置几小时，直到油脂凝固再撇去它。等到撇去了油脂后，酒却保留了油脂的味道。

Benton's Old-Fashioned以用培根油浸洗过的波本威士忌为基酒，加入枫糖浆制作而成。油脂浸洗需要的器具和方法并不复杂，浸洗的成品却千变万化——油脂可以来自肉类，也可以来自植物，用来浸洗的烈酒可以是威士忌、金酒和白兰地等。像伏特加这样的口味偏中性的烈酒，只要少量的油脂就可以让酒体染上新的风味；而威士忌本身的香草、橡木味道与脂肪的丰润搭配起来口味更协调，因此相比其他烈酒更适合加入油脂浸洗。

思考题

工作中，调酒师遇到客人点的鸡尾酒，自己不会做时应该如何处理？

五、其他调酒方法与技巧

开瓶与拿量杯

（一）酒瓶的持法与开瓶

拿酒瓶时，到底是该握着贴了标签的正面或是从后面握酒瓶，还是从侧边握酒

瓶才正确，目前存在着不同的观点。因为调酒师的手有时候是湿的，如果从正面握酒瓶，会把标签弄湿、弄脏。而且一些酒瓶的造型特殊，即使用整只手握酒瓶也很难拿稳。较理想的方法是从侧边拿酒瓶，而且是握着酒瓶下方倒酒，这样既不会弄脏标签，也能让客人清楚地看到是什么酒。

开启瓶盖的方法。瓶盖基本是金属制的螺纹瓶盖，此类瓶盖如果要从上面开的话，需要旋转 4~5 次才能打开。以右手为惯用手的调酒师，可以右手握酒瓶，左手握住瓶盖，首先将右手朝左旋转至内侧，左手向右也旋转至内侧，在这一位置上，两手从两侧握住酒瓶及瓶盖。接着将双手往外侧旋转开瓶，只需转一圈，最多转一圈半，就可迅速且轻松地将瓶盖打开。

左手的大拇指和食指的根部轻轻夹住已经开启的瓶盖，然后以握着酒瓶的右手倒酒。如果将打开的瓶盖摆在吧台或工作台上，不仅会影响操作，而且会让客人觉得调酒师工作不够利落。

盖上瓶盖时，要将夹在左手大拇指和食指根部的瓶盖扣在瓶口上，再以左手大拇指侧向转动，最后以大拇指和食指将螺纹旋紧。

像利口酒等酒类，如果酒液残留在瓶口上，瓶盖盖上后，瓶口会与瓶盖黏在一起打不开。因此倒完这类酒后，一定要养成用干净的毛巾将残液擦拭干净的习惯。

（二）量酒（Measuring）

精确量取鸡尾酒配方中的每种材料对于制作一杯平衡的鸡尾酒至关重要。许多鸡尾酒材料间的平衡都几乎没有给过量的成分留下余地。量杯有多种规格，如 1oz 和 2oz 规格、0.5oz 和 0.75oz 规格。量取鸡尾酒的工具除了量杯外，还有茶匙、吧匙等工具。一般来说，用量最小的配料最有效，味道也最浓郁，因此准确地测量配料就显得尤为重要，有几滴材料不准确，鸡尾酒就会失去平衡。

1. 量酒器的拿法

以食指和中指握量酒器是常用的方法。如前面所述，以大拇指和食指握瓶盖时，除了大拇指，其他手指都没有派上用场，但食指指尖可以自由活动。握量酒器时，食指指尖靠在量酒器一侧，中指则放在量酒器的另一侧。此时无名指和小指与食指同方向，轻轻靠着量酒器。

2. 量酒基本的步骤

量酒练习的最好方法是把一个酒瓶装满水，然后一遍又一遍地练习，直到找到符合身体舒适程度的量酒方式。量酒的目的是快速顺利地量取原材料，避免任何东西洒在吧台上或洒在客人身上。掌握量酒的动作要领（图 5–4）之后，可以把一个调酒杯放在一张白纸上进行测试：要做到在没有任何液体滴撒在纸张上的情况下调制鸡尾酒。

不同的调酒师在量酒和倒酒时的动作各不相同。以右手为惯用手的可以根据以下步骤进行量酒。

（1）在面前放一个调酒杯，选取想要倒出材料的瓶子，放在杯子的右侧。

（2）用食指和中指的第一个和第二个指关节拿起量杯，并保持水平。

（3）将量杯放在刚好高于玻璃边缘的位置，从而更容易地确认量杯是否保持水平。

（4）用右手从侧边拿酒瓶，并握着酒瓶下方倒酒。如果用的是酒嘴，则抓住瓶口，以便于准确地切断倒出的酒。

（5）将液体倒入量杯，使酒嘴或瓶口尽量靠近量杯的边缘。当使用酒嘴时，瓶底举得越高，液体的流出速度越快。练习量酒时，从缓慢的流速开始，以流畅的动作倒酒，重点关注精度和控制。慢而精确地量酒胜过快而不准确地量酒。使用酒嘴时，可以把手放在酒嘴进气口处，让流速变慢。

（6）将量杯注满。这一步最为重要，也是最难控制的部分。量杯里装得过少或过满，都会让鸡尾酒的味道大打折扣。以量取 1oz 的酒液为例，是否准确，可以看量杯边沿与液体表面。量取准确的情况下，液体会尽可能地平坦。如果过满，液面就向上凸起，超过量杯的边缘，如果不足，液面则是凹面。鸡尾酒材料的密度和表面张力变化较大，在量取过度而酒液没有洒出量杯时，可能会超出 0.25oz 左右的量。

（7）如果使用酒嘴倒酒，将手腕转向身体，切断液体。

（8）倾斜量杯，将液体倒入杯中，将量杯从杯口拉向身体。确保过量或出现滴洒时不会滴落到客人身上。

图 5-4　量酒动作要领

（三）过滤（Straining）

大多数鸡尾酒的调制难点都出现在调酒杯或摇酒壶中，过滤是比较容易的部分（图 5-5）。

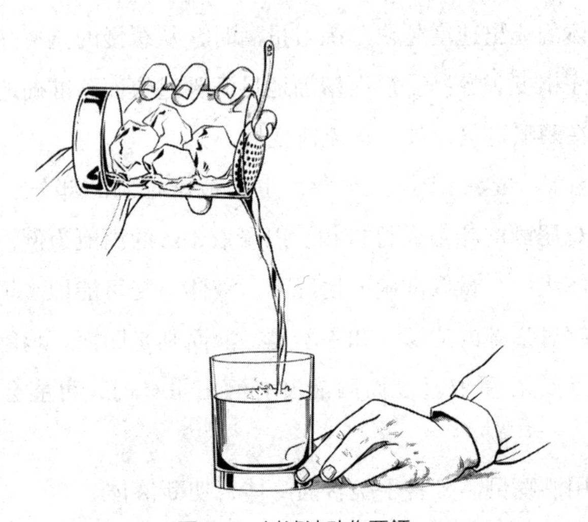

图 5-5　过滤法动作要领

过滤调和法调制的鸡尾酒，如果使用的是朱莉普滤冰器（Julep Strainer），要把滤冰器的把手放在食指和中指之间，滤冰器把手底部压在调酒杯的边缘上。用拇指、无名指和小指抓住调酒杯的边缘来固定过滤器。利用调酒杯的边缘作为支点，把朱莉普滤冰器的碗面压在调酒杯内以及冰上，使其紧紧地靠在调酒杯杯嘴内侧下方。慢慢倒出鸡尾酒，注意不要制造气泡或将饮料溅出玻璃杯。

如果用的是霍桑滤冰器（Hawthorne Strainer），则要把过滤器放在调酒杯上，把柄对着玻璃杯的杯嘴。抓住过滤器把柄下面的调酒杯，把滤冰器推到杯子前面，慢慢地把酒倒入杯中最后轻轻摇一摇，把沾在冰块上的液体都倒进杯子里。

使用过滤摇和法调制的鸡尾酒，应尽快将摇酒壶中的酒倒出，以免失去酒液中的气体。使用考布勒摇酒壶时，因摇酒壶自带滤冰器，根据摇和法的操作步骤进行过滤即可。使用波士顿摇酒壶时，如果是霍桑滤冰器，应遵循上述相同的方法，但是要考虑到霍桑滤冰器的液体控制，把滤网的前面推到厅杯边缘的松紧程度，取决于是否让小冰块掉进饮料里。另一个重要的考虑因素是摇晃过程中冰的状况，如果冰块碎裂，可以推进滤冰器，以避免冰块进入酒杯。

（四）双过滤（Double Straining）

双过滤

对于大多数摇过的鸡尾酒，不希望在酒液中加入任何冰块或小块的水果等材料，可以同时使用霍桑滤冰器和一个细孔锥形滤网来双过滤鸡尾酒。双过滤对于含有蛋清、牛奶等材料的鸡尾酒来说尤其重要，因为任何微小的冰屑都可能破坏酒面的泡沫。另外，因过滤鸡尾酒时一般仅使用滤冰器前段，使用双过滤可以防止碎屑入杯（图 5-6）。

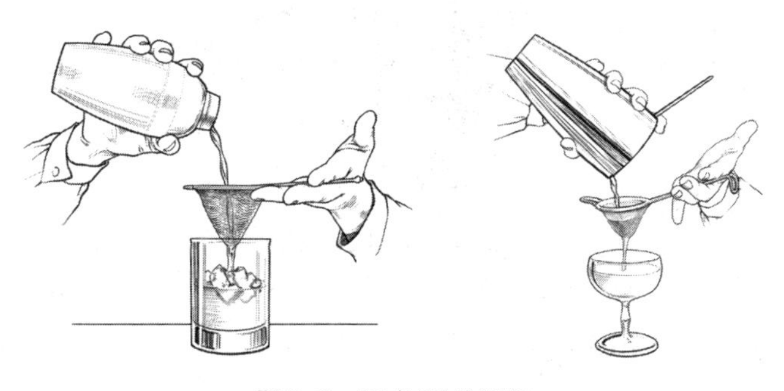

图 5-6　双过滤动作要领

（五）碾碎（Muddling）

碾碎

碾碎指把原料混合在一起的动作，通常是用碾杵在玻璃杯中碾压和混合原料。

制作古典鸡尾酒会用到此种方法，其他的鸡尾酒也可以借鉴使用。可以用碾杵捣碎柠檬角、薄荷叶等材料。另外可以用碾杵压碎糖和去掉白色层的柠檬皮，从而产生一种口感更清新的味道。卡布琳娜（Caipirinha）鸡尾酒便是把砂糖与青柠角一起进行碾碎，莫吉托（Mojito）鸡尾酒同样适用碾碎的方法将薄荷叶、青柠角进行碾压。

当把原料混合在一起时，一定要选择一个足够坚固的杯子来承受碾压的力量。可以准备古典玻璃杯或调酒杯等来碾碎材料。当糖作为一种成分被要求混合时，需要一些液体来溶解它。有时这种液体是任何被混合在一起的果汁，也可能是一些苦精酒。捣碎水果时，要用碾杵反复用力挤压，将水果上的每滴果汁都挤出来，将糖碾碎，直至完全溶解（图 5-7）。

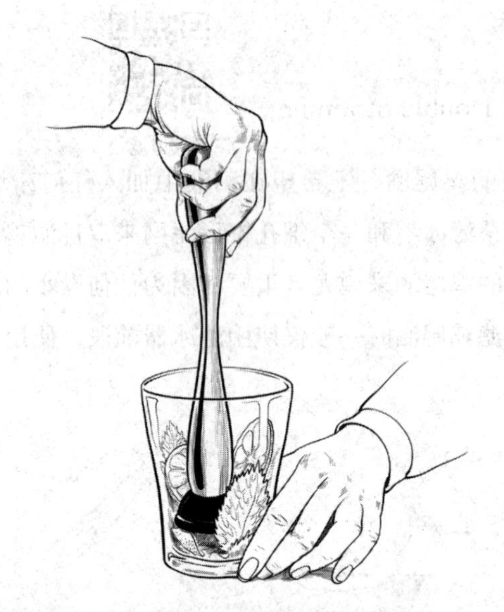

图 5-7　碾碎动作要领

（六）洗杯法（Rinsing）

洗杯的目的是使鸡尾酒具有强烈的风味，而该风味的构成成分不会影响其他的材料。很多鸡尾酒在加入酒杯之前，都要用味道浓烈的酒（通常是苦艾酒、苏格兰威士忌等）将杯子清洗一遍。杯中倒入少量（约 1/4 盎司）的酒，慢慢旋转酒杯，让酒覆盖在整个杯子内部。然后将多余的酒倒掉或者倒入其他容器中备用。或者，可以准备一个小喷雾瓶，加入洗杯用酒，然后将酒喷洒在杯子内壁上即可。

萨泽拉克（Sazerac）是最著名的使用洗杯法（图 5-8）的鸡尾酒，它以传统的苦艾酒进行洗杯，就萨泽拉克而言，苦艾酒具有淡淡的茴香味，可补充黑麦威士忌，并增强佩肖苦精酒（Peychaud's bitters）苦味中的辛辣味。

图 5-8　洗杯法

（七）镶边（Rimming）

当酒杯需要镶有盐、糖、可可粉、豆蔻粉、肉桂粉及柠檬皮屑等此类材料时，必须使干燥的成分只附着在玻璃杯的表面。例如，如果把盐加到玻璃杯内部，当加入鸡尾酒时，它就会落入杯中，从而增加了一种不属于配方的额外成分。有些酒，如玛格丽特，可以做半个盐圈，让客人自己选择要不要加盐。

给玻璃杯镶边（图 5-9）的正确方法是必须先湿润杯子边缘，可以通过以下两种方法来实现：第一种方法是取一块合适的柑橘类水果（如装饰玛格丽特的青柠或装饰旁车的柠檬），轻轻地挤压，挤出一点果汁，倒扣杯子，并在果肉上滑动，直到整个边缘湿润。握住玻璃杯底部，让杯子的边缘在干燥成分的表面旋转直到整个边缘被涂上。第二种方法是可以把杯子浸入一个盛满饮料成分的碟子里，然后将杯口放入其中湿润即可。

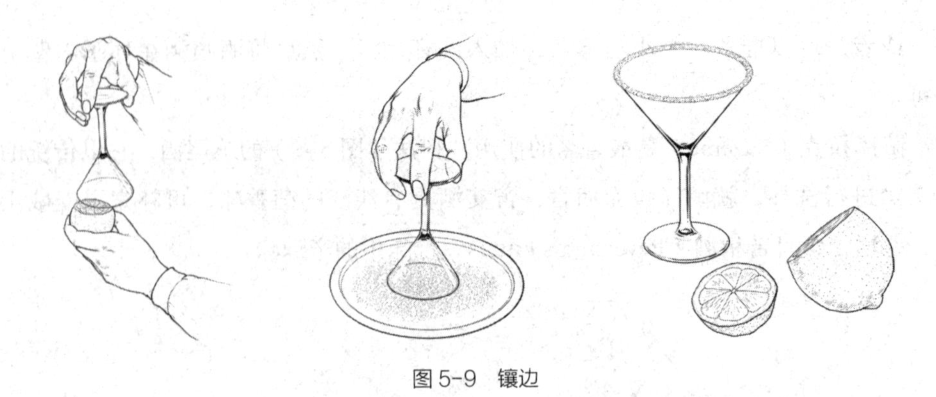

图 5-9　镶边

（八）漂浮法（Float/Layer）

漂浮法（图 5-10）也属于兑和法的一种类型。分层饮料通常被称为普斯咖啡（Pousse-Café），是将利口酒、烈酒，甚至是奶油或果汁缓慢地倒在小勺或吧匙勺的背面，这样液体就会非常均匀地落在先前倒好的液体上，并在上面形成新的一层。1993 年，新奥尔良的调酒师莱恩·泽尔曼（Lane Zellman）用樱桃饮料调制了他的创新鸡尾酒 Awol（配方：蜜瓜利口酒、新鲜菠萝汁、坎特 1 号伏特加、高度白朗姆酒），调制过程极具观赏性。

利用漂浮法调制鸡尾酒需要确定哪些成分会浮在其他成分之上，这需要知道饮料中每种成分的密度。因为利口酒（如白薄荷酒）由许多不同的生产商生产，具体密度取决于生产商所使用的公式。尽管如此，如果知道是烈酒还是利口酒，还是可以猜出哪些材料会浮在上面。例如，黑醋栗利口酒、香蕉奶油利口酒、薄荷奶油利口酒和可可甜酒都比较重，所以比较轻的产品，如白橙利口酒、樱桃利口酒都可以浮在上述的任何一种产品上。白兰地、威士忌、朗姆酒、特基拉酒、伏特加和金酒等烈性酒通常会浮在几乎任何利口酒的上面，因为它们不含糖，重量较轻。像石榴糖浆这样的浓糖浆通常可以承受大多数利口酒的重量，所以应该把它作为第一批加到杯子里的原料。

彩虹酒是采用漂浮法调制的一款知名鸡尾酒。彩虹酒是将不同色泽、不同比重的酒，注入一个杯内，而各种色彩不互相混淆，层次分明，色泽艳丽的鸡尾酒，似雨后彩虹。彩虹酒有三色、四色、五色，甚至于七色、十色等多种。

制作彩虹酒的关键是要准确掌握各种酒的含糖度（比重），含糖越高，其比重越大，反之则小。调制彩虹酒宜选用含糖量和比重各不相同、色泽各异的酒。配制时，比重大的先倒入，比重小的后倒入，糖分含量最少的酒放在最后。如果不按顺序倒入，或两种颜色的酒的含糖度相差甚微，就会造成几种酒混合在一起的现象，而调制失败。

调制彩虹酒时，动作要轻，速度要慢，要避免摇晃，不可将酒直接倒入杯中，为了减少倒酒时的冲力，防止色层混合，可用一把吧匙斜插入杯内，吧匙背朝上，酒倒在吧匙背上，使酒从杯内壁缓缓流下。制作成的彩虹酒，不宜久放，否则时间长了，酒内的糖分溶解，导致酒色互相渗透融合。制作彩虹酒时还要注意倒入的各种颜色的酒量要相等，这样看上去各色层次均匀分明，酒色鲜艳。

图 5-10　漂浮法

（九）拉酒法（Throwing）

拉酒法（图 5-11）与印度拉茶的制作方法类似。这种混合方法有时也称为“古巴面包卷”。拉酒法提供的稀释和充气程度比搅拌要多，但比摇和法更柔和。只需将配料从一个容器倒入另一个容器即可实现。酒吧中通常使用波士顿厅杯，在一个厅杯中加入原料，另一个厅杯中加入冰块并放上朱莉普滤冰器，然后将原料倒入装有冰块的厅杯中，再倒出至原料厅杯时，增加两个厅杯之间的距离，重复此过程几次，便制作完成。此种方法可以用来调制血腥玛丽，既保持番茄汁的浓稠口感，又避免了摇荡导致的稀释过度的问题。

图5-11 拉酒法

情景训练

今天你作为酒吧主调酒师，吧台旁的四位客人分别点了曼哈顿（Manhattan）、古典鸡尾酒（Old Fashioned）、椰林飘香（Pina Colada）和B-52四款鸡尾酒，请根据IBA配方进行调制并服务给四位客人。

复习题

一、多选题

1. 兑和法的作用包括（　　）。

A. 保留碳酸气体　　B. 增加鸡尾酒气体

C. 调制冰冻鸡尾酒　　D. 防止材料混合过度

E. 混合新鲜水果

2. 鸡尾酒调制的基本方法有（　　）。

A. 兑和法　　B. 摇和法　　C. 调和法　　D. 搅拌法

E. 洗杯法

3. 下列鸡尾酒中使用碾碎方法的有（　　）。

A. 莫吉托（Mojito）　　B. 萨泽拉克（Sazerac）

C. 卡布琳娜（Caipirinha）　　D. 尼格罗尼（Negroni）

E. 自由古巴（Cuba Libre）

4. 摇和法的其他类型有（　　）。

A. 干摇法（Dry Shaking）　　B. 双摇法（Double Shaking）

C. 摇打法（Whipping）　　D. 硬摇法（Hard Shake）

E. 搅拌法（Blend）

5. 使用兑和法调制的鸡尾酒有（　　）。

A. 生锈钉（Rusty Nail）　　B. 黑俄罗斯（Black Russian）

C. 莫斯科骡子（Moscow Mule）　　D. 金汤力（Gin&Tonic）

E. 粉红佳人（Pink Lady）

二、判断题

1. 精确量取鸡尾酒配方中的每份材料对于制作一杯平衡的鸡尾酒至关重要。（　　）

2. 调酒方法其实都大同小异并没有什么差别，不必进行分类。（　　）

3. 搅拌法的作用包括增加鸡尾酒气体、混合新鲜水果和调制冰冻鸡尾酒。（　　）

4. 摇和法能够通过增加气泡和乳化材料来改变饮品的质地。（　　）

5. 洗杯的目的是使鸡尾酒具有强烈的风味，而该风味的构成成分不会影响其他的材料。（　　）

任务四　鸡尾酒调制的基本步骤

知识准备

调制鸡尾酒时要特别注意先后顺序和调制的原则。调制前，应将配方中所需基酒、辅料、装饰物、器具等物品准备齐全，不应边调制制边找酒水或调酒工具，以免给客人带来技术不精的印象，影响顾客满意度和服务品质。

一、鸡尾酒的调制原则

（1）鸡尾酒通常都用烈酒，如金酒、威士忌、白兰地、朗姆酒、伏特加、龙舌兰酒等作为基酒，再加入其他的酒或饮料，如果汁、汽水和香料等制作而成。

（2）制作鸡尾酒应采用正确的方法。

（3）味道相同或近似的酒或饮料可以互相混合制作，调制成鸡尾酒；味道不同或香味差异较大的酒或饮料，一般不宜互相混合，如药酒与水果酒。

（4）任何一款鸡尾酒都必须严格按照配方制作。

（5）制作鸡尾酒使用蛋清是为了增加酒的泡沫和口感，不直接影响酒的味道，在制作时要用力摇匀。

（6）配方中如有“甩”（Dash）、“茶匙”（Teaspoon）等度量单位时，必须严格控制，特别是使用苦精酒等材料时，应防止用量过度而破坏酒品的味道。

（7）鸡尾酒的装饰要严格遵循配方的要求，自创鸡尾酒的装饰物也应以简洁、协调为原则，切忌喧宾夺主。

（8）制作热饮鸡尾酒时，酒温和水温不可太高，因酒精沸点是 78.3℃，温度过高会导致酒精挥发。

（9）以色浓、味浓和无气为特征制成的鸡尾酒一般采用摇和法，以色淡、味淡和有气为特征制成的鸡尾酒一般采用兑和法或调和法。

（10）制作糖浆时，高浓度的糖浆的糖水比是 2∶1，通常可以制作比例为 1∶1 的糖浆。

（11）在调制鸡尾酒时不管采用何种方法都应做到动作连贯、迅速、熟练，以便在较短时间内调制出符合客人要求的鸡尾酒。

（12）为了使各种材料完全混合，应尽量多采用糖浆、糖水，尽量少用糖块、砂糖等难溶于酒和果汁的材料。如果使用糖块或砂糖，应先把糖放入杯内，用一点水或苏打水、苦精酒等搅溶后再加其他原料。

思考题

鸡尾酒出品服务的先后顺序和服务注意事项有哪些？

二、鸡尾酒的调制步骤

调制鸡尾酒时要特别注意先后顺序和调制的原则。调制之前，应找齐所用酒水、辅料、装饰物和杯具等，准备好再开始，不要边做边找酒水或调酒用具。

（一）准备

（1）按配方把所需的酒水、辅料、装饰物备齐，放在调酒工作台的专用位置上。

（2）把所需的调酒用具，如酒杯、吧匙、量杯等工具备好。

（3）备好所需冰块。

（4）洗手。

（二）制作

取瓶与示瓶

（1）取瓶。指把酒瓶从操作台上取到手中的过程。取酒瓶一般有从左手传到右手或从下方传到上方两种情形。用左手拿酒瓶颈部传到右手上，用右手拿住酒瓶的中间部位，要求动作快、稳。

（2）示瓶。即把酒瓶展示给客人。用左手托住酒瓶下底部，右手拿住酒瓶，成45°角把主酒标展示给客人。取瓶到示瓶应是一个连贯的动作。

（3）开瓶。根据任务三中的开瓶方法进行操作。

（4）量酒。量杯要端平，然后用右手将酒倒入量杯，倒满后收瓶，同时左手将量杯中的酒倒进所用的调酒用具中。

（5）调制酒水。根据配方，先从最小、最便宜的材料依次倒入调酒杯（摇酒壶），并轻微搅拌，以尝味道，确认后，放入适量冰块，使用对应的调酒方法进行调制。

（6）制作装饰物。在制作装饰物前应洗手。

（三）酒水服务

将制作好的鸡尾酒端给客人享用。由于鸡尾酒所用载杯多为玻璃杯，因此在服务中要使用杯垫。

（四）清理

鸡尾酒制作好后，要将酒瓶归位放好；将所使用过的调酒用具清洗干净；将工作台清理整洁。

● 相关链接

调制鸡尾酒的小窍门

（1）如果必须用调酒壶制备泡沫鸡尾酒（在它的成分中加入糖浆），最好使用砂糖。

（2）要得到优质的鸡尾酒，必须把冰块中（从用于混合的调酒杯中或摇酒壶中）的水滗掉。这是在调酒师比赛中评价制作鸡尾酒技艺的基本准则之一。

（3）为了不使冰过度融化，调酒的速度要快，一般用1~3分钟完成。

（4）调制鸡尾酒要使用量杯，以保持鸡尾酒口味一致。如果量杯长期不用，应把它放在装满水的容器中。为了防止不同风味的酒之间串味，要经常换水。

（5）使用完器具和设备后要马上进行清洗，因为变干后的残留物很难清理干净。

（6）柠檬汁不仅能避免让鸡尾酒的味道过于甜腻，而且能使其独具风味，除此以外，柠檬汁还能促使不同的原料更好地混合。

三、鸡尾酒调制的注意事项

（1）要严格按照配方的材料、质量、种类、分量和步骤进行制作。只有一种情况是例外，那就是客人要求按他本人的意愿更改传统配方，此时应尊重客人的要求，切不可拘泥于形式，与之争论。

（2）使用正确的调酒工具和载杯，不要混用、代用。

（3）调酒用的基酒应选择物美价廉且优质的流行品牌，而配料则应是新鲜而质地优良的，特别是牛奶、鸡蛋、果汁等原料。

（4）调制酒水时要备好足够的器皿和工具，始终保持器皿和工具的清洁，以便随时取用，而不影响连续操作。调酒杯、摇酒壶和电动搅拌机每使用一次，都要清洗一次。

（5）在制作一款鸡尾酒之前，应将需用的酒杯和材料预先准备好。

（6）根据配方要求用冰。冰块、碎冰等不可混淆，调酒时切忌将冰装得过满。用搅拌法时，最好使用碎冰。避免重复用冰，凡使用过的冰块，一律不准再用。

（7）加薄荷叶的酒应先将薄荷叶等固体成分进行碾碎。

（8）碳酸类的配料不能放入摇酒壶、电动搅拌器或榨汁机中。如果配方中有碳

酸类的原料且需用摇和法或搅拌法调制，则应先将其他材料摇和均匀，倒入载杯后，再兑入碳酸类材料调和。

（9）加料时一般先加入最便宜或量最少的材料，如苦精、糖浆、果汁等辅料，后加入基酒，最后放入冰块或碎冰。

（10）以正确的姿势制作鸡尾酒。调酒动作应优美、大方。切忌在使用摇酒壶时摇头晃脑、身子左右摇摆、前仰后合，这样会使宾客感到厌烦，摇制动作应短暂、猛烈、敏捷。

（11）恰当掌握搅拌和摇荡的时间，时间太短温度不够低，时间太长会造成冰块融化过多，浓度降低。

（12）鸡尾酒调好后应立即滤入载杯中并送至宾客手中。

（13）选择适当的载杯，杯型及容量应与配方要求相符。酒杯装载酒水不能太满或太少，杯口留的余量以杯子容积的 1/8~1/4 为宜。

（14）每次制作鸡尾酒应以一份的量为宜，有意加大用量以节省人工操作次数时需要同比例增加，防止口味偏差。调制一杯以上的酒，浓淡要一样。具体做法为：可将酒杯都排在操作台上，先往各个杯中倒入一半，然后再依次倒满，公平分配，使酒色、酒味不致有浓淡的区别。

（15）要使用杯垫、杯托等工具，以防酒温变化太快，而且可以保持台面清洁。

（16）摇酒壶里一般不应有剩余的酒，如有剩余，不可长时间地在摇酒壶中放置，应尽快倒掉并洗净摇酒壶，以备他用。

（17）在使用玻璃调酒杯时，如果室温较高，使用前应先将冰杯放入冰杯机，或将冷水倒入杯中，然后加入冰块，搅拌降温，再加入调酒材料进行调制。

（18）在调酒中“加苏打水或矿泉水至满”这句话是针对容量适当的酒杯而言，根据配方的要求，最后加满苏打水或其他材料。对容量较大的酒杯，则需要掌握加入的量，一味地加满，只会使酒变淡。

（19）榨汁时，可事先用温水将水果浸泡 5~10 分钟，这样在榨汁过程中会多产生 1/4 左右的果汁。

（20）在制作鸡尾酒过程中必须使用量杯（或控制流速的酒嘴），正确量取各种调酒材料，以保证鸡尾酒纯正的口味，切忌随手乱倒。

（21）绝大多数的鸡尾酒要现喝现调，调完之后不可放置太长时间，否则将失去其应有的味道。

（22）调制完毕后，一定要养成将瓶盖拧紧并复位的习惯。

（23）在客人面前应尽量避免背身取酒，应尽可能侧身取酒。

（24）倒酒时不能低下头，目光可下视。

（25）调一杯常见的酒，时间应控制在2~3分钟，特别复杂的则控制在4~5分钟。客人点好单后，应立即着手制作。

（26）制作鸡尾酒，应先做酒，再做装饰物，所有的装饰品应后放（盐圈杯、糖圈杯除外），做完酒应向客人示意一下。

（27）调酒师必须时刻保持双手的洁净度，因为在许多情况下是需要用手直接操作的。

（28）酒瓶快空时，应开启一瓶新酒，不要让客人看到一个空瓶，更不要用两个瓶里的同一种酒品来为客人调制同一份鸡尾酒。

（29）酒吧用酒杯必须清洁干净，使用前需检查有无破损，绝对不能给客人使用破损的酒杯。

（30）为确保鸡尾酒的冰镇度，所有鸡尾酒载杯在使用前应放在冷藏柜中存放，如没有此条件，则可事先在载杯中放入冰块，在杯子冷却的同时可以调制酒水，调好后，将冰块倒掉，再倒入调制好的酒水即可。

情景训练

今天你作为酒吧主调酒师，请撰写曼哈顿（Manhattan）、古典鸡尾酒（Old Fashioned）、椰林飘香（Pina Colada）和B-52四款鸡尾酒的调制和服务流程。

复习题

一、多选题

1. 鸡尾酒制作的程序有（　　）。

A. 取瓶　　B. 示瓶和开瓶　　C. 量酒　　D. 调制酒水

E. 制作装饰物

2. 鸡尾酒配方中的计量单位有（　　）。

A. 甩（Dash）　　B. 茶匙（Teaspoon）

C. 吧匙（Barspoon）　　D. 滴（Drop）

E. 克（Gram）

二、判断题

1. 调制鸡尾酒时应先从基酒和最贵的材料开始加入调酒杯 / 摇酒壶中。（　）

2. 每次制作鸡尾酒应以一份的量为宜，有意加大用量，以节省人工操作次数时，需要同比例增加，防止口味偏差。（　　）

3. 任何一款鸡尾酒都必须严格按照配方制作。（　　）

任务评价系统

项目五

项目六
鸡尾酒基酒知识

教学目标

了解白兰地、威士忌、金酒、伏特加、中国白酒、朗姆酒和特基拉七大基酒的含义和历史发展；掌握七大基酒的生产原料、类型、生产工艺和重要产区。

任务一　白兰地

知识准备

白兰地根据原料的不同，命名方式也不尽相同。日常生活中所说的白兰地是以葡萄为原料酿制而成。世界上生产白兰地的国家很多，其中以法国出品的白兰地最为著名。除了法国白兰地以外，其他盛产葡萄酒的国家，如西班牙、意大利、葡萄牙、美国、秘鲁、德国、南非、希腊等也都生产一定数量风格各异的白兰地。

一、白兰地的含义

白兰地（Brandy）有广义和狭义之分。从广义上讲，所有以水果为原料发酵蒸馏而成的酒都称为白兰地。狭义上是指以葡萄为原料，经发酵、蒸馏、贮存、调配而成的酒。若以其他水果为原料制成的蒸馏酒，则在白兰地前面冠以水果的名称，如苹果白兰地、樱桃白兰地等。

白兰地名称来源于荷兰语 Brandewijn（烧制过的酒），其起源与蒸馏技术的发展有关。浓缩的酒精饮料在古希腊和古罗马时代就已经非常出名了，其最早的起源可以追溯至古巴比伦时期。白兰地最早出现于12世纪，到14世纪时已经非常流行。16世纪，荷兰为海上运输大国，法国是葡萄酒重要产地，荷兰商人将法国葡萄酒运往世界各地，但因为当时英国和法国开战，海上交通经常中断，葡萄酒贮藏占地费用大，于是荷兰商人想出将葡萄酒蒸馏浓缩的办法，以便节省贮藏空间和运输费用，运到目的地后再兑水出售。

二、白兰地的主要产地

（一）法国白兰地

1. 干邑[①]（Cognac）

（1）干邑的历史与发展。

干邑产区的历史最早可以追溯到公元前3世纪，罗马帝国的统治者给予当地高卢人很多特权，他们能够拥有自己的葡萄园并且酿酒，因此，圣东尼[②]（Saintonge）地区的葡萄园得到了很大的扩张。12世纪，威廉十世（Guilaume X）、圭延公爵（Guyenne）和普瓦捷公爵（Poitiers）共同创建了一个非常大的普瓦图[③]葡萄园（Vignoble de Poitou），推动了当地的葡萄种植和葡萄酒酿造。由于品质优秀，整个产区也因葡萄酒而闻名，酒商们沿着夏朗德河（R. Charent）把酒运送到港口并进行售卖，当时很多英国商人来此地购买葡萄酒。

13世纪，荷兰人的船只将盐运往北欧各国时也带去了普瓦图葡萄种植区出产的葡萄酒。早期的葡萄酒贸易让夏朗德地区逐渐形成了贸易和企业精神。本地葡萄酒的成功，让普瓦图葡萄园逐渐向外扩展，延伸到圣东尼和昂古莫瓦[④]（Angoumois）。此时，干邑区的葡萄酒贸易已经非常发达，成为其自11世纪以来，盐货生意之外最重要的商此活动。

16世纪，由于葡萄园扩张太快，导致葡萄酒产量过剩和品质下降等问题，同时也不能进行长期的海上运输，于是，荷兰商人开始将这些葡萄酒运进他们的新蒸馏厂，将其变成“烧制过的酒”（Brandewijn），也就是后来的“白兰地”（Brandy）。加水饮用，尝起来就和曾经的葡萄酒味道相仿。

17世纪初，出现了二次蒸馏法，可以让葡萄酒在储运的过程中以不易变质的

① 干邑原本是法国西南部夏朗德省（Charentes）的一个镇的名字，因为该地区出产的白兰地非常出名，人们便用干邑来命名该地区的白兰地。

② 法国旧省，位于法国普瓦图－夏朗德行政区西南部，大西洋沿岸。

③ 法国旧省，位于比斯开湾。

④ 法国旧省名，与现今的夏朗德省范围类似。

白兰地形式保存。白兰地比葡萄酒浓度更高，体积更小，节约贮藏空间和运输费用。荷兰人制造了夏朗德的第一个蒸馏器。随后，蒸馏器得到不断改良，最后由法国人改良的二次蒸溜法，又被称为夏朗德式蒸溜法。后来，因为船只货运的延期耽搁，人们意外发现白兰地在橡木桶中（通常由来自利穆赞森林的橡木制成）陈酿时间变长，味道变得更加香醇。17 世纪末和 18 世纪初，干邑市场开始形成。在一些主要的城镇，开始出现做葡萄酒生意的“酒行”（Local Offices）。这些酒行大都属于盎格鲁 – 萨克逊人，其中的一些酒行甚至一直保留至今，他们收购干邑，并与荷兰、英国、北欧甚至是美洲和远东地区的买家建立长期的商业关系。

19 世纪中期，大量的经销商开始使用瓶子运输干邑，从而带动了当地制瓶业的发展。1885 年克劳德·布歇（Claude Boucher）在干邑区的圣马丁玻璃厂一直研究将制瓶、木箱及木塞和印刷等工艺的自动化。此时普瓦图葡萄园的种植面积已经扩展到 28 万公顷。大约在 1875 年，夏朗德地区出现了根瘤蚜虫，并摧毁了大部分的葡萄园。截至 1893 年，仅剩 4 万公顷葡萄园。为解决根瘤蚜虫问题，1888 年法国成立了葡萄种植业委员会（Viticulture Committee），该委员会自 1892 年变成了干邑技术研究所（Cognac’s Technical Center），直至现在。经过很多年的努力，干邑地区的经济发展才缓慢恢复。

20 世纪，干邑地区采用了可以抵抗根瘤蚜虫的美国根株嫁接，葡萄园才开始缓慢地恢复种植。传统的葡萄品种鸽笼白（Colombard）、白福尔（Folle Blanche），逐渐被更有抵抗力的白玉霓（Ugni Blanc）代替。如今，超过 90% 的干邑是使用白玉霓酿造的。1909 年 5 月 1 日，法国政府明确划定了干邑产区的地理范围。1936 年，干邑法定产区（Controlled Appellation of Origin，AOC）正式建立。第二次世界大战期间，法国政府为了保护干邑的库存，成立了葡萄酒和白兰地分销管理局。战后，该局被法国国家干邑行业管理局（Bureau National Interprofessionnel du Cognac，BNIC）所替代。1948 年，干邑技术研究所划归于该局。从此，干邑的每个制造过程都被严格管理以保证这种美酒的品质。1989 年 5 月 25 日，欧盟第 1576/89 法令正式认可了干邑地理标识（GI）。

21 世纪，干邑出口至全球 160 多个国家。从远东到美洲，在每个国家，干邑都是精品的代名词，是法国及其生活艺术的象征。作为一种饮用的奢侈品，干邑的成功与国际政治经济的大环境息息相关。因此，面对全球竞争，所有生产者都竭尽全力保护干邑白兰地的高品质、独特性和真实性。

（2）干邑白兰地的法定产区。

①大香槟区（Grande Champagne）。大香槟区有 13159 公顷的葡萄园用于生产干邑。这里出产的白兰地品质细腻、轻盈，花香浓郁，需要在橡木桶中的陈酿较长时间，才能达到完全成熟。

②小香槟区（Petite Champagne）。小香槟区有 15246 公顷的葡萄园用于生产干邑。这里出产的干邑特点同大香槟区的特点很相似，只是风味上缺少了些细腻感。

此外，干邑可以由不同种植区的葡萄或基酒混合而成。其中，大小香槟区的混合较为常见，当香槟区的葡萄比例超过 50% 时，生产商就可以在酒标上单独标注优质香槟（Fine Champagne）字样。但是 Fine Champagne 不是葡萄种植区的名字。

③边林区（Borderies）。边林区是六个葡萄种植区中最小的。土壤主要成分是黏土和由石灰石分解后形成的燧石。边林区位于干邑地区的东北部，有 3987 公顷的葡萄种植面积用于生产干邑。这里生产的白兰地酒质细腻、圆润、柔和且带有紫罗兰的香气。相较于大小香槟区，只需要经过短时间的陈年就可以达到最佳的品质。

④优质林区（Fins Bois）。优质林区环绕着大小香槟区和边林区，主要在干邑产区的东部和北部，干邑是最大的子产区，葡萄园面积为 31001 公顷。土壤主要分两种，大部分葡萄园是浅层的红色黏土、石头和石灰石；北部的土壤含有很高比例的黏土（约 60%）。该区出产的干邑圆润顺滑，带有一些新鲜压榨葡萄的风味，陈年发展相当快。

⑤良质林区（Bons Bois）。良质林区位于优质林区的外围，主要在干邑产区的西部和南部，有 9308 公顷的葡萄园是用来酿造干邑的，但除了种葡萄以外，当地还混种着其他的农作物，葡萄藤被包围在橡树和栗树森林中。土壤成分主要是法国中央高原风化的沙子。干邑的风格相对来讲比较粗犷，并且陈年时间也相对较短。

⑥普通林区（Bois Ordinaires/Bois à Terroir）。普通林区主要是在海边，种植面积不超过 1101 公顷。土壤基本上是沙子，同样可以生产快速陈年的干邑，带有海水的风味。

（3）干邑白兰地生产过程。

①葡萄采收。根据干邑地区的法律规定，干邑的法定葡萄品种有 9 个白葡萄品种，其中，白玉霓（Ugni Blanc）、鸽笼白（Colombard）和白福儿（Folle Blanche）在生产中比例要达到 90%，其他 10% 可以是福利安（Folignan）、朱朗松（Jurançon Blanc）、

梅利耶圣－佛朗索瓦（Meslier St–Francois）、蒙蒂尔（Montils）、塞勒科特（Select）和赛美蓉（Semillon）。葡萄的整个采摘期从10月初开始一直到10月底结束。

采收后，立即使用传统的篮式压榨机或者比较现代的真空气囊压榨机压榨葡萄。因为连续式压榨机压力过大并且整个过程很粗暴，会把葡萄里的一些杂质带入到最后的葡萄汁中，所以在干邑生产过程中是被禁止使用的。此外，法律还禁止往葡萄汁加糖。

②发酵与蒸馏。干邑的发酵是在大不锈钢桶中进行的，因为经过蒸馏后，酒液体积大约会减小2/3，所以大型的不锈钢桶是最为高效的制作基酒的发酵容器。为了保证整个发酵过程的顺利和酒的风格稳定，发酵一般采用人工酵母，整个发酵过程持续5~7天，发酵温度在20℃左右，发酵完的葡萄酒带有清淡优雅的香气，高酸，酒精浓度大约9%。

干邑的蒸馏时间要在翌年的3月31日前结束。干邑的蒸馏器为夏朗德式蒸馏器（Charentais Still），它由蒸馏壶、导管、预热壶和冷凝器等组成。干邑的加热源必须是明火直接加热，从而让香气很好地散发出来。蒸馏期间需要控制好温度，因为加入蒸馏壶中的酒液一般未经过滤，温度过高容易把壶底的固体物质烤煳，给酒带来不好的味道。

干邑的蒸馏壶大小各异，但必须是铜质的，因为铜很容易打造形状并且有很好的导热功能，它也可以和硫产生反应（葡萄发酵过程中会产生少量硫），形成沉淀后被去除，避免产生硫超标和不良的风味。按照生产干邑相关法律规定，要采用二次蒸馏的方法。第一次蒸馏用的壶容量不可以超过13000升，第二次蒸馏用的壶容量不可以超过3000升。

导管一般为铜制，与蒸馏壶连接的部分被称为“天鹅颈”（Swan–neck），此形状可以阻止过多的酒液回流，保证蒸馏之后酒还有一定的风味。导管一般会通过装有待蒸馏的葡萄酒的预热壶，温热的导管一方面可以初步加热壶中的酒，为之后的蒸馏节约能源；另一方面，壶中的酒也可以降低蒸汽的温度，使冷凝更加高效。冷凝器中的导管会变成螺旋式，依靠水的温度来达到降温的目的。蒸汽进入铜管后被降温变成液体，在底部被收集。

第一次蒸馏是粗蒸馏，目的是把葡萄酒的一些优质部分和酒中的大部分水和杂质分离开来。蒸馏出的酒被称为“粗馏酒”（Brouillis），酒精浓度在26%~32%，整个蒸馏过程持续 10 小时左右。

第二次蒸馏，把粗馏酒放入蒸馏壶中重复与第一次相同的步骤，收集冷凝器中形成的酒。第二次蒸馏用的蒸馏壶不可以超过 3000 升，所盛的酒不可以超过 2500 升。第二次蒸馏中，蒸馏师要对酒进行“切取”（Cutting），蒸馏大师会进行第一次切取的酒被称为“酒头”（Heads），该部分酒精度数较高，风味很少；之后更换容器来装接下来蒸馏出来的酒，伴随着温度慢慢升高，一些风味物质和酒精一起被蒸馏出来，这些酒含有比较多的风味并且有适度的酒精度，被称为“酒心”（Heart），也叫生命之水（Eau de Vie）；当蒸馏到某一点时，蒸馏师会对酒进行第二次切取，再次更换容器装剩下蒸馏出来的酒，该部分酒精度偏低，被称为“酒尾”（Tails）。整个蒸馏过程大约需要 15 小时，蒸馏师须时刻注意酒的变化，决定切取的时间，不同的切点会导致酒风格的不同。如果切取比较早，风味就会比较淡雅，酒精度会偏高，反之则风味比较重。另外，按照相关法律规定，第二次蒸馏的酒精度不可以超过 72.4%，酒厂为了保留更多的风味，一般会蒸馏到 60% 左右。

③陈年和勾兑。蒸馏完成之后，“生命之水”还不能称为干邑，需要经过严格的陈年。按照相关规定，干邑所能陈年的酒窖必须要在 BNIC 登记过，这些酒窖必须遵守干邑陈年所需要遵循的时间以及原产地的标准。另外，从葡萄采收次年的 4 月 1 日算起，所有干邑必须在桶中陈年至少两年。

干邑必须在橡木桶中陈年，橡木桶则必须是由利穆赞（Limousin）或者特朗赛（Tronsais）森林的橡木树制作而成。这两个不同森林的橡木制作的桶给酒带来的风格各不相同。利穆赞森林在法国中南部，橡木主要是 Quercus Robur（Quercus Pedunculata），生长在平地河边，土壤肥沃，气候比较温暖，所以树的密度相对较小，年轮比较宽，用这种橡木做的桶会给酒带来更多的结构感。特朗塞森林在法国中北部，橡木主要是 Quercus Petraea（Quercus Sessiliflora），生长在山坡或者山上，土壤更加贫瘠，气候比较冷，所以树生长速度缓慢，年轮更加紧密，拥有更加丰富的香气，用这种橡木做的桶会给酒带入比较少的结构感和比较多的香气。

在干邑地区，一般将生命之水先放入到新橡木桶（法律规定 270~350 升）陈年。用新橡木桶的目的是给酒添加桶的风味和颜色，这时生命之水会吸取桶的味道，颜色变为淡淡的金黄色。由于橡木桶可以让少量空气进入，所以在氧气的作用下，酒本身也发生着一些微氧化，使酒发展出来更多风味。

陈年一段时间后，酒会逐渐开始水解橡木带来的风味，使得每个部分变得更加融合，颜色也更深，发展出如太妃糖、咖啡和焦糖等风味。当酿酒师认为已经有足够的桶味时（一般 6~12 个月），会把酒转移到老桶中，老桶不会再为酒增加桶味，但依然可以让酒和氧气慢慢接触，从而变得更加复杂、圆润、柔和，颜色变得更深，并且发展出来一些“陈年好酒”（Rancio）的味道（类似坚果、蘑菇和水果蛋糕的风味）。在陈年过程中，桶中的酒会以每年 2%~4% 的速度蒸发，蒸发掉的部分被称为“天使的分享”（Angel Share），酒窖湿度和温度会影响酒的蒸发量。有一些陈年非常久的酒，在陈年了 50 年后，在酒桶中陈年的酒其酒精浓度接近 40%，为了避免挥发，酒厂会将干邑装入大的玻璃瓶“Demijohns”（Damejeanne）中保存。这些存放年份最老的干邑是储藏在与其他酒窖相距很远的阴暗酒窖中，被称为“天堂酒窖”（Paradise）。

勾兑技术决定了酒的种类和品牌。勾兑师将来自不同葡萄园、不同年份、不同地区和不同橡木桶的酒勾兑，创造出一种平衡的、复杂的、风格独特的、品质稳定并且可以代表酒庄酿酒理念的酒。

除此以外，干邑勾兑师还可在生命之水中加入水来降低酒精度。根据法律规定，加入的水必须是蒸馏过的或者去除矿物质的水，最后勾兑完成的干邑酒精浓度必须达到 40% 以上。除了水以外，还允许在酒中加入少量的糖、焦糖等，对酒的颜色、香气和口感进行调整。

（4）干邑的类型。用于出售的干邑，在蒸馏结束之后要在橡木桶中至少陈酿两年。酒龄从蒸馏结束后开始计算，即葡萄收获季节的第二年 4 月 1 日起，在橡木桶中陈酿过两年。干邑装瓶后，经历的时间不再计入酒龄。1983 年 8 月 23 日，法国政府颁布了可以用于描述干邑酒龄的标准方法，以使用的生命之水中陈酿时间最短的酒的酒龄为准。法国干邑行业管理局新修订的《干邑等级划分标准》于 2018 年 4 月 1 日生效，具体如下：

① V.S.（Very Special）。酒标中印有 V.S.、Three Stars、Selection、De Luxe、Millesime 等字样是指勾兑此类型的酒的最低陈年时间是 2 年。

② V.S.O.P（Very Superior Old Pale）。酒标中印有 V.S.O.P、Réserve、Vieux、Rare、Royal 等字样是指勾兑此类型的酒的最低陈年时间是 4 年。

③ Napoléon。酒标中印有 Napoléon、Très Vieille Réserve、Très Vieux、Héritage、

Très Rare、Excellence、Supreme 等字样是指勾兑此类型的酒的最低陈年时间是 6 年。

④ X.O.（Extra Old）。酒标中印有 X.O.、Hors d'Âge、Extra、Ancestral、Ancêtre、Or、Gold、Impérial 等字样是指勾兑此类型的酒的最低陈年时间是 10 年。

2. 雅文邑（Armagnac）

（1）雅文邑的历史与发展。

雅文邑（Armagnac）出产于法国西南部的加斯科涅地区（Gascogne）中心的雅文邑地区，是法国最早的白兰地。根瘤蚜虫病（Phyllxera）对雅文邑造成了沉重的打击，虽然产量在第二次世界大战后有所恢复，但是当时一些质量低劣的雅文邑破坏了该酒的声誉。

雅文邑的贸易结构与干邑大不相同。雅文邑地区没有占主导地位的大型生产商，相反，这里有各种各样的小型生产商。葡萄种植者将把他们的酒卖给庄园，许多人仍然依赖旅行酿酒师来完成酒的蒸馏工作。在雅文邑地区，销售 X.O. 级别的酒和年份雅文邑比 VSOP 级别的酒的力度要大很多。这两类酒加起来占总销售额 40% 左右，两类酒各占一半。

相关链接

干邑的品鉴

1. 观色

品鉴干邑时，首先需要观察它的颜色，包括色泽深浅，是否有杂质，其清澈度、光亮度等。干邑刚从蒸馏器中流出时是无色的，但最终倒入酒杯时却是有色的，这些色泽变化阐述着它的橡木桶窖藏历程。通常，年轻的干邑呈现稻草或者蜂蜜的颜色，随着年龄的增长，颜色过渡为金色、深金色、琥珀色甚至更深的颜色。不过，干邑的色泽除了来自橡木桶陈年的因素外，往往也源于焦糖调色。所以，判定一款干邑的年份并不能光靠看颜色。

2. 闻香

与葡萄酒闻香不同，闻干邑时，不要把鼻子伸进酒杯，也别太用力吸气，否则很容易闻到刺鼻的酒精味。正确的做法是将鼻子凑近杯口，轻轻闻香即可。

接下来，将酒杯绕圆周转动使干邑充分与空气接触、氧化，感受一下香气的变化。可以缓慢而轻柔地晃动酒杯，这样有利于香气的完全释放。

因着产区和陈年等级的差异，不同干邑间的香气也会有很大区别。一般来说，年轻的干邑主要带有新鲜花果味，例如玫瑰、柑橘和梨子的香气；而经历了长时间陈年的酒，则会逐渐展现出果干、焦糖、坚果和肉桂等甜香的气息，甚至会演变出泥土和蘑菇的陈年风味。无色的白兰地，则无须考虑陈年香气，这些酒款都是以果味为主。

3. 品尝

小啜一口干邑，不要急着咽下，让酒液覆盖口腔，用舌头不同区域的味蕾捕捉不同的味道：舌尖可以分辨干邑的甜味，两侧可以分辨酸味，两侧偏后可以分辨咸味，舌根处则用于分辨苦味。同时，留意风味在口中的停留长度，并感受一下干邑的各种风味是否平衡。

优质干邑的口感应该是平衡而精致的，不会给人刺激、粗糙的感觉。通常而言，年轻的干邑在口中结构更偏简单，陈年干邑则更复杂和细腻。

最后，还要感受一下干邑的余味。当咽下口中干邑后，口腔依然会沉醉在干邑的香气中，品质越高的干邑，口中的余味也会越长。

此外，不要在干邑一倒入酒杯后就马上品尝，陈年干邑每一年需“醒酒”（Breathe）30 秒，如一款 20 年的 X.O. 干邑在品尝之前至少需要“醒”10 分钟之久。

（2）雅文邑的法定产区。

①下雅文邑（Bas-Armagnac）。下雅文邑地区的产量为雅文邑酒总产量的 57%，这里葡萄园的土地较为平坦，整体上主要是呈浅黄褐色的沙土，铁质丰富，可以生产三个地区中最好的雅文邑酒。该地区产的雅文邑主要由 Ugni Blanc 和 Bacco 葡萄制成。下雅文邑酿造的酒具有清新气味和花草的香味，带有坚果的味道，口感柔和淡雅，价格也最为昂贵。

②特纳赫兹（Ténarèze）。特纳赫兹地区的产量为雅文邑酒总产量的 40%，这里葡萄园多在山坡上，土壤多为砂砾、泥质沙土或石灰石黏土。丰富多样的土质为

雅文邑风格的多样化打下了良好的基础。该产区的雅文邑具有紫罗兰的香气，通常不需要长时间的陈年。

③上雅文邑（Haut–Armagnac）。上雅文邑地区的产量为雅文邑酒总产量的3%，该地区土地为富含钙质泥灰土质的丘陵，生产的葡萄也并不是每年都用于酿酒，上雅文邑酒的品质比其他两个地区的要差一些。

（3）雅文邑的生产过程。

①葡萄采收。根据雅文邑地区法律规定雅文邑白兰地葡萄品种有白玉霓（Ugni Blanc）、巴科 22A（Bacco 22A）、鸽笼白（Colombard）、白福儿（Folle Blanche）、格海斯（Plant de Graisse）、梅利耶圣－佛朗索瓦（Meslier St–Francois）、南红（Clairette de Gascogne）、朱朗松（Jurançon Blanc）、白莫札克（Mauzac Blanc）和粉红莫札克（Mauzac Rose）等 10 个白葡萄品种。通常生产雅文邑主要使用白玉霓、巴科 22A、鸽笼白、白福儿四个品种，它们在雅文邑地区的种植面积占比分别是 50%、40%、8% 和 2%。

②发酵与蒸馏。雅文邑的不同葡萄品种要分开压榨，放入发酵罐中发酵，发酵过程中不可以添加二氧化硫和糖，目的是生产具有良好酸度的低度酒。发酵后的葡萄酒酒精浓度为 8%~10%。

雅文邑的蒸馏时间要在翌年的 3 月 31 日前结束，并且不同的葡萄品种分开蒸馏。雅文邑白兰地在蒸馏时可使用传统的铜质壶式蒸馏器，但大多数使用雅文邑蒸馏器（Armagnac Still/Alembic Armagnacais）蒸馏一次，蒸馏后的生命之水酒精浓度在 52%~72.4%。

③陈年与勾兑。雅文邑的陈年过程与干邑非常相似。不同之处在于，雅文邑陈年通常使用 400~ 420 升的利穆赞和蒙勒赞橡木桶。

雅文邑可以用不同品种，不同领域，不同年龄或不同蒸馏方法的酒进行勾兑。但是，年份雅文邑通常保留陈年后的天然酒精浓度（40%~48%）。

（4）雅文邑的类型。

① Blanche。Blanche 是指没有经过陈年的酒。

② Three Stars or V.S（Very Special）。酒标中印有 Three Stars、V.S（Very Special）等字样是指勾兑此类型的酒的最低陈年时间是 1 年。

③ V.S.O.P（Very Superior Old Pale）。酒标中印有 V.S.O.P. 字样是指勾兑此类

型的酒的最低陈年时间是 4 年。

④ Napoléon。酒标中印有 Napoléon 字样是指勾兑此类型的酒的最低陈年时间是 6 年。

⑤ Hors d'âge , X.O（Extra Old）。酒标中印有 Hors d'âge、Napoléon 字样是指勾兑此类型的酒的最低陈年时间是 10 年。

⑥ Vintage。年份雅文邑是在单一年份采摘的葡萄中蒸馏出来的酒。虽然年份不同，但是由于它们的年龄，这些雅文邑都具有浓郁的香气。年份雅文邑瓶上标明的年份是指葡萄的采摘年份，此外生产商还会在标签上标注装瓶年份。

思考题

干邑白兰地与雅文邑白兰地有哪些区别？

3. 其他类型的白兰地

在法国除了干邑白兰地和雅文邑白兰地之外，还有玛克白兰地和苹果白兰地两种类型。

（1）玛克白兰地（Marc）。玛克白兰地是由生产葡萄酒后的果渣（Pomace，葡萄皮、果肉、种子和葡萄梗等）压榨所获得的酒液蒸馏而成，然后在橡木桶中陈年 10~20 年，颜色为琥珀色（阿尔萨斯地区的玛克白兰地为无色），酒精浓度 43% 左右。玛克白兰地在法国的主要产区有普罗旺斯和勃艮第。

（2）苹果白兰地（Apple Brandy）。卡尔瓦多斯（Calvados）属于苹果白兰地，是以苹果为原料生产的蒸馏酒，美国生产的苹果白兰地被称为 Apple Jack。法国诺曼底（Normandy）地区是苹果白兰地的发源地，该地区出产的白兰地被称为卡尔瓦多斯。卡尔瓦多斯在生产过程中有时会添加梨进行味道补充，将苹果榨汁过滤后，放入橡木桶中进行 5 周的自然发酵，获得酒精浓度 6% 左右的西得尔酒（Cider），之后可以使用壶式蒸馏器和双柱式蒸馏器进行蒸馏，酒精浓度不可以超过 72%。卡尔瓦多斯有 Calvados 和 Calvados Pays D'auge 两种类型，其中 Calvados Pays D'auge 必须使用壶式蒸馏器蒸馏。

（二）其他国家的白兰地

除法国外，世界上还有很多国家和地区生产白兰地，如中国、西班牙、意大利、德国、葡萄牙、奥地利、希腊、土耳其、俄罗斯、南非、澳大利亚、智利、阿根廷、巴西、美国、加拿大等。

1. 德国

由于德国的原料葡萄酒需求量大于生产量，所以白兰地的制造厂家从意大利、法国、西班牙等欧盟各国进口原料葡萄酒，进行蒸馏。原料葡萄酒被称为 Vin viner（加了酒精的葡萄酒），是指进口前在原出厂地已添加了白兰地的葡萄酒。采用单式蒸馏法和连续蒸馏法两种方法，陈年时间最低为 6 个月，陈年 1 年以上的酒可用 Uralt 标示。

作为德国白兰地代表的阿斯巴哈公司的创始人弗格·阿斯巴哈（Hugo Asbach），于 1905 年用拜恩勃兰特（Weinbrand）这一商标注册了德国最早的白兰地，1971 年以后也成为所有德国白兰地的正式名称。此外，阿塔歇（Attache）、尚德雷（Chantre）、杜雅旦（Dujardin）、雅可比（Jacobi）等也都是德国白兰地品牌。

2. 意大利

意大利的白兰地大致可分为两种类型。第一种是将国内各地制造的葡萄酒用单式蒸馏和连续蒸馏并用的方法进行蒸馏，然后用利穆赞橡木桶或东欧产橡木桶进行 3 年以上陈年。第二种是格拉帕（Grappa）白兰地，与法国的玛克白兰地类似，使用酿酒后葡萄的残渣（包含皮、肉、梗、籽等）作为原料经过蒸馏冷凝后得到一种烈酒。意大利白兰地品牌有：布顿（Buton）、德里奥利（Drioli）、贝卡罗（Beccaro）等。

3. 西班牙

西班牙的白兰地主要是由雪莉酒的生产商生产。原料基本是使用拉曼查（La Mancha）地区的爱伦（Airen）或帕罗米诺（Palomino）葡萄酿造的葡萄酒。此外，还会使用加泰罗尼亚（Cataluna）地区的帕雷拉达（Parellada）或添普兰尼洛（Temperanillo）葡萄制造的葡萄酒。一般是使用连续蒸馏器，高品质的白兰地有时也会使用单式蒸馏器。陈年大多使用雪莉酒桶，也有一部分使用西班牙橡木桶或法国利穆赞橡木桶。

西班牙白兰地的特征是色泽较浓、口味芳醇、口感柔和。此外，在西班牙还有被称为阿古阿尔蒂恩特（Aguardiente）的果渣白兰地。除了直接饮用外，还可以放入煮过的咖啡豆或者柠檬片来饮用。其他西班牙白兰地品牌还有：芬达岛（Fundador）、奥斯伯尔尼（Osborne）、托雷斯（Torres）等。

4. 美国

美国的白兰地几乎都是在加利福尼亚生产的。加利福尼亚白兰地的主产地是圣华金河谷（San Joaquin Valley），这是一个绵延 320 千米的狭长带，被称为“白兰地地带”。

按照加利福尼亚有关白兰地的法律规定，美国白兰地的生产商只能使用加利福尼亚种植的葡萄，但是不限制葡萄品种。美国白兰地的主要葡萄品种是苏丹娜（Sultana/Thompson seedless）和托卡伊（Flame Tokay）。蒸馏时主要是使用连续式蒸馏器，也会与单式蒸馏器蒸馏的酒勾兑，并且完全使用单式蒸馏器蒸馏的酒正逐渐增多。陈年多使用美国白橡木桶或波本桶，也会使用部分法国的利穆赞或者特朗赛橡木桶，最低陈年时间为 2 年。加利福尼亚白兰地的特征是酒质轻柔，口感滑润，有种清淡的水果甜味。

情景训练

你作为酒吧经理，请制订一份白兰地的培训计划，选择三个干邑白兰地品牌的历史、产品系列等内容，制作培训课件，培训新入职的员工。

复习题

一、单选题

1. 干邑白兰地的酒标上 V.S.O.P. 表示其最低酒龄是（ ）年。

A. 2　　B. 4　　C. 6　　D. 10

2. 白兰地（Brandy）一词最早由（ ）得来。

A. 法语　　B. 德语　　C. 荷兰语　　D. 意大利语

3.（　）出产的白兰地品质细腻、轻盈，花香浓郁，需要在橡木桶中陈酿较长时间，才能达到完全成熟。

A. 大香槟区　　B. 小香槟区　　C. 优质林区　　D. 良质林区

4. 玛克白兰地是使用（　）为原料生产的白兰地。

A. 葡萄　　B. 苹果　　C. 苹果渣　　D. 葡萄渣

5. 雅文邑酒标上的（　）是指没有经过陈年的酒。

A. Blanche　　B. Napoléon　　C. V.S.O.P　　D. Hors d'âge

二、多选题

1. 下列属于干邑白兰地产区的是（　）。

A. 大香槟区　　B. 优质林区　　C. 特纳赫兹　　D. 边林区

E. 诺曼底地区

2. 下列不属于雅文邑白兰地产区的是（　）。

A. 上雅文邑　　B. 特纳赫兹　　C. 小香槟区　　D. 良质林区

E. 下雅文邑

3. 下列属于生产干邑白兰地的葡萄品种的是（　）。

A. 鸽笼白（Colombard）　　B. 白福尔（Folle Blanche）

C. 巴科 22A（Bacco 22A）　　D. 白玉霓（Ugni Blanc）

E. 格海斯（Plant de Graisse）

4. 下列属于生产美国白兰地的主要葡萄品种的是（　）。

A. 苏丹娜（Sultana/Thompson seedless）　　B. 格海斯（Plant de Graisse）

C. 托卡伊（Flame Tokay）　　D. 帕罗米诺（Palomino）

E. 帕雷拉达（Parellada）

5. Fine Champagne 使用的葡萄来自于（　）。

A. 上雅文邑　　B. 特纳赫兹　　C. 小香槟区　　D. 良质林区

E. 大香槟区

任务二　威士忌

知识准备

威士忌在全球范围内得到广泛的饮用，苏格兰威士忌、爱尔兰威士忌、美国威士忌、加拿大威士忌和日本威士忌被称为“世界五大威士忌”，受到广大威士忌爱好者的追捧。威士忌的特质是“慢”，它让人体会到风味和工艺的结合，能让你为之停顿下来体会威士忌的美妙之处，同时它的变化又非常快。

一、威士忌的含义

（一）威士忌的定义

威士忌是以麦芽或谷物为原料，将其糖化、发酵之后再进行蒸馏，最后在桶中进行陈年而制成的酒。

大麦、玉米、黑麦和小麦是制作威士忌最常用的谷物，此外，部分威士忌还会使用燕麦、藜麦、黑小麦和荞麦等。

（二）威士忌的生产过程

威士忌从酿制方法上来说，可分为麦芽威士忌（Malt whisky）和谷物威士忌（Grain whiky）两种，两者具有完全不同的特点。

1. 麦芽威士忌（Malt whisky）

麦芽威士忌是只用大麦芽（发芽的大麦）为原料制造的威士忌。所有的单一麦芽酒厂都沿用同样的生产流程，但每家酒厂的酿酒师会自主掌控整个制酒过程，生产本酒厂独特风格的麦芽威士忌。其制作过程如下：

（1）制麦（Malting）。

大麦是麦芽威士忌的生产原料。大麦本身的特性用于优质烈酒的酿制有着其他谷物无可比拟的优势，它拥有足够的内生淀粉酶，能比较充分地将淀粉转化为糖，供发酵使用。

大麦中含有大量的淀粉、蛋白质、矿物质和微量元素。酒厂对大麦的选择主要考虑的因素是淀粉含量、蛋白质含量、氮含量的多少以及发芽率的高低。大麦蛋白质的含量直接影响了淀粉含量的占比，大麦中蛋白质越多，淀粉就越少。一般来说，六棱大麦多用于食用以及作为饲料，而二棱大麦则用于酿酒。因此，在二棱大麦和六棱大麦的选择上，威士忌的生产更倾向于使用淀粉含量较高的二棱大麦，六棱大麦多用于当地的啤酒酿制。

所有的苏格兰麦芽威士忌都由发芽的大麦、水和酵母酿成。法律上并没有强制性的要求大麦类型，大部分酒厂相信大麦对威士忌的风味没有影响，不过也有些人相信一种名为黄金诺言（Golden Promise）的大麦赋予了威士忌一些不同的口感。“黄金诺言”是第一个受到 1964 年英国《植物品种与种子法》（*Plant Varieties and Seeds Act*）保护的品种。它是二棱春麦，是通过伽马射线培育的英国半矮秆、耐盐突变的大麦品种，与其他大麦品种相比，更加强壮耐寒、成熟较快，能在 8 月份就收割。

传统的制麦方法为地板法（Floor Malting）。首先大麦需在温水中浸泡 2~3 天，这一过程通常称为浸麦（Steeping / Wetting）。当麦粒的水分达到 45% 时，将大麦铺在一种叫作麦芽屋（Malt House）的建筑物的地板上以便发芽，通过人工定期翻动保持恒定温度及均匀发芽。经过 5~7 天的发芽过程后，胚芽会长到麦粒长度的 2/3，该阶段的麦芽称为绿麦芽（Green Malt），此时淀粉已开始转化为糖。然后将绿麦芽放入干燥炉（Kiln）内进行干燥，以终止发芽进程。干燥炉本质上就是一个大型烤箱，使用下方的热风进行干燥。干燥温度需要保持在 70℃以下，以确保酶的活性不被破坏。干燥后的麦芽水分含量为 4%。

干燥阶段对威士忌的特性非常重要。干燥方法有两种：一种是使用热风烘干大麦，此种做法不会影响大麦的风味。另一种方法是用泥煤烘烤大麦，在火中加入泥煤（Peat / Turf），麦芽会有一种烟熏味道（Smoky Peat Note），热蒸汽通过酒厂的宝塔状尖顶（Pagoda Roof）排出。大部分陆地生产的威士忌里只含有少量烟熏味，泥煤在岛屿地区是家庭生活和威士忌生产的传统燃料，因此有明显烟熏味道的威士忌往往来自岛屿地区。如今大部分威士忌酒厂从外部现代化大型麦芽厂采购麦芽，只有很少部分酒厂仍然自己生产。

（2）糖化（Mashing）。

将干燥后的麦芽碾磨成粉状（Grist）。如果碾磨得太粗糙，糖无法完全提取出来；如果太细，则会粘在一块，糖分也无法完全提取。被磨碎的麦芽会被倒入糖化锅（Mash Tun）中，加入热水以提取可溶性糖。麦芽和水的液体组合称为麦芽浆（Mash），麦芽浆会在糖化锅中搅拌数小时。在此过程中，麦芽中的糖会溶解，并通过糖化锅的底部排出，排出的液体称为麦芽汁（Wort）。

糖化过程通常进行三次，以尽可能提取更多的糖。第一次水温大约 63.5℃，第二次水温增加到 80℃，第三次水温加热到接近沸点 95℃。第三次糖化过程只会提取出很少量的糖，并在冷却后用于下一批次的第一次糖化过程。

糖化可以制作两种类型的麦芽汁。第一种是澄清的麦芽汁，从糖化锅里泵出麦芽汁，此种麦芽汁可以酿出没有太多谷物特征的威士忌。第二种是混浊的麦芽汁，从糖化锅里泵出麦芽汁时，带入一些残留在糖化锅里的固体物质，此种麦芽汁可以生产出带有干果、坚果、谷物特征的威士忌。

（3）发酵（Fermentation）。

将麦芽汁冷却至 20℃后转移到发酵罐（wash backs）中，并加入一定量的酵母。酵母菌株有很多种，酿酒厂对酵母的选择将对酒最终的特性产生重大影响。因为苏格兰威士忌都使用同一种酵母，所以人们并不认为酵母会对威士忌的风味有所影响。而日本的酒厂会使用不同种类的酵母，以酿出他们所希望呈现的味道。

加入的酵母量需要根据罐中麦芽汁的体积计算，一般 1.5 万升麦芽汁要加入 50 千克酵母。酵母在发酵过程中会将麦芽汁中的糖转化为酒精和二氧化碳，并同时产生热量。发酵过程中产生的酯类则会赋予威士忌各种复杂口味。

发酵罐传统上为木质（松柏木），但现在许多酿酒厂使用不锈钢发酵罐。发酵罐带有盖子以防止醋酸菌进入罐内及发酵液溢出，此外还带有水平旋转叶片来持续消除发酵产生的泡沫。发酵罐中的温度由酿酒厂控制，温度太低会导致产量较低，而高于 38℃则会导致酵母菌死亡。

发酵时间一般为 2~4 天。在发酵过程中，酵母将糖分转化成酒精（麦芽汁成为酒汁）。短时间的发酵一般在 48 小时内完成，并且生产的威士忌会有明显的麦芽特质。长时间的发酵一般超过 55 小时，会给酒增加更多的酯类物质，生产的威士忌会更清淡，复杂度高、水果风味明显。发酵液称为酒醪（Wash），其酒精含量为 8% 左右。

（4）蒸馏（Distillation）。

将酒醪加入到初次蒸馏器（Wash Still）的第一个铜质壶式蒸馏器中，并分别从底部及内部加热。现今主要使用热蒸汽加热，很少再使用外部燃气的方式进行加热。在使用热蒸汽加热的情况下，热蒸汽会通过壶式蒸馏器内特殊形状的加热管来加热酒醪。

酒精蒸气通过蒸馏器颈部及蒸气导管被导入至冷凝器中，酒精蒸气重新变为液体。所有的单一麦芽威士忌酿酒厂都使用至少两个串联的壶式蒸馏器。在初次蒸馏器中，酒醪会被蒸馏为酒精浓度 20%~25% 的液体，称为“初酒”（Low Wines）。初酒被转移至二次蒸馏器（Spirit Still）中，会被蒸馏为酒精含量 65%~70% 的烈酒。

第二次蒸馏最先蒸发出来的酒称为“酒头（Foreshots）”，其酒精浓度过高且刺鼻；最后蒸馏出来的酒称为“酒尾（Feints）”，酒精浓度过低且含有较高浓度的丙醇、异丙醇和杂醇油，酒头和酒尾都会返回二次蒸馏器内进行再次蒸馏。剩下的中间部分称为“酒心”（Heart /Middle Cut），会被转移到橡木桶中陈酿，酒心的酒精浓度为 65%~70%。

第二次蒸馏冷凝后的液体到达采集器时，酿酒师需要进行分馏。判断何时取得酒头、酒心与酒尾对风味会有影响。在威士忌蒸馏的过程中，香气会不断变化。最初的较为清淡、精致，如果酿酒师希望生产出香气雅致的威士忌，那么可以选择较早的分馏点。随着蒸馏的继续，香气开始向厚重风格靠近，变得更为油质、饱满，烟熏的香味也会出现。希望生产出厚重风格威士忌的酿酒师会选择较晚的分馏点。

酒精蒸气与铜接触的时间越长，最后生产出的威士忌口味越清淡。大蒸馏器可

以减缓蒸馏的速度和增加接触时间，因此大蒸馏器比小蒸馏器蒸馏出的威士忌味道更淡，反之亦然。

不同形状的冷凝器也会产生不同的威士忌风味。管壳式冷凝器（Shell&Tube）为柱状，中间有数量众多充满冷水的铜管。当酒精蒸气接触到铜管时就转化为液体。因为铜的表面积较大，管壳式冷凝器有助于淡化威士忌的味道。虫桶式冷凝器（Worm Tubs），是传统的冷凝装置，酒精蒸气被引入一段置于冷水中的螺旋式铜管，因为这种方法接触到的铜更少，螺旋式的冷凝器可以生产出更厚重的威士忌。

（5）陈年（Aging）。

威士忌的琥珀色是在橡木桶中陈年一段时间之后形成的，再进一步陈年，口味就会更加醇厚浓郁。威士忌在诞生之初并没有经过桶中熟成，在很长一段时间内，人们饮用的是刚蒸馏出来的无色威士忌。直到19世纪以后，人们才开始饮用经过桶中熟成并成为琥珀色的威士忌。橡木桶的来源对于威士忌的味道至关重要，主要有用于陈年过波本威士忌的美国白橡木桶和陈年过西班牙雪莉酒的橡木桶。橡木桶会帮助削减威士忌中刺激性的风味，为威士忌增加一些不同的风味，增加威士忌口感的复杂度。

新生产的威士忌酒精度会被降低至63.5%，之后装入橡木桶陈年。由于橡木的透气性，每年约2%的酒会自然蒸发掉。又因为酒精比水挥发更快，所以威士忌的酒精度每年会降低0.2%~0.6%。

由于蒸发及从桶壁吸取味道，威士忌会逐步变得更醇美。酿酒师会定期从每个桶中取出样品以确定威士忌是否已经成熟。桶的大小也很重要，大木桶的表面与酒的接触比例较小，同等时间内可以从木桶中吸取较少的味道，所以大木桶中的威士忌需要储存更长时间才能达到与小木桶相同的成熟程度。酿酒师可以用收尾木桶为威士忌的风味做最后的调整。这个步骤是将陈年过的威士忌放到一个很活跃的放置过雪莉、波特或马德拉葡萄酒的木桶里进行一段时间的二次陈年，使其味道更加融合。

威士忌的陈年时间越长，木桶对威士忌的影响越大。活跃度高的木桶可以在较短的时间里给酒带来丰富的味道，而多次使用的木桶则需要更长的时间。酒瓶上的年份指的仅仅是最年轻的威士忌在木桶里陈年的时间。但无法从年份判断出木桶的活跃程度（或者中性程度），陈年时间的长短不能同质量挂钩。

（6）装瓶（Bottling）。

威士忌成熟后，生产商会将不同的麦芽威士忌桶中的酒混合在一起，最终产品的酒精浓度通过添加水来实现。此外，装瓶时还会加入一些焦糖色来标准化酒的颜色。

酒瓶上的标签内容通常包括：酒厂名称、木桶类型、蒸馏及装瓶日期，有时还会有木桶和瓶子编号。

相关链接

桶强酒和单桶酒（*Cask Strength&Single Cask*）

桶强酒（Cask Strength）

此类威士忌不需要加水勾兑，而是在自然酒度下装瓶。桶强酒的酒液可能来于某一个桶，也可能来于一批桶，甚至还有不同年份的桶，只要它们是过桶后没有加水稀释过的。常见的桶装强度酒其酒精度通常都在55%~60%，但随着陈年时间越长与陈年时所使用的酒桶和环境之差异，有些桶装强度酒其酒精度甚至会低于普通的加水稀释产品。桶强酒酒标除基础信息外，通常会标注生产编号。关于桶装强度酒的产品特色，目前并无法律定义，大都是由厂商依照自身的策略自由发挥。桶装强度酒的另外一个优点是，它们通常不经过冷过滤处理，因此较能保持原味。

单桶酒（Single Cask）

单桶酒又常被称为“Single Single Malt”，它强调单一桶的个性特色，每一瓶的酒液只来自于一个酒桶，但并不特别强调原始的酒精强度，而是强调其原味表现。由于每个酒桶的容量有限，单桶酒一定是限量销售的产品。单桶酒的酒标上会标注蒸馏时间、装瓶时间、陈年时间、橡木桶编号、瓶号和总瓶数。

2. 谷物威士忌（Grain Whisky）

谷物威士忌是因所用制造威士忌酒的原料中含80%~90%谷物而得名。谷物威

士忌与麦芽威士忌一样要经过糖化、发酵、蒸馏、陈年等工序。但不同的是，谷物威士忌蒸馏采用的是科菲蒸馏器。谷物威士忌厂制造出来的产品，大都是提供给调和威士忌厂商作为原料使用，也有少数蒸馏厂直接将他们的谷物威士忌装瓶销售。

（1）糖化。大部分谷物可以用于生产谷物威士忌。由于价格等因素，如今苏格兰人偏向使用小麦，在过去则是玉米。爱尔兰、日本和加拿大都使用玉米作为原料，用玉米作为原料生产出的谷物威士忌要比小麦的口感更为饱满油润。除此之外，谷物威士忌中也会使用到少许大麦麦芽作为原料。

所有原料都会在锤式研磨机中被磨成粉状，之后加热水进行熬煮，让淀粉进行糊化，然后再加入大麦麦芽。大麦麦芽中的酶会将淀粉转化为可发酵的糖。一些国家允许添加人工酶，加快糖化过程，但在苏格兰不允许，只能使用大麦麦芽。

（2）发酵。糖化完成后的谷物汁（Wort）会被泵入到发酵罐中添加酵母进行发酵，发酵时间为48~100小时，最终得到酒精度在8%（小麦作为主要原料）和15%（玉米作为主要原料）的酒醪。

（3）蒸馏。谷物威士忌通常采用连续式蒸馏。连续式蒸馏器有科菲蒸馏器、三重柱式蒸馏器和多重柱式蒸馏器。

1831年，艾纳斯·科菲（Aeneas Coffey）设计了科菲蒸馏器。科菲蒸馏器由两座相连的巨大塔式蒸馏器组成，分别是初馏塔和精馏塔，内部都用带孔的蒸馏板分成隔层。在蒸馏时酒醪会被注入螺旋状的铜管，铜管从上至下穿过整座精馏塔，最后从精馏塔底部延伸至初馏塔的顶部，酒醪就从初馏塔的顶部被注入，穿过带孔的隔层，流向底部，在此过程中受热蒸发的酒蒸气会上升，穿过隔板时酒蒸气会遇到下降的酒醪并会将其加热，于是酒醪中蒸发的酒蒸气会被一并带走。酒蒸气从初馏塔被导入精馏塔的底部，再一次开始上升，由于酒液的不同成分在不同的温度条件下的分馏点不同，所以不同成分开始被分离成各自稳定的状态。较重的成分会在此过程中冷凝在蒸馏隔板上，被重新收集再导回初馏塔。只有最轻的成分才能上升到精馏塔顶部的特定蒸馏隔板，经过冷凝之后成为新酒（New Make），酒精度通常在90%~94%。即便酒精度很高，但用科菲蒸馏器比用三重柱和多重柱式蒸馏器蒸馏的谷物威士忌更具油脂感。

三重柱式蒸馏。酒汁进入第一座塔式蒸馏器（分离塔）的顶部，去除掉那些不稳定的酒头，之后酒蒸气再通过注满水的中馏塔，由于酒精中的杂醇不溶于水会上升至顶部被抽离。酒精和水的混合物则从底部被导入精馏塔，进行蒸馏完毕之后被收集作为新酒。多重柱式蒸馏使用了更多的蒸馏塔，从而能够分离出特定的风味。

（4）陈年。谷物威士忌通常会用首次装填的波本桶来进行陈年，这种橡木桶能够赋予威士忌香草和椰子的风味。

二、威士忌的起源与发展

威士忌始于炼金术士制造的“生命之水”，拉丁语为 Aqua vitae，盖尔语为 Usage Beatha。随着时间的推移，Baetha 这个词逐渐被省略，于是便有了苏格兰语中的 Whisky 和爱尔兰语中的 Whiskey。

中世纪的炼金术士，在摸索蒸馏技术时对这种能使人焕发激情的酒味感到惊奇，随之将其称为“Aqua vitae”。随着蒸馏技术传遍欧洲各地，其通用语 Aqua vitea 被译成各地的语言，其语意是指蒸馏酒。将这种技术应用于谷物制造的酿造酒则始于威士忌。但威士忌的蒸馏制造是从何时开始的，或者说是从何时开始被饮用的，至今还有争议。

在历史上，12 世纪才开始出现有关威士忌的文字记录。1172 年，英王亨利二世的军队远征爱尔兰时，曾留下了这样的记述，“我们看到当地饮用一种被称为‘生命之水’的烈酒”，可以认为是威士忌的前身。

此后，在 15 世纪末苏格兰财务部的记录中，有“为制造‘生命之水’，将 8 波尔（当时的计量单位）的麦芽送给约翰·科修道士”的内容。在这里，“生命之水”这个词的出现，说明在苏格兰已经开始生产蒸馏酒。此后，在苏格兰出现了很多有关用大麦芽制造蒸馏酒的记录，都可以推测出当时威士忌生产的繁荣景象。威士忌这一名称最早出现在 1715 年发行的《苏格兰时事集》上。1707 年，曾经是两大王国的英格兰和苏格兰统一成为大英联合王国（大不列颠王国），与此同时，1713 年英政府决定在此之前英格兰执行的麦芽税也适用于苏格兰。因此，苏格兰低地地区规模较大的蒸馏酒生产商开始混用大麦芽以外的谷物，减少麦芽的使用量来进行蒸馏；另外，小型生产商为躲避税收，便进入苏格兰高地的深山里建造蒸镏所，进行地下酿酒。小型生产商为了方便蒸馏，只用大麦芽蒸馏，干燥大麦芽的燃

料使用附近生产的泥煤，储藏则用葡萄酒桶。前者可以看作是谷物威士忌（Grain Whisky）的前身，而后者则可以看作是麦芽威士忌（Malt Whisky）的前身。

地下酿酒者与税收人员展开了长达100多年的斗争。1820年，政府查封了14000多家酒厂，但是市场上仍然有一半的威士忌来自于地下酿造。英国上议院（House of Lords）决定改变这种状况，于是在1823年通过了新的税收法案，减少沉重的赋税，至此，地下酿酒业才逐渐走向消亡。

新的税收法案是由苏格兰高地当地的大地主、上议院议员亚历山大·哥顿（Alexander Gordon）提出，明确小型生产商可以少缴税金。此时，最先取得正式蒸馏许可的是乔治·史密斯（George Smith）。于是，小型生产商纷纷公开身份，积极发展威士忌产业。此时，正是产业革命的鼎盛时期。同时，苏格兰低地的大规模生产商致力于提高蒸馏的效率。1826年，罗伯特·斯坦因（Robert Stein）研制出连续式蒸馏器。1831年，爱尔兰都柏林地方税收官员艾纳斯·科菲设计出科菲蒸馏器，因其取得了专利，所以也被称为专利蒸馏器（Patent Still）。后来，这种连续式蒸馏器不断改良，在低地地区建起了很多谷物威士忌的蒸馏塔。

1853年，爱今巴拉的威士忌酒商安德鲁·威夏（Andrew Usher）将以往单式蒸馏器制造的具有浓郁独特风味的麦芽威士忌同连续式蒸馏器制造的柔和型谷物威士忌混合在一起，制出了新型的威士忌，即混合型威士忌。通过这种混合，使得威士忌更为柔和、更为可口，从而得到好评。但随之而来的则是谷物威士忌酒厂的泛滥和恶性竞争的发生，使得一部分酒厂纷纷倒闭。

1877年，苏格兰低地的6家谷物威士忌酒公司合并，成立D.C.L.（Distillers Company Limited），由此拉开了威士忌制造大企业化的序幕。也正在此时，根瘤蚜虫病在法国蔓延开来，使葡萄绝收，导致了葡萄酒和白兰地酒价格上涨。因此，喜爱饮用红葡萄酒和白兰地的英国人开始饮用苏格兰威士忌。为适应这一形势，D.C.L.开始收购苏格兰各地的麦芽威士忌酒厂，自身也着手建立新的麦芽威士忌酒厂，扩大产量，并积极向南北美洲以及与英国关系紧密的国家出口。

一般认为，美国酿造谷物蒸馏酒始于18世纪之后。美国最早的蒸馏酒据说是荷兰人利用西印度群岛的糖蜜在纽约地区生产的朗姆酒。此后，随着欧洲移民的不断增加，逐渐开始制造谷物酒和威士忌。有文字记载，1783年伊凡·威廉姆（Evan William）在肯塔基州的波旁县蒸馏出了威士忌。1789年开始以玉米为主要原料生产威士忌，以肯塔基州乔治城的浸信教（Baptist）牧师伊利亚·克瑞格（Elijah Craig）为代表。

美国国会为增加税收，1791 年 3 月通过了《国产酒税法案》，规定对用小麦酿造的酒类征收消费税，从而引发了威士忌暴乱。由于西部边疆地区缺乏现金，威士忌酒通常还被当作交换媒介，对威士忌酒征收消费税引起了西部农民的不满。他们开始抵制纳税，并采取了一些抗议措施。抗议运动在 1794 年达到了高潮，同年 10 月，乔治·华盛顿率兵镇压了此次暴乱。1797~1798 年，乔治·华盛顿在位于弗吉尼亚州的弗农山庄（Mount Vernon）建立大型的威士忌蒸馏厂。过重的税收迫使一些酿酒商迁移到了美国内陆地区，适宜玉米种植的气候以及当时肯塔基州只要种植玉米就能免费获得土地的政策鼓励了农民在这里大量种植玉米，酿酒商也尝试把玉米作为主要原料来蒸馏威士忌，造就了波本威士忌这种典型美国威士忌的风格。

1919~1933 年，美国禁酒令打击了美国酒业，却为邻国加拿大威士忌带来了发展机遇。一些美国农民来到加拿大酿造威士忌，并逐渐商业化。严苛的气候环境使得黑麦成为加拿大威士忌的主要原料，风味较重的黑麦威士忌成为加拿大威士忌的主要风格。直至 19 世纪中叶，从英国引进连续式蒸馏器后，加拿大本土才开始以玉米为原料生产清淡型的威士忌。

1853 年美国海军东印度舰队司令马休·员佩里率军舰抵达日本，迫使日本打开国门，威士忌进入了日本市场。1923 年，拥有丰富苏格兰威士忌酿造经验的竹鹤政孝加入了由鸟井信治郎建造的日本第一个威士忌蒸馏厂——“山崎蒸馏厂”（三得利酒厂的前生），并在之后按照“东方人口味的威士忌”和“原汁原味的苏格兰威士忌”两个理念分化为两家酒厂，最终形成三得利（Suntory）和日果（Nikka）当今日本两大威士忌生产商。

三、威士忌的主要生产地

（一）苏格兰

1. 苏格兰威士忌的含义

《苏格兰威士忌管理条例（2009）》对苏格兰威士忌进行了定义。该条例指出：苏格兰威士忌必须以水、酵母、发芽大麦或是其他种类的谷物为原料酿造；在苏格

兰境内酒厂进行糖化、发酵、蒸馏和熟化；蒸馏后所得酒精度数需在 94.8 度以下；需在保税仓内或某一许可地点的橡木桶（不超过 700 升）中熟化至少 3 年；需保留来自原材料、加工工艺和熟化过程的色泽、香气和口感；除了水和酒用焦糖外不准添加其他类型的添加剂，装瓶的威士忌酒精度数至少为 40%。

苏格兰威士忌最早的文献记录是在 1494 年，天主教修士约翰·柯尔（Friar John Corr）在英国国王的要求下，采购了八箱麦芽，在苏格兰的艾雷岛（Islay）上酿造出第一批苏格兰威士忌。当时英王授予的采购契约成为如今苏格兰威士忌最早的文字记录。16 世纪三四十年代，亨利八世解散了英格兰的修道院，修道士将威士忌酿造技术传播到普通民众之中。

2. 苏格兰威士忌的类型

根据《苏格兰威士忌管理条例（2009）》规定，苏格兰威士忌共分为五大类。其中两类属于"单一"型威士忌，单一指的是"同一家蒸馏厂"。另外三类属于调和型威士忌。

（1）苏格兰单一麦芽威士忌（Single Malt Scotch Whisky）。是指在同一家蒸馏厂，通过一批或多批蒸馏而成的威士忌。它仅采用大麦芽作为原料，并且仅使用壶式蒸馏器。

（2）苏格兰单一谷物威士忌（Single Grain Scotch Whisky）。是指在同一家蒸馏酒厂，通过一批或多批蒸馏而成的威士忌。它会采用小麦、玉米等这样的谷类作为原料。

（3）苏格兰调和麦芽威士忌（Blended Malt Scotch Whisky）。是用不同酒厂所产的两种或多种单麦苏格兰威士忌调配而成。曾一度被消费者称为"大木桶混合苏格兰威士忌"（Vatted Scotch Whiskies）。

（4）苏格兰调和谷物威士忌（Blended Grain Scotch Whisky）。是用不同蒸馏酒厂生产的两种或多种单一谷物苏格兰威士忌调配而成。

（5）苏格兰调和威士忌（Blended Scotch Whisky）。指的是将一种或多种苏格兰单一麦芽威士忌，混合一种或多种单一谷物苏格兰威士忌。此类威士忌较为常见。

3. 苏格兰威士忌产区

（1）高地（Highland）。

高地区与低地区相邻，但两者的地形、地貌却截然不同。低地区地势平坦，气候温和，是建造蒸馏厂的理想之地，因而早期汇集了大量的蒸馏厂。相反，高地产区重峦叠嶂、地形崎岖，复杂的地势使得高地的蒸馏厂数量相对稀少。17 世纪，苏格兰开始对威士忌征税。18 世纪，英国为了筹措战争所需的巨额经费而增加税收，许多蒸馏厂逃税并藏匿在隐秘之处进行非法蒸馏。高地产区便拥有了得天独厚的地理优势，许多非法蒸馏厂，包括低地的蒸馏厂纷纷迁至高地。从此高地产区的非法蒸馏事业发展得十分迅速，甚至生产出许多高质量的威士忌。

18 世纪 50 年代，高地生产的威士忌在其他地方越来越受欢迎，于是高地的非法蒸馏和走私贸易更为猖獗。1784 年，为了加强对合法蒸馏厂的管理，政府颁布了《酒醪法》（*The Wash Act*），首次明确规定了高地产区与低地产区的分割界限，并在高地产区和低地产区实施不同的税收政策，高地产区的税收远低于低地。该条例明显更有益于高地产区的发展，从此高地产区的蒸馏事业更是蒸蒸日上，但非法蒸馏和走私贸易仍普遍存在。直至 1823 年，为了解决非法蒸馏问题，政府颁布了《消费税法》（*The Excise Act*），推行蒸馏许可证制度并大幅度削减蒸馏税，同时严厉打击非法蒸馏和走私活动，从此合法蒸馏厂如雨后春笋般涌现，高地产区合法注册的蒸馏厂也与日俱增。

高地是所有产区中面积最大的，又划分为东南西北四个区，分别是北高地（Northern Highlands）、西高地（Western Highlands）、东高地（Eastern Highlands）、中地（Midlands）。东高地威士忌的风格趋于斯佩塞产区，风味浓郁，口感微甜且余味比较干爽，该区域的代表酒厂有皇家洛赫纳加（Royal Lochnagar）、格兰多纳（Glendronach）和阿德莫尔（Ardmore）等。西高地的威士忌酒体更为饱满，并带有显著的泥煤烟熏味，邻近海洋的蒸馏厂生产的威士忌还会带有一丝海洋的风味，该地区知名的蒸馏厂有格兰高依（Glengoyne）、欧本（Oban）和本尼维斯（Ben Nevis）等。此外，南高地的威士忌通常酒体较轻，拥有较多的果味，该区域的艾柏迪（Aberfeldy）和埃德拉多尔（Edradour）等都颇具代表性。北高地的风味则更为浓郁，通常酒体饱满且口感甜美，该产区知名的蒸馏厂有帝摩（Dalmore）、格兰杰（Glenmorangie）和老富特尼（Old Pulteney）等。

（2）低地（Lowland）。

低地产区位于苏格兰的最南端，覆盖苏格兰的中央地带和南部的大部分地区。低地产区曾经是麦芽威士忌生产的繁荣中心。在 18 世纪，低地产区蒸馏厂倾向于

生产可蒸馏成金酒的酒液。随着《1707年联合法案》(*Act of Union 1707*)的发布，低地蒸馏厂与一些税收较高的英国蒸馏厂相比具有明显的优势。然而好景不长，为了保护英国土地贵族和酒厂的利益，英国议会提高了对苏格兰低地酒厂的税收。为了应付税收的上涨，低地产区酒厂的产量越来越大，但生产出来的酒液都较低劣廉价，只适合制作金酒。这种情况的出现再次影响了英国政府的政策，因此议会通过了一系列的金酒法案以限制和规范金酒的销售。

1777年，低地产区蒸馏厂首次正式向英国伦敦出口苏格兰威士忌。到了1786年，苏格兰酒厂已经占领了伦敦1/4的金酒市场。为了减缓其他英国酒厂的压力，议会于1786年通过了《苏格兰蒸馏法案》(*Scottish Distillers Act*)，增加了低地烈酒出口的关税。新政策的实施大大打击了低地酒厂，许多酒厂纷纷破产。1816年，威士忌的税收减少到1786年税收标准的1/3。1823年《消费税法》(*Excise Act*)通过后，税收再次减少，酒厂生产和出口威士忌的大多数限制被取消。此后，苏格兰低地的合法蒸馏厂数量大幅度增加。

低地产区气候温和，是种植大麦的理想地区，因此，非常适合生产威士忌。低地产区以出产清淡、不含泥煤味的威士忌而闻名，并以其甜美的青草味和柔和的风格而大受欢迎，因此也赢得了“低地女士”(Lowland Ladies)的昵称。该产区的威士忌通常被认为是单一麦芽威士忌中最柔和的一种，口感温和优雅，简单易饮。常见的威士忌品牌主要来自三家蒸馏厂，它们分别格兰昆奇(Glenkinchie)、欧肯特轩(Auchentoshan)和布拉德诺赫(Bladnoch)。

苏格兰威士忌协会(Scotch Whisky Association)2018年公布的数据显示，如今，低地产区共拥有14座蒸馏厂。低地是苏格兰最大的谷物威士忌产地，全苏格兰7座谷物酒厂中有5座位于低地：Givran、Stathclyde、Stariaw、The North British、Cameronbridge，年产量超过3亿升。每座谷物酒厂的风格都因其使用谷物不同而相异：Givran、Stathclyde和Cameronbridge使用小麦，Stariaw使用小麦和玉米，The North British只使用玉米。它们生产的谷物威士忌品质上乘，用于制作世界上一些著名的调和威士忌。

(3)斯佩塞(Speyside)。

斯佩塞位于苏格兰高地产区的东北部，夹在西部崎岖的高地、东部肥沃的阿伯丁郡(Aberdeenshire)和南部的凯恩戈姆国家公园(Cairngorms National Park)之间。从地理上讲，斯佩塞是苏格兰高地莫里郡（Morayshire）的一个地区。就威士忌而言，由于斯佩塞的蒸馏厂集中，而且出产的威士忌在风格上和高地的威士忌有一些相似之处，所以斯佩塞曾被划分为高地的一个子产区。2009年，根据《苏格兰威士忌条例》（*Scotch Whisky Regulations*），斯佩塞上升至与高地同一级别的产区。斯佩塞得名于流经该地区的斯佩河（River Spey），这条河是斯佩塞产区生产出备受推崇的威士忌的重要影响因素。

斯佩塞以生产非泥煤型威士忌著称，比其他苏格兰单一麦芽威士忌更加轻柔，以甜美和果香为特色。斯佩塞的威士忌因其优雅和复杂而闻名，斯佩塞的威士忌典型风味主要有苹果，香草，橡木，麦芽，肉豆蔻和干果等特征。

苏格兰威士忌协会2018年公布的数据显示，斯佩塞是苏格兰蒸馏厂数量最多的产区，有50座蒸馏厂聚集在这里。根据蒸馏厂附近的河流水域或它们所在的威士忌生产区域，斯佩塞产区又进一步划分成六个更小的区域：南斯佩塞（Southern Speyside）、本利林酒厂区（The Ben Rinnes Cluster）、达夫镇酒厂区（The Dufftown Cluster）、基思镇酒厂区（Keith To The Eastern Boundary）、露斯镇酒厂区（The Rothes Cluster）、埃尔金（Elgin To The Western Edge）。斯贝塞区拥有世界最畅销的三大苏格兰单一麦芽威士忌品牌：麦卡伦（Macallan）、格兰菲迪（Glenfiddich）和格兰威特（Glenlivet）。

（4）艾雷岛（Islay）。

艾雷岛（Islay）位于苏格兰西海岸，是内赫布里底群岛（Inner Hebridean）最南端的岛屿之一。艾雷岛全长25英里（约40.2千米），宽8英里（约12.9千米），面积虽小，但却聚集了9座威士忌蒸馏厂，出产了许多享誉国际的单一麦芽威士忌。

早在14世纪初，爱尔兰的僧侣便将蒸馏工艺引进了艾雷岛。当时，僧侣们发现此地盛产大麦，拥有优质的水源和丰富的泥煤，是酿造“生命之水”的理想之地。早期，艾雷岛上的居民大都是进行非法蒸馏，1644年苏格兰开始征收威士忌酒税，于是居民将蒸馏所搬到了偏远的峡谷和洞穴之中。直至1779年波摩（Bowmore）成为艾雷岛第一家合法经营的蒸馏厂。

根据苏格兰威士忌协会（Scotch Whisky Association）于2018数据显示，艾雷岛目前共有9座威士忌蒸馏厂，它们分别是：阿德贝哥（Ardbeg）、阿德

纳侯（Ardnahoe）、波摩（Bowmore）、布赫拉迪（Bruichladdich）、布纳哈本（Bunnahabhain）、卡尔里拉（Caol Ila）、齐侯门（Kilchoman）、乐加维林（Lagavulin）和拉弗格（Laphroaig）。

艾雷岛盛产的泥煤，因此该地区的威士忌普遍以浓郁的烟熏风味著称。艾雷岛树木稀少，沼泽众多，岛上因气候潮湿滋生了许多草、苔藓和灌木等植被，它们枯死在沼泽中，经年累月，最终形成用来烘干麦芽的泥煤。除了标志性的泥煤味，该产区的威士忌还有另一种极具个性的咸味和海藻风味。艾雷岛常年受大西洋海风的影响，击起的海浪飞沫渗入地底并浸润用于烘干麦芽的泥煤，而且会飘进陈放着威士忌酒桶的仓库，从而赋予威士忌辛辣的口感和鲜明的海洋特质。

在拥有上述风格的威士忌中，最具代表性的是艾雷岛东南沿海地区的阿德贝哥、拉弗格和乐加维林三家蒸馏厂出产的威士忌。并不是所有的艾雷岛威士忌都是重度烟熏味风格。岛屿东部的布纳哈本蒸馏厂除了酿造泥煤味系列酒款，还会使用纯净泉水和未经泥煤烘干的麦芽来酿造威士忌，开创了纯净清淡、无泥煤味的威士忌风格。

（5）坎贝尔镇（Campbeltown）。

坎贝尔镇产区位于英国苏格兰的西南部，坐落在琴泰岬半岛（Kintyre Peninsula）的南端，是目前苏格兰最小的威士忌子产区。

据文字记载，早在1591年，坎贝尔镇就已经出现了威士忌。1636年，坎贝尔镇曾用6夸脱的生命之水（即威士忌）当作租金租下了苏格兰低地产区克罗斯希尔（Crosshill）的一片农场。因此，在17世纪，坎贝尔镇可能就掌握了威士忌的酿造工艺。17~18世纪，为了躲避政府的高额税收，非法蒸馏在苏格兰开始广泛流行，坎贝尔镇因临近海港并拥有丰富的净水与大麦资源，成了非法蒸馏和走私的温床。

1794年，马希利汉尼（Machrihanish）——坎贝尔镇运河的开通为坎贝尔镇带来源源不断的泥煤资源和广阔的市场，为坎贝尔镇威士忌产业的发展开辟了道路。罗伯特·阿莫尔（Robert Armour）于1811年开设的制铜业务为当时的非法蒸馏厂提供了铜质蒸馏器，变相地为威士忌的发展起到了推动作用。

1817年，坎贝尔镇蒸馏厂（Campbeltown Distillery）率先取得了生产许可证，成为当地第一座合法蒸馏厂，但是该蒸馏厂的合法性没有起到示范作用。直至1823年，英国政府颁布了《消费税法》（*The Excise Act*），推行蒸馏许可证制度并大幅度削减蒸馏税率，坎贝尔镇才陆续出现了其他的合法蒸馏厂。1835 年，坎贝尔镇合法蒸馏厂的数量达 29 座之多。在之后的一段时间内，坎贝尔镇的威士忌风靡北美和英国等国家，并享有“世界威士忌之都（The Whisky Capital of the World）”的美誉，可谓是盛极一时。在快速发展阶段，坎贝尔镇重量不重质，没有维护好口碑。19 世纪下半叶，根瘤蚜虫病摧残了欧洲的葡萄酒产业，先前的葡萄酒市场大量转移至威士忌等烈酒上，而威名在外的坎贝尔镇威士忌更是供不应求。为了满足市场的高度需求，一些蒸馏厂偷工减料，导致当时坎贝尔镇出产的威士忌质量参差不齐。

随着斯特拉斯佩铁路（Strathspey Railway）的开通和调和威士忌的兴起，斯佩塞产区芳香优雅的威士忌风格越来越受到市场的欢迎，而风格浓烈的坎贝尔镇威士忌逐渐被冷落。再加之美国禁酒令和经济大萧条等因素的影响，坎贝尔镇的威士忌产业盛极而衰，蒸馏厂接二连三地倒闭。1935 年，坎贝尔镇仅剩云顶（Springbank）和格兰斯柯蒂亚（Glen Scotia）两家蒸馏厂。20 世纪末，苏格兰威士忌协会因坎贝尔镇的蒸馏厂数量太少，与协会一个产区至少需 3 座蒸馏厂的规定不符，决定取消其作为威士忌产区的地位并将其并入高地产区。为了保住威士忌产区的版图，2004 年坎贝尔镇在云顶酒厂帮助下，将停工 75 年的格兰盖尔酒厂重新复工，使坎贝尔镇重新以一个产区的身份出现在威士忌产区的版图上。

苏格兰威士忌协会 2018 年数据显示，目前坎贝尔镇有且仅有三座蒸馏厂，分别是格兰斯柯蒂亚、云顶和格兰盖尔。与坎贝尔镇先前泥煤味浓烈的硬汉风格不同，这几家蒸馏厂多呈中庸之道。云顶一直由米歇尔家族（Mitchell Family）运营，是苏格兰历史最悠久的酒厂之一。云顶威士忌共有三个系列，分别是：云顶（Springbank）、郎格罗（Longrow）和赫佐本（Hazelburn）。这三个系列风格各异，酒厂主打的云顶系列采用复杂的 2.5 次蒸馏法，巧妙地平衡了花果芳香与泥煤烟熏味。郎格罗系列的风格趋于泥煤味浓重的艾雷岛（Islay），而赫佐本系列则采用三次蒸馏工艺，口感精致且充满果味。

思考题

威士忌应当如何进行品鉴？

（二）爱尔兰

1. 爱尔兰威士忌的含义

爱尔兰威士忌（Irish Whiskey）是一种只在爱尔兰地区生产，以大麦芽与谷物为原料经过蒸馏所制造的威士忌。爱尔兰闻名于世的并非是生命之水，而是Usquebaugh（盖尔语，威士忌 Whisky 这个词的来源）。与莎士比亚同一时代的爱尔兰旅行家费恩斯·莫里森曾经描述："相比我们英国人自己的生命之水（Aqua Vitae），我更偏爱 Usquebaugh，因为里面混合着提子干、茴香籽和其他风味。"在19世纪以前，这种以威士忌作为基酒制作而成的加香烈酒一直是爱尔兰的特产。

2. 爱尔兰威士忌的历史与发展

1170年，英王亨利二世（Henry Ⅱ）征服爱尔兰后不久，英国人注意到爱尔兰僧侣有酿造和饮用生命之水的习惯。那时的生命之水与现在的威士忌大有不同，因为它们在酿成之后不会进行陈酿，而且通常会使用薄荷、百里香和茴香等草本香料进行调味。爱尔兰酿造威士忌的历史虽然悠久，但关于它早期发展的文字记载却较少，大都是以口口相传的形式流传下来的。根据17世纪初的爱尔兰编年史《克隆马克诺伊斯年鉴》（*Annals of Clonmacnoise*）的记载，在1405年的圣诞节，一位部落首领因过度饮用生命之水而身亡，由此可知爱尔兰被记录在册的威士忌历史比苏格兰要早上近90年。

在1556年英国议会通过的法案中，威士忌被判为一种一无是处的饮品，而且该法案还规定，除了爱尔兰大城镇的贵族、绅士和自由民，其他任何人在未经爱尔兰副总督（Lord Deputy of Ireland）许可的情况下展开蒸馏活动均被视为违法。1661年，英国开始向爱尔兰的威士忌征税，这意味着如果爱尔兰想要合法地生产和出售威士忌，就必须向英国纳税，由此衍生了许多非法经营的蒸馏厂。在此后的多年里，由合法蒸馏厂酿造的威士忌被称为"议会威士忌"（Parliament Whiskey），而那些非法酿造的威士忌则被称为"玻丁"（Poitin，在盖尔语中是指小型壶式蒸馏器）。

1779年，由于合法蒸馏厂虚报产量的避税行为以及非法蒸馏厂的逃税行为给财政部造成了税收损失，议会颁布了新法案，对威士忌的税收计算方式进行了重大改革，开始通过对酿酒厂的潜在产量（基于蒸馏器的容量计算所得）进行收税。此举造成爱尔兰合法蒸馏厂数量锐减，从1779年的1228座减少至1790年的246座。到了1821年，只剩32家合法蒸馏厂在营业，而且这些蒸馏厂主要集中在爱尔兰的都柏林（Dublin）和科克（Cork）等大城市，而与日俱增的非法蒸馏厂则聚集在爱尔兰的西北部地区等偏远地区。

19世纪初，爱尔兰成了英国最大的烈酒市场，而且人口增长和消费模式的改变带动了爱尔兰威士忌需求量的增长，以至于大量的非法威士忌在市场上出售。1823年，英国国会将关税减少一半，并出台了《消费税法》（*Excise Act*），极大地促进了威士忌行业的发展。渐渐地，爱尔兰出产的威士忌成为了当时世界上最受欢迎的烈酒，其合法蒸馏厂的数量也由1821年的32座增加至1835年的93座。1831年，艾纳斯·科菲发明了科菲蒸馏器，不仅降低了操作成本、提高了蒸馏效率，还可以蒸馏出酒精度更高的酒液，但是会牺牲威士忌一些挥发性风味，因此科菲蒸馏器在爱尔兰并没有得到普及，反而是在苏格兰盛行起来。科菲蒸馏器生产的威士忌风格逐渐受到了市场的欢迎，因此爱尔兰威士忌的市场份额开始下降。除此之外，爱尔兰对调和威士忌（Blended Whiskey）的抵制以及20世纪上半叶的爱尔兰独立战争（Irish War of Independence）、爱尔兰内战（Irish Civil War）、美国禁酒令（Prohibition）和与英国的经济贸易战等事件均对爱尔兰造成了严重的影响，阻碍了爱尔兰威士忌的出口，并迫使许多蒸馏厂陷入经济困境甚至倒闭。在爱尔兰威士忌行业跌入低谷之际，苏格兰反超了爱尔兰，在国际烈酒中占据了举足轻重的地位。

20世纪60年代，爱尔兰仅存的3座酒厂联合组建了爱尔兰制酒公司（Irish Distillers Limited，IDL），直到70年代位于科克郡米德尔顿镇的中央威士忌蒸馏厂建成，IDL推出了尊美醇调和威士忌之后，爱尔兰威士忌才开始峰回路转。1966年以来，整个爱尔兰只拥有IDL一家威士忌公司，因此IDL的风格被定义为整个爱尔兰威士忌的风格：三次蒸馏法，不使用泥煤来烘干大麦。20世纪90年代，库利（Cooley）推出的爱尔兰威士忌包括二次蒸馏麦芽威士忌、泥煤风味麦芽威士忌、单一谷物威士忌以及调和威士忌。从此爱尔兰威士忌又重新变得多姿多彩。

爱尔兰境内遍布着大小威士忌酒厂，主要的有布什米尔（Bushmills）、艾克林威和贝尔法斯特（Echlinville & Belfast Distillery）、库利（Cooley）、图拉多（Tullamore D.E.W.）、丁格尔（Dingle）、爱尔兰蒸馏有限公司与西科克酒厂（IDL & West Cork Distillers）等。

3. 爱尔兰威士忌的类型

（1）爱尔兰单一麦芽威士忌（Single Malt Irish Whiskey）。是由同一家蒸馏厂以 100% 麦芽为原料，在壶式蒸馏器中经过三次蒸馏而成的威士忌。

（2）爱尔兰单一壶式蒸馏威士忌（Single Pot Still Irish Whiskey）。是由同一家蒸馏厂采用未发芽大麦和麦芽的混合物作为原料，在壶式蒸馏器中进行蒸馏而成的威士忌。此种风格的威士忌在历史上曾被称作纯壶式威士忌（Pure Pot Still）和爱尔兰壶式蒸馏威士忌（Irish Pot Still Whiskey）。

（3）爱尔兰谷物威士忌（Grain Irish Whiskey）。是指用不超过 30% 的麦芽混合玉米、小麦或大麦等谷物为原料，在柱式蒸馏器或科菲蒸馏器中进行蒸馏而成的威士忌。爱尔兰谷物威士忌口感更为清淡，大多用来酿造调和威士忌。

（4）爱尔兰调和威士忌（Blended Irish Whisky）。是由爱尔兰单一麦芽威士忌、爱尔兰单一壶式蒸馏威士忌和爱尔兰谷物威士忌中的两种或两种以上的威士忌调配而成。

（三）美国

1. 美国威士忌的含义

美国威士忌是指以谷物为原料，蒸馏到酒精含量低于 95%，用水勾兑将酒精度降至 62.5% 后在橡木桶种陈年 2~4 年，装瓶时酒精含量不低于 40% 的威士忌。

2. 美国威士忌的历史与发展

美国蒸馏酒的历史可以追溯到英国人正式开拓美洲殖民地后不久，即 17 世纪的初期。1620 年，103 名英国清教徒乘坐“五月花”号船到达马萨诸塞州科德角时，船上就装有酒。这些移民们用水果和谷物等造酒。最初的蒸馏酒并不是使用谷物，而是蒸馏以水果等为原料的白兰地（苹果白兰地）或者以加勒比海群岛制造砂糖的副产品糖蜜为原料的朗姆酒。

1808 年，谷物酒取代朗姆酒开始成为主体。当时，由于谷物有了剩余，再加上其他原因，以谷物为原料的酿酒业便在宾夕法尼亚一带发展了起来。爱尔兰或苏格兰的殖民者将蒸馏技术带到了美洲，并于 18 世纪开始在宾夕法尼亚等地种植黑麦，酿造黑麦威士忌。

1783 年，美国取得独立战争的胜利之后，力图重建经济的政府对威士忌强行征税，从而引发了历史上有名的“威士忌暴乱”，由于军队的介入，暴乱被平息。随着威士忌暴乱被镇压，很多反叛者为躲避追捕便沿俄亥俄河顺流而下，转移到宾夕法尼亚的偏僻地区及更为西部的肯塔基州、印第安纳州、田纳西州等地。在此之前，宾夕法尼亚等东部各州制造的威士忌，主要是使用黑麦或大麦。后来酿造者发现在肯塔基州种植玉米更为适宜，于是便开始把玉米作为威士忌的原料。

1785 年，住在乔治敦（当时还是弗吉尼亚的一部分）的浸信会传教士以利亚·克雷格（Elijah Craig）通过对玉米威士忌进行陈酿而酿制成著名的波本威士忌。以利亚·克雷格建立了“天堂山酿酒厂”，以“发明者”来命名生产的波本威士忌。

1795 年，杰卡布·贝亚姆（Jacob Beam）卖出了第一桶“老杰克贝亚姆”威士忌。此后，家族威士忌产业一直传承经营下去，到如今，由家族第 7 代费雷德·诺伊（Fred Noe）掌管，生产著名的占边波本威士忌（Jim Beam）。

1797 年，乔治·华盛顿完成他的第二个总统任期后退休回到弗农山庄，并成立了一家酿酒厂，交由苏格兰人詹姆斯·安德森（James Anderson）打理。弗农山庄在 1798 年出售了 11000 加仑威士忌，成为美国销量第一的酿酒厂。不过，1799 年华盛顿去世后，酿酒厂的生意日渐衰败。

1823 年，詹姆斯·克罗博士（Dr. James C. Crow）在帕博的酿酒厂通过回收部分酵母（酸醪）投放在第二次发酵中的方法酿造出了酸麦芽威士忌，彻底改变了传统波本威士忌和田纳西州波本威士忌的酿造工艺。酸醪（Sour mash）是在威士忌原料正在进行发酵阶段时加入一些已经去除酒精成分的啤酒。这种制造方式所产生的酸性物质能有效抑制威士忌在制造过程中的细菌成长，减少威士忌被污染的可能性。

1865 年，南北战争结束后，北部资本进入了南部，美国经济急速发展。威士忌的制造也开始使用连续式蒸馏机，产量急剧提高。杰克丹尼（Jack Daniel）、劳伦斯堡（Lawrenceburg）、斯蒂泽（Stitzel）等知名企业均是此时创立的。

1920 年美国颁布禁酒令，禁酒令实施期间，由于酿酒商是在月光下进行秘密制造，所以当时人们把秘密酿酒商称为“Moonshiner”，把秘密制造的酒称为“Moonshine”。禁酒令废除后，第二次世界大战爆发，美国酿酒业彻底停滞。战争结束后，因本土消费者口味的变化，美国威士忌开始了漫长的复兴之路。

现如今，黑麦威士忌已经卷土重来，而波本威士忌也忙着推陈出新。手工蒸馏

开始风靡，美国各地都有人制造波本、玉米威士忌、黑麦威士忌和小麦威士忌。此外，蜂蜜、樱桃、姜、辛香料等各种口味的威士忌都在创造着新的市场，各式的怀旧口味也开始大放异彩。

3. 美国威士忌的类型

（1）纯威士忌（Straight Whisky）。纯威士忌是指酒精含量在 80% 以下，除了玉米威士忌之外，均用内侧被烤焦的白橡木新桶最低储藏两年的威士忌。纯威士忌占美国威士忌总产量的一半左右，基本上都是纯波旁威士忌。

①纯波旁威士忌（Straight Bourbon Whisky）。波旁来自法语的 Maison de Bourbon（波旁王朝）。18 世纪，法国在殖民地的问题上与英国相对立，成为美国独立战争的导火线。此时，法国国王路易十六支持美国的独立派，并参加了对英战争。独立后的美利坚合众国为了对这种支援表示感谢，将路易王朝波旁家族的名字作为地名在肯塔基州设立了波旁县，并且作为一种威士忌的名称流传至今。

1964 年《美联邦酒精法》规定纯波旁威士忌需使用 51% 以上玉米为原料（使用量为 80% 以上时，为玉米威士忌），蒸馏后酒精浓度低于 80%，且用水勾兑至 62.5% 以下存放在内侧烧焦的白橡木新桶最低陈年两年以上，出售时酒精浓度不低于 40%。

此外，有些威士忌在标签上有时标有“保税瓶装酒”（Bottled in Bond）或“保税”（Bonded）的字样。根据 1894 年美国的《瓶装酒保税法》规定，保税威士忌通常是波本或黑麦威士忌，是在美国政府监督下由同一个酒厂酿制而成，但政府不保证它的质量，只要求至少陈年 4 年，装瓶时酒精浓度为 50% 的威士忌。

纯波旁威士忌的制造方法是将玉米和其他的谷物粉碎，加入流经石灰岩层的水，然后，再掺入麦芽制成酒的原液。在原液中添加酵母使之发酵，发酵后便形成了酒精含量为 8%~10% 的发酵液，这种方法被称为“甜浆法”。此外还有一种由詹姆斯·克罗博士发明的酸醪法，首先在酵母培养的初期，使其产生乳酸菌，降低 pH 值控制杂菌的繁殖，其次是在糖化的时候，添加去除酒精的发酵液抑制威士忌在制造过程中的细菌成长，减少威士忌被污染的可能。甜浆法和酸醪法均能使威士忌的口味变得均匀，并增加浓厚感。首先在连续式蒸馏器中进行蒸馏，然后在改良版的铜壶蒸馏器中进行第二次蒸馏。一般是按 64%~70% 低度数标准进行蒸馏，以保留更多的物质成分，从而产生浓郁的香气。陈年时，放入内侧充分烧焦的白橡木新桶进行，产生稍微发红的独特色泽。大约 80% 的纯波旁威士忌是在肯塔基州生产，此外，印第安纳州的产量也较多。

②田纳西威士忌（Tennessee Whisky）。田纳西州制造的威士忌，在法律上仍称为纯波旁威士忌。但由于制造方法和风味均不相同，所以用这一名称命名。田纳西威士忌的酿造过程是：将刚刚蒸馏过的纯波旁威士忌的原酒在熟成前装入 3.6 米深的过滤桶内，之后进行木炭过滤（Charcoal Mellowing）。滤层是用粉碎后的糖枫树木炭制成的，通过长时间过滤，一方面去除杂醇油，另一方面为酒液增加糖枫木炭自身的风味。这种工序被称为林肯郡处理法（Lincoln County Process）。

③纯黑麦威士忌（Straight Rey Whisky）。美国威士忌的历史，始于东部宾夕法尼亚州用黑麦做主要原料制造的威士忌。黑麦威士忌比波旁威士忌的历史更为悠久，且具有更浓烈的香味和独特的炭香味。其制法是以含有 51 % 以上的黑麦为原料，使蒸馏液酒精含量在 80% 以下，用内侧烧焦的橡木新桶熟成两年以上，其制造工艺基本上与波旁威士忌相同。

④纯玉米威士忌（Straight Corn Whisky）。纯玉米威士忌的原料中所用玉米含量为 80% 以上。陈年时，使用旧橡木桶或内侧未烤焦的新桶。纯玉米威士忌的玉米特性更加显著，口感较波本威士忌柔和。

（2）混合型纯威士忌（Blended Straight Whisky）。是使用上述纯威士忌的酒混合而成的威士忌。

（3）调和型威士忌（Blended Whisky）。原为加拿大开发的一种酒，在美国禁酒法颁布后，扩展到美国市场。此类威士忌是使用 20% 的纯威士忌与 80% 的其他类型威士忌或酒类饮料混合而成。

（4）柔和型威士忌（Light Whisky）。即酒精含量在 80%~95%，使用旧橡木桶陈年的威士忌。调和型柔和威士忌（Blended Light Whisky）是指在柔和型威士忌中加入 20% 以下的纯威士忌。

（四）加拿大

1. 加拿大威士忌的含义

加拿大威士忌指以谷物为原料，加入酵母进行发酵，在加拿大进行蒸馏，并装入小橡木桶中陈年 3 年以上才可以销售的蒸馏酒。加拿大威士忌一般先用连续式蒸

馏制造出来的谷物威士忌做为主体，再以壶式蒸馏器制造出来的黑麦威士忌增添其风味与颜色。

2. 加拿大威士忌的历史与发展

加拿大制造威士忌是在美国独立战争之后。对独立抱有反对态度的英裔农民移居加拿大，并开始种植谷物。随着魁北克和蒙特利尔的谷物生产过剩，面粉业开始发展起来。一些企业则从面粉业转向了蒸馏酒制造业。

19 世纪后半期，由于采用了连续式蒸馏机和大量使用玉米，加拿大逐渐从生产以黑麦为原料的烈性威士忌转向生产柔和型的威士忌。进入 20 世纪之后，加拿大威士忌开始飞跃发展，最初是在多伦多、蒙特利尔和渥太华等大城市的主要道路旁及伊利湖、安大略湖、圣劳伦斯运河沿岸建立了蒸馏所。此后，由于美国颁布禁酒令，这些地方起到了美国威士忌仓库的作用。禁酒令废除后，美国的威士忌也没能立即进入市场，加拿大威士忌却抓住时机进入美国市场，确立了在美国的威士忌市场地位。加拿大威士忌是加拿大制造的威士忌总称，在世界五大威士忌系列中最为爽口和温和。

3. 加拿大威士忌的类型

（1）调味威士忌（Flavoring Whisky）。调味威士忌以黑麦为主要原料，再加入玉米或大麦芽进行发酵，用连续式蒸馏机进行蒸馏。再用壶式蒸馏器或者单柱式连续蒸馏器蒸馏，制成酒精含量为 84% 的香味强烈的威士忌原酒。

（2）基酒威士忌（Base Whisky）。基酒威士忌以玉米为主要原料，加入少量的大麦芽进行糖化、发酵，用三柱式以上的连续式蒸馏器蒸馏获得酒精含量达 94%~95% 的酒液。基酒威士忌与谷物威士忌一样，特殊酒味较少，香味也弱。将调味威士忌和基酒威士忌装入 180 升以下的小桶中进行熟成之后，使其混合。

（3）加拿大调和型威士忌（Blended Canadian Whisky）。是用调味威士忌和基酒威士忌进行兑和，再加水而成的加拿大威士忌，口感润滑，清爽明快。

（4）加拿大黑麦威士忌（Rye Canadian Whisky）。是指用黑麦比例 51% 以上的调味威士忌和基酒威士忌进行兑和而成的威士忌，酒标上通常会注明黑麦威士忌。

（五）日本

1. 日本威士忌的含义

日本威士忌仿照苏格兰型威士忌，但与苏格兰威士忌相比，其香味中烟味较少，各种味道调制得较为均衡，酒质浓重，口感温和细腻。日本的威士忌是用威士忌原酒混入烈性酒制成的。

2. 日本威士忌的历史与发展

1872 年，岩仓使节团从西方带回一箱老伯威士忌（Old Parr），自此拉开了日本酿造威士忌的序幕。在后来的数年间，日本人仿造出了很多洋酒。1899 年，鸟井信治郎（ShinjiroTorii）创办了葡萄酒商店“寿屋”，随着售卖烈酒的成功，便有了兴建一座日本本土酒厂的想法。于是，鸟井信治郎与竹鹤政孝（Masataka Taketsuru）共同创建了山崎酒厂（Yamazaki），竹鹤政孝曾于 1918 年赴格拉斯哥（Glasgow）学习过威士忌蒸馏技术，又分别在赫佐本（Hazelburn）和朗摩（Longmorn）酒厂当过学徒，非常了解苏格兰威士忌的酿造工艺。

鸟井信治郎认为，在日本酿造威士忌应该有所改变，适应日本的条件和文化，竹鹤政孝则要坚持沿用苏格兰的制作方法，还要追求苏格兰风味的口感。两个人的矛盾无法调和，于是鸟井信治郎创办了三得利公司，竹鹤政孝创办日果公司，两个公司后来成了日本威士忌界的两大支柱。

日本工匠不断追求威士忌本土化，他们不仅严格遵循威士忌的基本酿造工艺，同时也更注重根据实际情况的需要，运用高科技手段加以调整、改进，让威士忌融入更多的日本风格。品尝日本威士忌，从某种意义上说，是在感受他们的文化以及他们对于威士忌的定义——一天辛苦劳作后的犒赏。

日本威士忌并不一定都很清淡，但香气却都很纯净，非常好分辨。日本威士忌没有苏格兰威士忌的麦芽香味明显，甚至可以说有点缺失，这与使用具有强烈特殊气味的日本橡木桶有关。日本橡木又称水楢（Mizunara），主要生长在北海道，数量非常稀少。日本水楢桶威士忌非常有名，其风味非常独特，因富含内脂，主要呈现檀香、沉香等古老的东方木质香料的味道。此外，日本橡木能够赋予酒液椰子风味，有时候甚至是柑橘类水果的果味。

日本威士忌非常关注风味的集中度，日本人将“涩”（Shibusa）这种强烈而独特的本性作为基本原则，其核心在于朴实简单且深刻自然。日本威士忌在威士忌历史长河中也许会是昙花一现。目前，三得利、日果和规模很小的秩父（Chichibu）都在大量出口威士忌，轻井泽（Karuizawa）和羽生（Hanyu）的库存很快就会消耗殆尽。明石（Eigashima）酒厂生产威士忌的次数极少，一年只运营 2 个月，富士

御殿场（Gotemba）即使是在日本本土的威士忌市场上也极为罕见，信州（Mars）也只是最近才开始重视威士忌，冈山县（Okayama Prefecture）最近仅新开了一家酒厂。在全球威士忌市场迅猛发展的趋势下，日本威士忌如果不能有新的突破和发展，就可能被市场放弃。

相关链接

威士忌风味物质

1. 谷物

谷物的风味来自发酵和蒸馏，是品尝威士忌时味道的主要成分。麦芽威士忌比较甜美，并带有坚果和温热的谷物气息；玉米会散发出甜味和玉米味；黑麦有些苦，带有草药、青草和薄荷的味道。

2. 酯类物质

酯类物质是一种带有水果香味的发酵副产品，并可进入蒸馏阶段。不同的酯类物质带有不同的香味（乙酸异戊酯有香蕉的香气，而已酸乙酯闻起来像苹果），回流度以及馏分方式决定了最终酒液中含有多少酯类物质。酒液存放在木桶中，木质素的分解也会生成酯类物质，且会生成更多的香气。例如，丁香酸乙酯有烟草和无花果的味道，阿魏酸乙酯有辛辣的肉桂味，香草酸乙酯则会散发出烟熏和烧焦的气味。

3. 内酯

内酯是橡木中的成分，在陈年过程中进入威士忌。波本威士忌贮藏在全新的橡木桶中，比贮藏在旧木桶中陈年的威士忌含有更多的内酯。威士忌中含有两种橡木内酯的同分异构物：顺式内酯赋予威士忌甜美的香草椰子味，而反式内酯则生成一种丁香和椰子混合起来的辛香味，但此种风味相对较弱。

4. 酚类物质

酚类物质是泥煤烟熏麦芽中的主要烟熏味物质，以百万分率（ppm）对其进行测量和监测。依据发酵和蒸馏工艺不同，酚类物质的使用情况也各不相同。

5. 酒精

酒液中的主要成分是酒精，品尝起来会有点甜味。

6. 水杨酸甲酯

在某些白橡木中存在少量的水杨酸甲酯，它会赋予年轻的威士忌薄荷香气。

7. 香草醛

橡木能以多种方式生成香草醛，其中之一就是木质素的分解。香草醛散发出来的香草气息在波本威士忌中最为显著。

8. 乙醛

乙醛具有花香、柠檬味、咖啡香或溶剂味，它还能与橡木中的木质素发生作用，生成酯类物质。

情景训练

干邑的品鉴

今天你作为酒吧主调酒师，客人点了一杯 Whisky On The Rock，请向客人介绍该饮用方法的来历，并介绍威士忌的其他饮用方法。

复习题

一、单选题

1.（　）地区的威士忌气味具有特殊的烟熏味道。

A. 苏格兰　　B. 爱尔兰　　C. 美国　　D. 日本

2. 美国波本威士忌的原料配比中，玉米至少占原料用量的（　）。

A. 80%　　B. 75%　　C. 51%　　D. 49%

3. 苏格兰（　）气候温和，是种植大麦的理想地区。

A. 高地　　B. 低地　　C. 斯佩塞　　D. 艾雷岛

4. 加拿大威士忌需要装入小橡木桶中陈年（ ）年以上才可以销售的蒸馏酒。

A. 1　　B. 2　　C. 3　　D. 4

5. 爱尔兰单一麦芽威士忌是由同一家蒸馏厂以 100% 麦芽为原料，在壶式蒸馏器中经过（ ）次蒸馏而成的威士忌。

A. 1　　B. 2　　C. 3　　D. 4

二、多选题

1. 下列属于苏格兰威士忌产区的是（ ）。

A. 艾雷岛　　B. 高地　　C. 图拉多　　D. 低地

E. 田纳西州

2.（ ）公司是日本威士忌界的两大支柱。

A. 轻井泽（Karuizawa）　　B. 三得利（Suntory）

C. 羽生（Hanyu）　　D. 明石（Eigashima）

E. 日果（Nikka）

3. 下列属于美国纯威士忌类型的是（ ）。

A. 纯波旁威士忌　　B. 基酒威士忌　　C. 田纳西威士忌　　D. 纯黑麦威士忌

E. 纯玉米威士忌

4. 下列属于加拿大威士忌类型的是（ ）。

A. 调味威士忌　　B. 基酒威士忌

C. 田纳西威士忌　　D. 单一麦芽威士忌

E. 纯玉米威士忌

5. 世界上的五大威士忌生产国是（ ）。

A. 苏格兰　　B. 爱尔兰　　C. 美国　　D. 加拿大

E. 日本

任务三　金　酒

知识准备

随着社会的发展，金酒由最初的药用目的逐渐变为受欢迎的饮料，繁衍出众多世界闻名的鸡尾酒，因此也被称为鸡尾酒的心脏。

一、金酒的含义

金酒又称杜松子酒，是以谷物为原料，经过糖化、发酵、蒸馏之后，再同植物的根茎及香料一起进行再蒸馏制成的酒。欧盟关于烈酒的规定中，金酒的酒精含量应不低于37.5%。金酒是无色透明的，有清新的香味和柔润的口感，并且味道辛辣。广义上的金酒，无色透明，带有甜味，非常易饮，添加了水果的香味和色素，与利口酒类似。

二、金酒的起源与发展

金酒起源于1660年荷兰莱顿大学希尔维斯博士（Dr. Sylvius）制造的药用酒。为了研制出能医治殖民地流行的高热病的特效药，他将当时被认为有利尿效果的杜松子（Juniper Berry）浸渍于酒精当中进行蒸馏，以此来制造利尿剂，并用杜松子的法语名称Genievre作为这种药的名称在市场上销售。

当时，人们饮用蒸馏酒的习惯正在逐渐形成，但由于多是用单式蒸馏机制造的酒，所以杂味很重的酒充斥于市。具有杜松子清新香味的药酒一经面市便被广泛饮用起来，名称也被改为荷兰语 Genever。

1689 年，玛莉女王的丈夫荷兰国王威廉三世被称为英国国王的时候，饮用杜松子酒的习惯也在英国传播开来。尤其在伦敦达到了狂热的程度，而且酒的名称也被更改，由原来的 Genievre 变成了 Gin。威廉三世是金酒的爱好者，他因为当时英—荷联合王国跟法国之间的战争，下令抵制法国进口的葡萄酒与白兰地，并且开放了使用英格兰本土的谷物制造烈酒的许可，该立法为金酒量身定制了一个非常有利的环境，于是英国自此成为最重要的金酒生产国，甚至超越了发源地的荷兰。

进入 19 世纪后，随着连续式蒸馏器的改良，英国的金酒也开始利用这种蒸馏器进行制造，质量发生了极大的变化，成为一种没有刺激性怪味、风味柔和、细腻优雅的酒。从此之后，英国的金酒就被称为"不列颠金酒"，或者加上主产地的名称而叫作"伦敦金酒"。

在中国，金酒最早是 20 世纪 30 年代（1938 年）在北京生产出来的，其生产者是法国传教士。1910 年法国传教士们在北京阜成门外 1 千米处创办了北京上义葡萄酒厂。该厂的生产管理、技术工艺由法国人吉善执掌，酒厂与教堂共占地近百亩，厂内有葡萄园几十亩，建有工房、地下储酒室，地上与地下有发酵储酒水泥池 16 个，橡木桶 500 余个，有破碎机、压榨机、蒸馏塔、香槟机等设备。教会还在颐和园以北黑山扈村前山和后山（现 309 医院）建立了占地 700 亩的葡萄园，引进法国葡萄品种福勒多、塞必尔、法国兰等十余个品种。上义葡萄酒厂酿的酒供应全国传教做弥撒用酒，同时外销全国各大教堂、租界、饭店、使馆、西餐馆等。上义葡萄酒厂采用的杜松子是从北京西山八大处一带松树上采集而来，其叶有两鬣、五鬣、七鬣，年岁久了就结很多果实。

上义葡萄酒厂制造金酒的方法是将杜松子浸泡蒸馏制取天然香料，只取其香、不取其色的方法。该厂将杜松子筛选后，经粉碎浸入处理好的酒精中，在常温下浸泡 4 个月，定期搅拌，然后蒸馏。酒厂用铜板自制了壶式蒸馏锅，直火蒸馏，蒸发面积大，锅上安装简单回流器，回流器又连接一个蛇流冷却管，冷却后得香料。冷却管上面安装冷却头，这样有助于将浸液中难溶部分或不易挥发物质带入馏液之中，相应地提高了馏液成分的含量，更加突出杜松子的风味特征。蒸馏时严格控制酒头、酒尾，中流酒分段择取，最后将酒头、酒尾进行二次蒸馏，从而使酒质纯净、味道醇厚、回味无穷，有细腻和谐感。最后再与处理好的酒精调兑而成，贮存期6个月，装瓶销售。该酒当时受到了洋酒行业的欢迎，解决了金酒进口的问题，并很快成为北京饭店、六国饭店调制鸡尾酒的主要产品。

金酒销售最盛时期在1946年，尤其在来华美国人中极为畅销，有的还被带回美国饮用。同时上义葡萄酒厂生产的金酒香料也受到各地酒厂的欢迎，如北京苗记酒厂、北京张蔚酒厂、天津利达酒厂等，纷纷来厂购买，金酒的应用从此日趋广泛。

目前，世界各国都在制造金酒，然而绝大多数是伦敦金酒型的干金酒。除此之外，传到美国的金酒作为鸡尾酒的基酒而名声大振，在全世界都享有盛誉。“金酒，荷兰人使之诞生，英国人使之提高，美国人使之兴盛”，这句话恰当地描述了金酒发展的历史。

相关链接

中国精酿金酒

在全球其他许多国家，金酒也早已成为市场的宠儿，精酿金酒在其中起到了不可忽视的作用，因为消费者对烈酒的原产地和多元性越来越感兴趣。我国的本土品牌也在金酒市场上大放异彩。

1. 巷贩小酒（Peddlers Gin）

巷贩小酒是中国精酿金酒界的开路先锋，用到了多种东方特色植物，包括佛手和花椒。刚起步的时候，每批次的产量只有20瓶左右，但现在不仅在上海打开了市场，还开始进军北京、深圳等多个城市。巷贩小酒品牌的灵感源自上海的地下文化，展示这座城市表面下蕴藏的无限创意。

2. 龙之血金酒（Dragons Blood Gin）

龙之血金酒产自位于内蒙古东南部的赤峰市。创始人兼酿酒师Daniel Brooker是一位有着17年从业经验的大厨，目前担任广州圣丰索菲特大酒店的行政主厨。小时候他就经常给祖母做金汤力，一直梦想着酿造自己的金酒。他跑遍了全中国的家族农场，寻找其配方中所需的水果、药草和香料，包括云南手摘金

色玫瑰花蕾和内蒙古雪山野椒。此外，他还在酒厂周边栽种了一部分植物原料。

龙之血金酒是一种具有独特玫瑰花香和果香味的手工制作杜松子酒，酒液呈独特的血红色，只使用本土和进口的最好的草本植物和香辛料制成，包括野生杜松子、云南金边玫瑰、柚皮、罗勒、橘皮、内蒙古野生山花椒等。它的制作过程非常具有技术含量，首先需要将谷物和这些原材料一起发酵与蒸馏，再将原液经过低温双次过滤，将花香和果香佐以平衡，具备完美的红宝石色泽。

3. 红潘格林金酒（Crimson Pangolin）

红潘格林金酒产于湖南，是湖南高朗烈酒有限公司旗下的一款极具中国风味的金酒，琥珀色的酒体散发着淡淡的清香。这款体现中国味道的金酒所有原料都是在中国大陆境内种植、采购的，它以云南小麦为主料，辅以山东杜松子、海南柠檬、南方的蓝蝴蝶花茶、莲藕干和茉莉花茶浸泡而成。该酒未使用冷凝过滤工艺，因此当添加冰块或汤力水时会出现珠光烟雾效果。这是由于一个叫作“loucheing”的乳化过程。这个过程当中含有相当高比例的植物提取物和精油，能够创造丰富、立体的味道。

三、金酒的类型

（一）伦敦干金酒（London Dry Gin）

干金酒的主要原料是玉米、大麦芽，但有时也使用黑麦等原料。将这些原料发酵后，用连续式蒸馏机制成谷物烈性酒，蒸馏后的酒精度不低于 70%。

这种烈性酒与杜松子及其他植物的根茎及香料一起再次进行蒸馏。这种蒸馏有两种方法：一是将植物的根茎及香料掺和到烈性酒之中，用单式蒸馏器蒸馏；二是在单式蒸馏机上部安装一个被称为“金酒头罩”的上下用金属网制造的圆筒，圆筒中放入植物的根茎及香料，蒸馏出来的金酒蒸气通过时，将其香气成分一起提取出来的方法。

增加香味所用的植物的根茎及香料，除了杜松子之外，还有胡荽、大茴香、小豆蔻等的种子，以及当归、甘草、菖蒲等的根，还有柠檬、橘子皮和肉桂树皮等。详细的配方属于各制造厂家的技术秘密，这些技术秘密的差异就形成了每个品牌风味的差异。但从整体上来看，伦敦干金酒是一种有着浓厚清香气味，非常柔和圆润的蒸馏酒。

（二）荷兰金酒（Holland's Genever）

荷兰金酒使用单式蒸馏器进行蒸馏。荷兰金酒的主要原料是大麦芽、玉米、黑麦，将上述原料混合后进行发酵。由于大麦芽的使用量比干金酒更多，所以，成品酒中有麦芽香味。将原料谷物糖化、发酵之后，用单式蒸馏器进行 2~3 次蒸馏，然后在蒸馏液中加入杜松子和其他草根树皮类，再用单式蒸馏器进行蒸馏。这样制成的酒具有浓厚的香味，酒质稍稍浓烈并残留有麦芽香。因此，一般不将此酒作为鸡尾酒的基酒，主要用于直接饮用。荷兰金酒主要有两类：Old（Oude）Genever 和 Young（Jonge）Genever，不过这里的“年轻”跟“老”与陈年无关，而是指蒸馏过程中麦芽酒的含量。

（三）老汤姆金酒（Old Tom Gin）

老汤姆金酒是在伦敦干金酒中加入 2% 的砂糖，使其增加甜味的金酒。生产方法与伦敦干金酒相同。18 世纪时，伦敦设置了猫型金酒贩卖机，人们将硬币投入猫的口中后，甜金酒就从猫脚中流出来了，由于此猫叫作汤姆 · 卡特，所以这种金酒就被称为“老汤姆金酒”。

（四）风味金酒（Flavored Gin）

风味金酒是在制取了与干金酒的基酒相同的谷物烈性酒之后，用水果或特殊的香草等来增加香味，通过加糖使其接近利口酒的口味。例如，黑刺李金酒（Sole Gin）、柠檬金酒（Lemon Gin）、橘子金酒（Orange Gin）、薄荷金酒（Mint Gin）、生姜金酒（Ginger Gin）等。

（五）普利茅斯金酒（Plymouth Gin）

普利茅斯金酒是拥有欧盟地理保护的金酒类型，它必须产自英格兰南部海岸的普利茅斯。风味没有伦敦干型金酒那么干，因为香料配方中往往含有更多植物根茎成分，带来更多土壤气息。由于当初金酒是海员由欧陆本土传至英国，因此身为金

酒第一个登陆的重要海港，普利茅斯金酒只使用带有甜味的药用植物作为素材，其杜松子的气味并不似伦敦金酒般明显。

思考题

不同类型金酒的生产工艺有哪些区别？

情景训练

今天的你作为酒吧经理，制订一份金酒的培训计划，选择五款金酒，包含一款国产金酒，制作培训课件，培训新入职的员工。

复习题

单选题

1.（　）被称为鸡尾酒的心脏。

A. 白兰地　B. 威士忌　C. 伏特加　D. 金酒

2. 老汤姆金酒是在伦敦干金酒中加入（　）的砂糖，使其增加甜味的金酒。

A. 1%　B. 2%　C.3%　D. 4%

3. 海军浓度金酒的最低酒精浓度为，酒的名字来自英国皇家海军（British Royal Navy）。

A.37.5%　B. 40%　C. 57%　D. 70%

4. 下列不属于风味金酒的是（　）。

A. 伦敦干金酒　B. 柠檬金酒　C. 橘子金酒　D. 薄荷金酒

5. 我国金酒的生产开始于（　）。

A.19 世纪 60 年代　B. 19 世纪 80 年代

C. 20 世纪 30 年代　D. 20 世纪 60 年代

任务四　伏特加

知识准备

伏特加是最清澈的酒精饮料，但这种清澈不是与生俱来的，它是自身独特演化的结果。其他酒精饮料的发展方向是口感复杂，寻找最佳的贮藏条件和理想酒龄，而伏特加则是追求清澈和精致。

一、伏特加的含义

伏特加酒主要以谷物为原料，通过糖化、发酵和蒸馏，再用白桦木制成的木炭过滤而成的一种没有特殊刺激性气味的中性酒。伏特加酒除了酒精之外，剩下的几乎都是水。市面上品质较好的伏特加一般是经过三重蒸馏。在蒸馏过程中除水和乙醇外，会加入马铃薯、糖浆及黑麦或小麦，如果是制作风味伏特加会加入适量的调味料。

二、伏特加的历史与发展

伏特加的酿造时间有两种说法：一种是从 12 世纪开始，作为俄罗斯的一种本地酒在农民中被广泛饮用；另一种说法是 11 世纪时波兰便有了伏特加的存在。无论是哪种说法，在 12 世纪前后的东欧大地上已经有了伏特加酒。这样看来，它比

威士忌和白兰地的历史更为久远，也许是欧洲最先出现的蒸馏酒。

伏特加一词的首次记载可以在1405~1537年的波兰法院文件中找到，并且在当时一些医学和化妆品的文件中也有提及。到了17世纪，波兰庄园的酿酒厂开始用木炭过滤水，波兰和俄罗斯顶级伏特加制造商也开始3~4次蒸馏烈酒。

17~18世纪的伏特加主要是用黑麦制成的，但从18世纪后半叶开始，玉米和马铃薯也被用来制酒。1780年，圣彼得堡的药剂师西奥多·洛维兹（Theodore Lowitz）发明了活性炭过滤系统，从而使伏特加更加纯净。19世纪初连续式蒸馏器被发明出来，使伏特加纯净度得到了极大的提升。尽管质量有所提高，但直到第二次世界大战结束前，伏特加一直是斯堪的纳维亚和东欧的特产。

1917年俄国革命发生后，伏特加传到了西欧各国。西欧的伏特加始于逃亡的白俄罗斯人乌拉吉米尔·斯米诺夫（Vladimir Smirnoff）在巴黎的小规模生产。20世纪50年代，伏特加开始在美国流行起来。禁酒令颁布后，美国人的口味有了很大的改观，伏特加干净、纯正的味道与美国战后的保守主义相吻合。直到20世纪80年代，伏特加才真正流行起来。由于伏特加具有中性酒的典型特点，作为鸡尾酒的基酒非常理想，并在世界范围内被广泛应用。

相关链接

早期伏特加的基本成分

最早的俄国伏特加是利用制作面包的剩余物发酵成原汁啤酒，蒸馏后会变得色泽浑浊，故被称为Zeleno Vino，也就是不成熟且酸度较高的酒，酒精含最为30%。之后，随着工艺技术的发展进步，黑麦和其他谷物成为替代原料。波兰伏特加的主要原料是黑麦，但有时候也会用大麦、小麦或是燕麦。波兰生产伏特加得益于拥有大量的谷物，其谷物价格相较别的欧洲国家来说更低。波兰还把过剩的谷物出口到荷兰、法国、苏格兰以及斯堪的纳维亚半岛。

寒冷的国家制造伏特加更具优势，其谷物的品质起了关键作用。过早来临的严酷而漫长的冬季，使谷物淀粉含量得到改善。

由于精馏技术的发展，到了19世纪，俄国和波兰有时还可以使用别的原料来制造伏特加，例如苹果。用苹果作为原料是因为谷物产量不足，或是因为人们发现将用苹果酿制的伏特加出口给欧洲国家，要比把它们储藏起来带来更大的利润。

三、伏特加的制造方法

伏特加的主要原料是玉米、大麦、小麦、黑麦等谷物。在北欧和俄罗斯的一部分寒冷地区，也有使用马铃薯作为原料的。将这些原料糖化、发酵后，用连续蒸馏机制成酒精含量为85%~96%的谷物烈性酒。然后用水勾兑至酒精含量40%~60%，再用白桦木木炭过滤制成成品。酒精含量为40%的伏特加占据主要地位。

决定伏特加特性的关键是如何制取基础烈酒以及如何恰到好处地进行白桦木木炭的过滤。白桦木木炭的过滤具有消除烈性酒的刺激成分、产生轻柔芳香的作用。木炭本身的会释放碱离子（Alkali Ion），促进酒精与水的结合，使酒的口感更加柔和。

有观点认为高酒精度的烈性酒原料上的差异不会对产品的质量带来太大的影响。因此，在美国即使原料不是谷物，只要将中性烈性酒（酒精含量达95%以上的蒸馏酒）通过活性炭等进行处理，消除其特性、香气、味道、色泽，都可以看成伏特加。

思考题

伏特加在制作鸡尾酒时有哪些优势？

四、伏特加的类型

（一）无风味伏特加（Unflavored Vodka）

无风味伏特加是指是以谷物、马铃薯等作为原料，经过蒸煮、糖化、发酵、蒸馏、过滤等工艺处理而得的烈性酒。无风味伏特加分为中性伏特加（Neutral Vodka）和特色伏特加（Characterful Vodka）。中性伏特加是指生产商使用多柱连续式蒸馏和多重炭过滤，仅有很轻风味的伏特加，如斯米诺夫（Smirnoff）伏特加。特色伏特加主要是指在生产过程中保留原材料特征。例如，小麦伏特加口感更加饱满而圆润，并且带有一丝茴芹风味；黑麦伏特加常带有甜味，口感更偏强劲，伴有淡淡香料味道；马铃薯伏特加带有奶油般的质感。

（二）风味伏特加（Flavored Vodka）

风味伏特加出现的最初原因是早期蒸馏技术不够成熟，导致伏特加的风味和质地都不够理想，为了弥补这种不足，酿酒师便在酒里加入水果、香料或药草来增加香气和调整味道，并且加入蜂蜜使酒的口感变得甜美圆润。

如今风味伏特加不再是掩盖味道的不足，风味的添加完全是出于人们的喜好。为迎合潮流和大众口味，市面上也越来越多的风味伏特加，加味的原料为药草、干果仁、浆果香料和水果等。波兰的风味伏特加非常有名，如利用波兰特有的野牛草调味而成的野牛草伏特加（Zubrowka Bison Grass Vodka）。

情景训练

今天的你作为酒吧经理，制订一份伏特加的培训计划，选择五款伏特加，包含一款非谷物原料的伏特加，制作培训课件，培训新入职的员工。

复习题

判断题

1. 中性伏特加是指生产商使用多柱连续式蒸馏和多重碳过滤，没有任何风味特征。(　　)

2. 1780 年，圣彼得堡的药剂师西奥多·洛维兹（Theodore Lowitz）发明了活性炭过滤系统，从而使伏特加更加纯净。(　　)

3. 伏特加的主要原料是玉米、葡萄、小麦、糖蜜等原料。(　　)

4. 特色伏特加（Characterful Vodka）主要是指在生产过程中保留原材料特征。(　　)

5. 决定伏特加特性的关键是如何制取基础烈酒以及如何恰到好处地进行糖枫木木炭的过滤。(　　)

任务五　白　酒

知识准备

中国白酒在工艺上比世界其他国家的蒸馏酒都要复杂，且全国各地的原料多种多样，酒的味道、香型也各有特色，在世界酿造业中独树一帜。白酒色泽清澈透明、洁白晶莹，香气馥郁芬芳、优雅细腻，深受人们喜爱，有着广阔的消费市场，在国民经济中占有十分重要的地位。

一、白酒的含义

（一）白酒的定义

根据我国 GB/T 17204—2008《饮料酒分类》的规定，白酒是指以粮谷为主要原料，用大曲、小曲或麸曲及酒母等为糖化发酵剂，经蒸煮、糖化、发酵、蒸馏而制成的蒸馏酒。

（二）白酒的原料

高粱、玉米、大米、糯米、大麦等是酿造中国白酒的主要原料。这些原料特点不同，酿成的酒品质、风味也各不相同，人们所说的“高粱香，玉米甜，大米净，大麦冲”十分简洁明了地描绘出了不同材料酿出白酒的不同风格。

1. 高粱

高粱是我国酿造白酒历史悠久的原料，特别是用高粱生产的大曲酒，深受我国人民的喜爱。高粱经蒸煮后疏松适度，熟而不黏，有利于固体发酵。高粱的皮壳含有少量单宁，经过蒸煮和发酵后，能给酒带来十分独特的风味。但如果含单宁量过多，会妨碍糖化和发酵并给成品酒带来苦涩味。

2. 玉米

玉米所含各种成分比较适宜，是很好的酸酒原料。我国很多地区使用玉米作为酿酒原料。玉米蒸煮后松而不黏，有利于固体发酵，但是玉米的胚芽中含有较多的脂肪，在发酵过程中其氧化物会使酒产生异味，使酒味不纯净。因此，用玉米酿酒时最好将胚芽去掉。

3. 大米

在我国南方地区多用大米为原料生产小曲米酒。大米质地纯净，无皮壳，蛋白质、脂肪含量较少，有利于缓慢地进行低温发酵。用大米生产的酒也较为纯净，并带有特殊的米香。因此，用大米生产的白酒又被称为米香型白酒。

4. 大麦

大麦因其淀粉含量低，蛋白质和脂肪含量较高，不利于酿造口味醇正的白酒。所以，酿酒工人通常用大麦作为制曲原料，而很少直接用大麦生产白酒。

5. 甘薯

甘薯也是常用的酿酒材料，人们通常把它晒成薯干，随时使用。薯干酿成的酒有十分明显的薯干味，此外，薯干含有较多的果胶质，容易生成甲醇，因此在利用薯干酿酒时必须对原料严格筛选，并在工艺上采取相应措施，以保证成品的纯净。

生产中国白酒除了使用上述材料外，还经常使用一些辅助材料和代用材料，如米糠、稻皮、谷糠以及一些野生植物等。

（三）酒曲的类型

酒曲又称曲，是用谷物制成的发酵剂、糖化剂或糖化发酵剂。酒曲中含有大量的微生物，除常见的酵母菌外，还含有能起糖化作用的黄曲霉菌、黑曲霉菌，以及既能起糖化作用又能起酒化作用的根霉菌和曲霉菌。用酒曲酿酒可以使糖化和酒化两个过程结合起来，即糖化和酒化交叉进行，这种酿造法称为“复式发酵法”。这是古人在酿酒工业中的伟大发明，对后世的酒类、酒精等的生产有着极其重大的影响。目前，我国酿造白酒的酒曲大致有以下几种。

1. 大曲

大曲的得名主要是其成品的形状像大砖块，故又称块曲，一般每块重1000~1500克。大曲制曲的主要原料是小麦、大麦、豌豆和黄豆等谷物。大曲采用自然繁殖生物的方法培制，在培曲过程中，原料、水、空气、工具等自然带入了各种微生物。因此，大曲含有丰富的微生物，其中主要是毛霉、根霉、酵母菌、曲霉和大量的杂菌、细菌，大曲还含有各种酶类和氨基酸等，它既是糖化剂，又是发酵剂。用大曲酿出的白酒具有独特的曲香和醇厚的口味。我国许多名优酒品，如茅台、泸州老窖特曲、洋河大曲、双沟大曲等都是用大曲酿制而成的。制曲过程中，根据控制曲胚的最高温度不同，大曲可分为以下三类：

高温曲。在制曲过程中最高温度为60~65℃，如茅香型大曲酒是用高温曲酿成的。

中温曲。在制曲过程中最高温度为50~60℃，如五粮液、泸州老窖等都是用中温曲酿成的。

低温曲。在制曲过程中最高温度为40~50℃，如汾酒是用低温曲酿成的。

2. 小曲

小曲是相对大曲而言，其体积小于大曲块。小曲形状各异，有圆形、方形，还有饼形。小曲在制曲过程中加入了各种药材，因此又称为药曲。小曲的主要制曲材料是米、米糠和小麦等。

小曲的菌种是自然选育培养的，其原料处理和配用药材都给菌种的繁殖提供了有利条件，再经过曲母接种，保证了其大量繁殖。小曲中的菌种有用于糖化的根霉、毛霉、黄曲霉、黑曲霉等，还有用于发酵的酵母菌。因此，在酿酒时，小曲兼有糖化和发酵双重作用。用小曲酿酒时，用曲量少，在气温较高的地区用小曲酿酒最为适宜，我国长江以南各省普遍采用小曲酿酒。用小曲酿成的酒香气清雅，口味醇甜。小曲种类较多，主要用来酿造黄酒，也可用来酿造白酒，如桂林三花酒、广东玉冰烧等都是用小曲酿成的。

3. 麸曲

麸曲是用麸皮制成的，故又称麸皮曲。由于生产的周期短，又称为快曲。麸曲是由人工培育的菌种（主要是曲霉）制成的糖化剂，酿酒时要加入酵母。麸曲菌种酿成的酒不及大曲酒香气浓郁，但选择正确可以提高出酒率。因此，一些酒厂用多种菌制成麸曲，使酒的风味接近大曲酒。用麸皮制曲还可以节约粮食，成本低廉，不受季节限制。

除上述三种酒曲外，还有酒糟曲、纤曲和液体曲等。

思考题

白酒的浓郁味道很难平衡，当使用味道浓郁的酒，如阿玛罗、香料甚至是苦艾酒时，会盖过白酒本身的微妙特质。思考一下，如何解决使用白酒调制鸡尾酒的难题。

二、白酒的历史与发展

关于中国白酒的起源，从古代起就有人开始关注，但历来都是众说纷纭，现今学界主要有三种观点。

第一种观点认为白酒初创于唐代。唐代是否已有白酒一直是人们关注的焦点，因为在唐代文献中“烧酒”“白酒”“蒸酒”之类的词就已经出现。赵希鹄在《调燮类编》中说，“烧酒醉不醒者，急用绿豆粉烫皮切片，将筋撬开口，用冷水送粉片下喉即安”，“生姜不可与烧酒同用。饮白酒生韭令人增病。饮白酒忌诸甜物”。田锡的《曲本草》中记载：“暹罗酒以烧酒复烧二次，入珍贵异香，其坛每个以檀香十数斤的烟熏令如漆，然后入酒，腊封，埋土中二三年绝去烧气取出用之。”李肇在《国史补》中记载：“酒则有乌程之若下，荥阳之土窑春，剑南之烧春。”

除了唐代的历史文献中有白酒起源的相关记载，“烧酒”“白酒”等词也常出现在唐代文人的诗句中。例如，白居易在《荔枝楼对酒》中曾有“荔枝新熟鸡冠色，烧酒初开琥珀香”的描述，雍陶在《到蜀后记途中经历》中也有“自到成都烧酒熟，不思身更入长安”的佳句。

由此可见，在唐代烧酒之名已经开始广泛流传了。以上引文中所说的“烧酒”“蒸酒”“白酒”是不是我们今天所说的白酒，单从名字来看还不可定论。有人认为我国民间长期沿袭把蒸酒称为烧锅，烧锅生产的酒即为烧酒。但白酒是否起源于唐代，论据尚欠充分，还需更加严谨、科学的考证。

第二种观点认为中国白酒产生于元代，此观点又有两种不同的看法。有部分学者认为白酒的酿造技术元代时从国外传入的。元代中国与西亚及东南亚往来频繁，在经济文化方面多有交流。章穆在《调疾饮食辨》中说：“烧酒又名火酒，《饮膳正要》曰‘阿刺古’，番语也，盖此酒本非古法，元末暹罗及荷兰等处人始传其法于中土。”也有学者认为：“烧酒原名‘阿刺奇’，元时征西欧，曾途经阿拉伯，将酿酒法传入中国。”

另外，忽思慧在《饮膳正要》中记载元朝饮膳太医提到一种“阿刺春”的酒是蒸馏酒。今人考证，“阿刺古”“阿刺奇”“阿刺春”皆为音译，是指用棕榈汁和稻米酿造的一种蒸馏酒，在元代传入中国。清代檀萃的《滇海虞衡志》中也说，“盖烧酒名酒露，元初传入中国，中国人无处不饮乎烧酒”。这些史料，除了说明我国烧酒创始于元代之外，还简略记述了烧酒的酿造蒸馏方法，因此有人认为可信度较大。

另一部分人认为白酒是元代人自己发明酿造出来的，并非国外传入。比较有利的证据是李时珍在《本草纲目》中的记载：“烧酒非古法也，自元时创始其法。用浓酒和糟入甑，蒸令气上，用器承取滴露。凡酸坏之酒皆可蒸烧。近时惟以糯米或黍或秫或大麦蒸熟，和曲酿瓮中七日，以甑蒸取，其清如水，味极浓烈，盖酒露也。”

第三种观点认为中国白酒产生于东汉或宋代。近年来，在上海博物馆发现了东汉时期的青铜蒸馏器，它由甑和釜两部分组成。著名考古学家马承源先生做了多次蒸馏实验，酿造出了酒精浓度平均20%左右的蒸馏酒。经鉴定，这件青铜器为东汉初至中期的器物，由此推断出在东汉时期就已出现了白酒。另外，在四川彭州、新都相继出土了东汉“酿酒”的画像砖，其图形为生产蒸馏酒作坊的场景，与四川传统蒸馏酒设备中的“天锅小甑”极为相似。但蒸馏酒起源于东汉的观点目前还没有被广泛接受，因为仅靠用途不明的蒸馏器很难说明问题。

关于白酒起源于宋代的观点，有以下几点证据。第一，南宋张世南的《游宦纪闻》卷五及吴惧的《丹房须知》中均有当时蒸馏器的记载或图形。第二，20 世纪 70 年代，考古工作者在河北青龙县发现了被认为是金世宗时期的铜质蒸馏烧锅。第三，宋代文献中有关于“烧酒”的记载。例如，南宋人宋慈的《洗冤录》卷四“急救方”下有记载“虺蝮伤人…令人口含米醋或烧酒，吮伤以吸拔其毒，随吮随吐，随换酒醋再吮，俟红淡肿消为度……”再如，北宋田锡在《曲本草》中说道，“暹罗酒以烧酒复烧二次……能饮之人，三四杯即醉，价值比常数十倍”。但是宋代几部主要的酿酒专著如朱肱的《北山酒经》、苏轼的《酒经》等及酒类百科全书《酒谱》，均未提到蒸馏的烧酒。如果蒸馏酒确实出现的话，普及速度应该是很快的。

● 相关链接

酒海

1. 酒海的含义

酒海作为白酒酿造工艺中出现的独特的储存容器，有近千年的历史。它是古人采用荆条或木材编织成大篓，内壁以血料、石灰等作为黏合剂，糊以上百层麻苟纸和白棉布，然后用蛋清、蜂蜡、熟菜籽油等以一定比例涂擦、晾干而成。特殊的血料工艺使得酒海“装酒滴酒不漏，装水挥失殆尽”。这种涂料的成分是一种可塑性的蛋白胶质盐，它能和酒精发生奇妙的反应，并形成一种半渗透的薄膜。每个酒海可储酒 5~8 吨，是世界酿酒行业传统储存单体最大的容器。

2. 酒海的作用

（1）老化酒体。与陶坛储存的功效一样，白酒贮存在酒海中发生的普通氧化还原反应、分子缔合反应、酯化反应等过程，维持了酒体独特的酸碱平衡，促进了乙醇和水分子的紧密结合，使酒的燥辣味减少，更加醇和。

（2）赋予香味。不同于陶坛贮存，由于酒海特殊的材质，从“酒海”溶解到酒中的独特香味成分对酒的风格也起到了一定的助香作用。酒海中的封蜡，给酒体带来独特的蜜香味，另外，酒海中的棉布和麻纸给贮存的酒体带来植物

的清香气息。这些酒海赋予的复合香味，丰富了白酒的香味，使之具有独特的气息，被称为酒海味。

（3）提亮酒色。酒海还会给酒体带来特殊的颜色，其贮存的酒，颜色偏黄，这种黄不像酱香型白酒如豆油般的黄，而是一种晶莹如蜡般的荧光黄。

酒海独特的材质，能够促进酒体老熟，赋予酒以酒海香，并提亮酒色。因酒海制作工艺复杂，成本过高，如今使酒海贮存工艺逐渐被边缘化，主要在西凤酒中能够见到，其他白酒则中比较少见。

三、白酒的类型

（一）按糖化发酵剂分类

1. 大曲酒

大曲酒是以大曲为糖化发酵剂酿制而成的白酒。

2. 小曲酒

小曲酒是以小曲为糖化发酵剂酿制而成的白酒。

3. 麸曲酒

麸曲酒是以麸曲为糖化剂，加酒母发酵酿制而成的白酒。

4. 混合曲酒

混合曲酒是以大曲、小曲或麸曲等为糖化发酵剂酿制而成的白酒，或以糖化酶为糖化剂，加酿酒酵母等发酵酿制而成的白酒。

（二）按生产工艺分类

1. 固态法白酒

固态法白酒是以粮谷为原料，采用固态（或半固态）糖化、发酵、蒸馏，经陈酿、勾兑而成的，未添加食用酒精及非白酒发酵产生的呈香呈味物质，具有本品固有风格特征的白酒。

2. 液态法白酒

液态法白酒是以含淀粉、糖类物质为原料，采用液态糖化、发酵、蒸馏所得的基酒（或食用酒精），可调香或串香，勾调而成的白酒。

3. 固液法白酒

固液法白酒是以固态法白酒（不低于 30%）、液态法白酒、食品添加剂勾调而成的白酒。

（三）按香型分类

1. 浓香型白酒

以粮谷为原料，经传统固态法发酵、蒸馏、陈酿、勾兑而成的，未添加食用酒精及非白酒发酵产生的呈香呈味物质，具有以己酸乙酯为主体复合香的白酒。如四川泸州老窖、五粮液、洋河大曲等。

2. 清香型白酒

以粮谷为原料，经传统固态法发酵、蒸馏、陈酿、勾兑而成的，未添加食用酒精及非白酒发酵产生的呈香呈味物质，具有以乙酸乙酯为主体复合香的白酒。如山西汾酒。

3. 米香型白酒

以大米等为原料，经传统半固态法发酵、蒸馏、陈酿、勾兑而成的，未添加食用酒精及非白酒发酵产生的呈香呈味物质，具有以乳酸乙酯、β－苯乙醇为主体复合香的白酒。如广西桂林三花酒、辽宁冰峪庄园大米原浆酒等。

4. 凤香型白酒

以粮谷为原料，经传统固态法发酵、蒸馏、酒海陈酿、勾兑而成的，未添加食用酒精及非白酒发酵产生的呈香呈味物质，具有乙酸乙酯和己酸乙酯为主的复合香气的白酒。如陕西西凤酒。

5. 豉香型白酒

以大米为原料，经蒸煮，用大酒饼作为主要糖化发酵剂，采用边糖化边发酵的工艺，釜式蒸馏，陈肉酝浸勾兑而成，未添加食用酒精及非白酒发酵产生的呈香呈味物质，具有豉香特点的白酒。如广东石湾玉冰烧酒、广东九江双蒸酒等。

6. 芝麻香型白酒

以高粱、小麦（麸皮）等为原料，经传统固态法发酵、蒸馏、陈酿、勾兑而成的，未添加食用酒精及非白酒发酵产生的呈香呈味物质，具有芝麻香型风格的白酒。如山东一品景芝酒、扳倒井酒、趵突泉酒和泰山特曲酒等。

7. 特香型白酒

以大米为主要原料，经传统固态法发酵、蒸馏、陈酿、勾兑而成的，未添加食用酒精及非白酒发酵产生的呈香呈味物质，具有特香型风格的白酒。如江西樟树四特酒。

8. 浓酱兼香型白酒

以粮谷为原料、经传统固态法发酵、蒸馏、陈酿、勾兑而成的，未添加食用酒精及非白酒发酵产生的呈香呈味物质，具有浓香兼酱香独特风格的白酒。如湖北白云边白酒。

9. 老白干香型白酒

以粮谷为原料，经传统固态法发酵、蒸馏、陈酿、勾兑而成的，未添加食用酒精及非白酒发酵产生的呈香呈味物质，具有以乳酸乙酯、乙酸乙酯为主体复合香的白酒。如衡水老白干酒。

10. 酱香型白酒

以粮谷为原料、经传统固态法发酵、蒸馏、陈酿、勾兑而成的，未添加食用酒精及非白酒发酵产生的呈香呈味物质，具有其特征风格的白酒。如贵州茅台酒、荣太和白酒等。

11. 其他香型

除上述香型以外的白酒，香型各有特征，这些酒在酿造吸收了上述香型酒的一些工艺。

情景训练

今天你作为酒吧主调酒师，客人喜欢饮用酱香型白酒，请为可以制作一杯以酱香型白酒为基酒的鸡尾酒，并以此为契机研发以白酒为基酒的鸡尾酒。

复习题

一、单选题

1.（　）的得名主要是其成品的形状像大砖块，故又称块曲。

A. 大曲　B. 小曲　C. 麸曲　D. 纤曲

2. 低温曲，在制曲过程中，最高温度为（　），如汾酒是用低温曲酿成的。

A. 60~65℃　B. 50~60℃　C. 40~50℃　D. 30~40℃

3. 下列属于浓香型白酒的是（　）。

A. 山西汾酒　B. 四川泸州老窖　C. 广西桂林三花酒　D. 陕西西凤酒

4. 下列不属于白酒酿造原料的是（　）。

A. 葡萄　B. 高粱　C. 玉米　D. 大麦

5. 下列属于豉香型白酒的是（　）。

A. 山西汾酒　B. 洋河大曲

C. 趵突泉酒　D. 广东石湾玉冰烧酒

二、多选题

1. 下列属于大曲的是（　）。

A. 高温曲　B. 低温曲　C. 液体曲　D. 中温曲

E. 酒糟曲

2. 下列属于白酒酿造原料的是（　）。

A. 甘薯　B. 甘蔗　C. 玉米　D. 大麦

E. 苹果

3. 按生产工艺分类，白酒可以分为（　）。

A. 固态法白酒　B. 混合曲酒　C. 液态法白酒　D. 凤香型白酒

E. 固液法白酒

4. 下列属于芝麻香型白酒的是（　）。

A. 扳倒井酒　B. 洋河大曲　C. 趵突泉酒　D. 泰山特曲酒

E. 广东石湾玉冰烧酒

5. 固液法白酒是以（　）勾调而成的白酒。

A. 固态法白酒　B. 液态法白酒　C. 米香型白酒　D. 凤香型白酒

E. 食品添加剂

任务六　朗姆酒

知识准备

朗姆酒芳香醇正，像一块万能的调色板，可以调制出不计其数的甘醇的鸡尾酒，编织出美丽的异国情调，在世界历史上扮演了重要角色的酒精饮料。

一、朗姆酒的含义

朗姆酒是以甘蔗为原料的蒸馏酒。一般是把榨取的甘蔗汁煮干后，以去除砂糖结晶后的糖蜜（Molasses）为原料。当甘蔗大丰收的年份，也会直接将甘蔗榨汁用来生产朗姆酒，但甘蔗汁需要马上进行发酵，以免发生变质。

二、朗姆酒的历史与发展

朗姆酒诞生于加勒比海中的西印度群岛。甘蔗是哥伦布发现新大陆后从南亚带到这里，由于这里的气候条件非常适合甘蔗的生长，所以西印度群岛成为世界最大的甘蔗生产地。

据说在 17 世纪初，英国人带着蒸馏技术定居于西印度群岛的巴巴多斯岛。他们用当地丰富的甘蔗制出了蒸馏酒，这便是朗姆酒的开端。另外一种说法是 16 世纪初西班牙探险家麦哲伦（Ponce de leon）利用蒸馏技术在波多黎各用当地的甘蔗制造出了朗姆酒。无论哪一种说法都说明朗姆酒诞生于西印度群岛。在17世纪查尔斯十一世时代的英国殖民地的记录中，有这样的记载，“有生以来头一次喝到用甘蔗蒸馏的烈酒，当地的土著居民都酩酊大醉，兴奋（Rumbullion）不已”。一些英语学者认为，英语词汇Rumbullion现在已经不再使用了，很可能是将这个词的词头部分保留了下来，成了朗姆（Rum）的酒名。

现在，朗姆酒在法国被称为罗姆（Rhum），在西班牙被称为罗恩（Ron），在葡萄牙被称为罗姆（Rom），均是从前面讲到的英语朗姆（Rum）转化而来的。此后，以牙买加岛为中心，砂糖工业发展起来，与此同时，作为采用糖蜜的蒸馏业，朗姆酒的生产也兴盛起来。进入18世纪后，由于航海技术的进步和欧洲列强殖民政策的变化，酿酒业有了很大的发展。首先，是将黑人作为奴隶从非洲带到西印度群岛，并把他们变成种植甘蔗的劳动力。返航时的空船又装入糖蜜运到美国的新英格兰，在这里又装上该地用糖蜜制造的朗姆酒返回非洲，这些朗姆酒又用来换取黑人。这就是殖民地史上被称为“三角贸易”。在非洲黑人作为奴隶被买卖的历史年代里，朗姆酒被培育成世界性的酒类。而且从这一史实也可以知道，美国最初蒸馏的酒既不是波旁酒，也不是其他类型威士忌酒，而是用从西印度群岛运来的糖蜜制造的朗姆酒。

1733年，英国政府决定对从英国殖民地以外的地方运到美国的糖蜜征收带有禁止性的高额税金。这一措施是为了阻止来自法国殖民地的优质低价的糖蜜进口。于是1764年，英国政府通过颁布糖蜜法，严格监视1733年的法律颁布后猖獗的走私活动，这被看成是美国独立战争发生的重要原因之一。美国政府1807年颁布了《糖蜜进口禁止令》，第二年又颁布了《奴隶买卖废止令》，美国本土的朗姆酒制造终止，取而代之的是威士忌的生产。

在朗姆酒的历史上，不能忽视的一点是朗姆酒和英国海军的关系。在英国海军中，会把啤酒当作工资付给水兵，但爱德华·弗农（Edward Vernon）上将认为朗姆酒具有预防坏血病的作用，所以，决定在午饭前供给水兵半品脱（284ml）朗姆酒。水兵们极为高兴，称赞弗农上将为“老朗米”（Old Rummy），其含义有好家伙的意思，但现在Rummy是酩酊大醉的意思。然而中午让水兵喝酒，不免给下午的操练带来麻烦，于是1740年爱德华·弗农又改变命令，用4倍的水稀释朗姆酒做成Grog的混合饮料，分两次发给水兵。但许多人认为“Grog”这个词是为纪念海军上将弗农在恶劣天气下穿的格子斗篷而创造的。英国皇家海军向其海员提供朗姆酒作为每日配给并称为“Tot”，这种做法一直持续到1970年7月31日才被废除。今天，在特殊场合仍然会发放一些朗姆酒配给，使用“Splice The Mainbrace”（双份朗姆）的命令，这种命令只能是由女王或者王室成员在某些情况下向海军部委员会所发出。

思考题

鸡尾酒中使用朗姆酒为基酒的鸡尾酒有哪些呢？

三、朗姆酒的生产过程

（一）发酵（Fermentation）

大多数朗姆酒是用甘蔗制成的糖蜜进行生产。朗姆酒的质量取决于原料甘蔗的质量和种类。甘蔗的质量取决于种植的土壤类型和生长气候。在加勒比地区，大部分的糖蜜产自巴西。一个例外是法属岛屿区域，在这些区域甘蔗汁才是首选的基本成分。在巴西，用甘蔗汁制成的朗姆酒被称为卡莎萨（Cachaça）。

将酵母和水加入到基本原料中开始发酵过程。虽然一些朗姆酒生产商允许使用野生酵母进行发酵，但大多数人使用特定的酵母菌株来保证味道的一致性和发酵时间的可预测性。甘蔗渣（Dunder）是过去发酵过程中富含泡沫的酵母，也是牙买加的传统酵母。牙买加勾兑大师Joy Spence说“酵母将决定最终的味道和香气特征”。制作清淡型朗姆酒的酿酒厂，如百加得，更喜欢使用发酵速度更快的酵母。发酵速度较慢的酵母会使得发酵过程中积累更多的酯类物质（芳香物质），从而产生口味更加饱满的朗姆酒。发酵的产物（如2–乙基–3–甲基丁酸）和酯类（如丁酸乙酯和己酸乙酯）会赋予朗姆酒的甜味和果味。

（二）蒸馏（Distillation）

朗姆酒的蒸馏也没有统一标准。虽然一些生产商使用英国壶式蒸馏器进行批量生产，但大多数朗姆酒仍是使用柱式蒸馏器进行生产的。壶式蒸馏器的馏出物比柱式蒸馏器的包含有更多的同类物质，生产的朗姆酒口味更加饱满。

（三）陈年（Aging）

许多国家要求朗姆酒至少陈酿一年。陈年过程通常在使用过的波本桶中进行，但也可以在其他类型的木桶或不锈钢罐中进行。陈年过程决定了朗姆酒的颜色，在橡木桶中陈年时颜色会变深，而在不锈钢罐中陈年的朗姆酒几乎无色。

由于大多数朗姆酒产地是热带气候，朗姆酒的成熟率远高于威士忌或白兰地。更高比率的成熟度意味着蒸发损失的酒液数量增加。法国或苏格兰的产品每年的损失约 2%，而热带朗姆酒生产商可能会面临高达 10% 的损失。

（四）勾兑（Blending）

陈年后，酿造者通常会将朗姆酒进行调味勾兑，以确保风味的一致。勾兑是朗姆酒制作过程的最后一步。作为勾兑过程的一部分，白朗姆酒可以进一步过滤，以去除在陈酿期间获得的任何颜色。对于颜色较深的朗姆酒，可以添加焦糖着色。

相关链接

卡莎萨（*Cachaça*）

糖蜜是蔗糖产业的副产品，类似葡萄果渣（Pomace）是葡萄酒产业的副产品一样。用葡萄或葡萄果渣制成的烈酒，统称为白兰地。以此类推，用甘蔗汁或糖蜜制成的烈酒，统称为朗姆酒。但是，巴西政府宣称卡莎萨不是朗姆酒，它是产自巴西的“甘蔗白兰地”，也被称为巴西的“国酒”，使用甘蔗汁为原料制成，是一个独立于朗姆酒的烈酒分类，受到巴西本国的法律保护。

在卡莎萨的生产过程中，多种技术可以被使用。在甘蔗被压榨之前，会被再水化（Rehydrate，即入水渗浸处理），以提取最大量的糖分。一些蒸馏者使用商业酵母，也有一些甚至使用野生酵母。发酵过程经常在不锈钢罐中进行，有些会选择在木质或其他材质发酵罐中进行，整个过程通常需要 20~30 小时。

壶式蒸馏器和柱式蒸馏器均可使用，可以不经过陈年。法律规定，最终的酒精度要在 38%~48%。

大部分的卡莎萨不经过陈年，通常在蒸馏后立即装瓶，具有相对简单的口感和清新、草本的香气。大部分生产者更喜欢用糖来磨平新酒的棱角（法律允许 6g/L）。如果加入的糖分每升介于 6~30 克，酒标上就要写明“甜化的卡莎萨”（Sweetened Cachaca）。经过熟化的卡莎萨，法律规定要将酒精浓度为 50% 的烈酒至少在 700 升的木桶中陈年 12 个月。

四、朗姆酒的类型

（一）白朗姆（White Rum）

白朗姆是无色透明，未经橡木桶陈年的酒。但是有一些生产商，例如百加得，会将白朗姆放在橡木桶中陈年，从而增加酒的风味，然后再过滤掉颜色。

（二）金朗姆（Golden Rum）

金朗姆也被称为琥珀色朗姆，通常放在波本桶中进行中度陈年。金朗姆比白朗姆酒具有更多的风味和更强烈的味道。

（三）黑朗姆（Dark Rum）

黑朗姆以其特殊颜色而闻名，比金朗姆酒颜色更深，通常由焦糖或糖蜜制成。黑朗姆一般陈年时间较长，在内侧重度烤焦的橡木桶中，获得了比浅色或金色朗姆酒更强烈的味道。黑朗姆通常有无花果、葡萄干、丁香和肉桂等味道。

（四）香料朗姆酒（Spiced Rum）

香料朗姆酒通常以金朗姆为基酒，添加香辛料等天然调味料来获得风味。通常会使用焦糖着色，添加的香料包括肉桂、迷迭香、苦艾、茴香、胡椒、丁香和豆蔻等。

情景训练

今天的你作为酒吧经理，制订一份朗姆酒的培训计划，选择三款不同品牌的朗姆酒制作培训课件，培训新入职的员工。

复习题

一、单选题

1. 大多数朗姆酒的原材料是（　）。

A. 葡萄　B. 糖蜜　C. 苹果　D. 麦芽

2.（　）的馏出物包含有更多的同类物质，生产的朗姆酒更加饱满。

A. 壶式蒸馏器　B. 单柱式蒸馏器　C. 双柱式蒸馏器　D. 多柱式蒸馏器

3. 甜化的卡莎萨（Sweetened Cachaca）是指每升酒液中加入（　）糖分。

A.0.4g 以下　B.0.4~1.2g　C.1.2~5g　D. 6~30g

4.（　）不是朗姆酒的颜色来源。

A. 橡木桶　B. 橡木片　C. 焦糖色　D. 不锈钢罐

5. 朗姆酒诞生于（　）。

A. 艾雷岛　B. 西印度群岛　C. 格陵兰岛　D. 新几内亚岛

二、判断题

1. 香料朗姆酒通常以白兰地为基酒，添加香辛料等天然调味料来获得风味。（　）

2. 发酵的产物（如 2- 乙基 -3- 甲基丁酸）和酯类（如丁酸乙酯和己酸乙酯）会赋予朗姆酒的甜味和果味。（　）

3. 金朗姆酒比白朗姆酒具有更多的风味和更强烈的味道。（　）

4. 甘蔗渣是过去发酵过程中富含泡沫的酵母，也是牙买加的传统酵母。（　）

5. 白朗姆一定不会放入橡木桶中进行陈年。（　）

任务七　特基拉

知识准备

特基拉酒被称为墨西哥的国酒，历史久远。20 世纪初期，特基拉酒在短时间内传播到世界各地，并为酒吧注入了新的原料。

一、特基拉酒的含义

根据墨西哥法律，特基拉酒必须由蓝龙舌兰（Blue Agave）制成，用至少 51% 龙舌兰和不超过 49% 的糖蒸馏。

1896 年，德国植物学家弗朗兹 · 韦伯（Franz Weber）发现墨西哥哈利斯科州的蓝龙舌兰是生产龙舌兰酒的最合适植物，并将其命名为韦伯龙舌兰。1902 年，墨西哥为纪念他，将蓝龙舌兰名称改为 Agave Tequilana Weber Azul。

特基拉酒监管委员会（Consejo Regulador del tequila，CRT）认证的特基拉酒法定产区分别是哈利斯科州（Jalisco）、瓜纳华托州（Guanajuato）、米却肯州（Michoacán）、纳亚里特州（Nayarit）和塔毛利帕斯州（Tamaulipas）。墨西哥生产特基拉酒厂大多位于哈利斯科州。根据龙舌兰的生长环境可以分为高地（Los Altos）和低地（EL Valle）两种风味类型特基拉酒，高地有丰富的红色黏土，比低地更多的降雨，海拔越高，昼夜温差越大，龙舌兰糖分越高。高地的龙舌兰酒通常更精致、更甜，有果味和更多柑橘类香气。低地是火山土壤，使蓝色龙舌兰更具有矿物质感、更辛辣和更多草本的味道。

二、特基拉酒的历史与发展

中美洲的土著居民把龙舌兰用于生产发酵饮料等多种用途，直到 16 世纪西班牙人将蒸馏技术带到了墨西哥。自 1530 年起，西班牙人将特基拉镇命名为圣地亚哥·德·特基拉。西班牙人喝完了白兰地后，开始蒸馏龙舌兰的发酵汁液，于是诞生了北美最早的本土蒸馏酒精饮料，这是墨西哥文化和西班牙文化的首次融合。1600 年左右，西班牙人阿尔塔米拉侯爵唐·佩德罗·桑切斯·德·塔格尔（Don Pedro Sánchez de Tagle）在现今的哈里斯克州首府所在地开办了第一家酒厂，开始了特基拉的量产。

1795 年，何塞·玛丽亚·瓜德罗普·库尔沃（José Maria Guadeloupe Cuervo）获得蒸馏执照，标志着现代龙舌兰酒产业的诞生。19 世纪龙舌兰酒的产量激增，1873 年，索查龙舌兰酒的创始人唐·塞诺比奥·索查（Don Cenobio Sauza）出口了第一种龙舌兰酒。1974 年墨西哥政府宣布特基拉（Tequila）为地理标志保护产品，确认了特基拉的独特品质及与其自然因素和人文因素的关联性。近年来，特基拉酒开始了复兴，并且有了优质橡木陈酿和 100% 特基拉等更广泛的风格。

思考题

思考一下，特基拉酒的饮用方式有哪些。

三、特基拉的类型

（一）100% Agave

100% Agave 的特基拉酒是仅使用法定产区种植的蓝龙舌兰酿造而成，不可使用其他任何含糖物质进行发酵，必须在法定产区的授权生产商控制的装瓶厂中装瓶。酒标上也可以使用“100% de agave”“100% puro de agave”“100% agave”“100% puro agave”等字样，也可以在“agave”前加上“azul”或“blue”。

（二）Tequila

Tequila 是指用 51% 的蓝龙舌兰进行发酵，其余 49% 可以是含糖的其他原料。此类特基拉酒会被称为 Mixto，但在酒标上仅以 Tequila 表示。

相关链接

特基拉酒与梅斯卡尔酒（*Tequila VS Mezcal*）

1. 名称的不同

特基拉是墨西哥的一个小镇，那里是龙舌兰酒的主要出产地。最初，特基拉被叫作“在特基拉产的梅斯卡尔”，随着它逐渐变得流行，被简化为“特基拉”。梅斯卡尔酒（Mezcal）这个名字源于阿兹特克文 Nahuatl 里的 mexcalli，指的是“烤龙舌兰植物”。

2. 产地的不同

根据墨西哥法律，特基拉必须在国内指定的五个地区酿制及装瓶。梅斯卡尔只能在特定的州酿制，最主要的是瓦哈卡州。即使使用相同的原材料及方法酿制特基拉或梅斯卡尔，一旦不是指定地区出产的，一律不得标示特基拉或梅斯卡尔。

3. 原料的不同

200 多个品种的龙舌兰中，唯有蓝色龙舌兰能用来酿制特基拉。而梅斯卡尔的用料则比较广泛，几乎任何品种都行，较常见的品种包括 Espadin、Tobala、Madrecuixe、Tobasiche、Barril、Arroqueno、Tepextate、Palome 等 30 多种，有些酒厂甚至会使用野生龙舌兰。

4. 工艺的不同

特基拉酒和梅斯卡尔酒都能采用现代的酿制手法，用蒸汽烤炉烹煮龙舌兰，再用粉碎机把果实榨干取其果汁。将果汁采集后，便可以进入发酵环节。然而，当追溯传统的酿酒法时，这两种龙舌兰烈酒的制作工艺却大相径庭。

使用传统工艺制作特基拉时得使用石炉或砖炉烘烤果心，然后用一个叫塔合那（Tahona）的轮形巨石把烹煮好的果心压碎后进行发酵和蒸馏。梅斯卡尔的传统酿制方法更为复杂，工匠们深挖土坑，把果心放入，堆上石头，用植物纤维覆盖后放火焖烤。果心需要在覆着土的坑里焖烤数日后取出，用塔合那石或甚至是木杵捣碎，再放入陶土制的罐式蒸馏器中蒸馏。梅斯卡尔酒带有的标志性烟熏味是因其土坑中焖烤所得。特基拉酒即使使用传统石炉烘烤的方法制作也无法达到梅斯卡尔酒的特殊烟熏味。

四、特基拉的等级

（一）Blanco or Plata（Sliver）

Blanco or Plata 一般是未经过陈年，为保持龙舌兰的特征，一些酒厂会在蒸馏完成后直接装瓶。为了让产品能比较顺口点，酒厂会选择在橡木桶中进行短暂陈年，但是最多不可以超过 60 天。

（二）Joven or Oro（Gold）

Joven or Oro（Gold）是用 Blanco 与 Reposado，Añejo 或 Añejo 混合而成的特基拉。在装瓶前先加入焦糖、橡木淬取液、甘油和糖浆等添加剂，但是加入量不得超过特基拉酒总重量的 1%。

（三）Reposado（Aged）

Reposado 是西班牙文里面“休息过的”的意思，此类特基拉至少应放入橡木桶陈年 60 天，在装瓶前可加入焦糖、橡木淬取液、甘油和糖浆等添加剂调整风味和颜色。将 Reposado 与 Añejo 混合而成的特基拉酒也被认定为 Reposado。

（四）Añejo（Extra Aged）

Añejo 是指在不超过 600 升的橡木桶中陈年一年以上的酒。陈年过程中，特基拉的颜色逐渐呈现琥珀色，口味也变得更加丰富、流畅和复杂。将 Añejo 与 Muy Añejo 混合而成的特基拉酒也被认定为 Añejo。

（五）Muy Añejo（Ultra Aged）

Muy Añejo 是指在不超过 600 升的橡木桶中陈年 3 年以上的酒。装瓶前可加入焦糖、橡木萃取液、甘油和糖浆等添加剂调整风味和颜色。

情景训练

今天你作为主调酒师，客人点了一杯玛格丽特（Margarita），并对特基拉酒很感兴趣，请你向客人介绍玛格丽特鸡尾酒和特基拉的相关知识。

复习题

单选题

1. 特基拉酒必须由用至少（　）的蓝龙舌兰（Blue Agave）进行酿造。

A. 75%　　B. 51%　　C. 49%　　D. 37.5%

2. 墨西哥生产特基拉酒厂大多位于（　）哈利斯科州（Jalisco）。

A. 哈利斯科州（Jalisco）　　B. 瓜纳华托州（Guanajuato）

C. 米却肯州（Michoacán）　　D. 纳亚里特州（Nayarit）

3. 下列特基拉类型中没有经过橡木桶陈年的是（　）。

A. Muy Añejo　　B. Añejo　　C. Reposado　　D. Blanco

4.（　）年墨西哥政府宣布特基拉（Tequila）为地理标志保护产品。

A. 1795　　B. 1873　　C. 1902　　D. 1974

5. Añejo 等级的特基拉酒至少要在橡木桶中陈年（　）。

A. 1 个月　　B. 6 个月　　C. 1 年　　D. 3 年

项目六

项目七

鸡尾酒辅料知识

教学目标

了解鸡尾酒辅料的种类；掌握增香增色类辅料，能够说出开胃酒、利口酒、甜食酒的特征、制作方法和主要品牌；掌握常用调缓溶液的类型和常见品牌；掌握香料药草的基本类型，能够用香料药草等材料自制利口酒；能够制作糖浆和各种类型的冰块。

任务一　增香增色类辅料

知识准备

增香增色材料能够很好地烘托出基酒的味道，是调制出美味鸡尾酒不可或缺的成分。因此，需要熟悉掌握每种辅料的特点，并在调制鸡尾酒时适当使用，制作出符合酒吧和客人需求的饮品。增香增色材料是调制鸡尾酒必不可少的增色增味剂，主要包括配制酒、葡萄酒、香槟。本任务重点介绍配制酒的知识。

配制酒通常作为鸡尾酒的增香增色材料，是以酿造酒、蒸馏酒为基酒加入各种酒精或香精而成。配制酒的名品多来自欧洲，其中以法国、意大利等国最为著名，种类繁多，风格各不相同，主要可以分为开胃酒、甜食酒和利口酒三大类。

一、开胃酒（Aperitif）

开胃酒又称餐前酒。开胃酒的名称源于专门在餐前饮用的能增加食欲的酒。随着人们饮酒习惯的演变，开胃酒逐渐成为以葡萄酒和某些蒸馏酒为主要原料的配制酒，如味美思（Vermouth）、比特酒（Bitter）和茴香酒（Anise）等。开胃酒大约在公元前400年开始流行，当时酿造这些酒的是药剂师，主要提供给皇家贵族们饮用。因为酿造开胃酒的香料、草药有40多种，所以开胃酒具有一定的药效。意大利和法国是世界上两大著名的开胃酒产地。

（一）味美思（Vermouth）

味美思酒是以葡萄酒为基酒，并加入各种植物的根、茎、叶、皮、花、果实以及种子等芳香物质酿造而成。味美思有着悠久的历史。公元前4世纪在有关希波克拉底（Hippocras）的传说中最早提及了味美思的“祖先”——“苦艾酒”（Vinum Absinthiatum），含有药草、松脂的有色葡萄酒在古代被广为接受。后来威尼斯的商人从世界各地往意大利带回很多种调料：豆蔻、甘菊、丁香、生姜和其他香料。这些香料为完善当时用于医学目的葡萄酒香型注入了新的动力。

味美思这个词本身产生于巴伐利亚的宫廷，是由意大利的草药医生阿列西奥创造的。17世纪味美思的生产开始真正发展起来，意大利皮埃蒙特大区的都灵市成为味美思的发展中心，这里可以生产干白葡萄酒和甜白葡萄酒，在这个地区的阿尔卑斯山山坡上可以采到富含香味的植物。

味美思的酿造工艺。味美思是加香葡萄酒中最著名的品种。一般来说味美思是以葡萄酒为基酒，调配各种香料（包括苦艾草、大茴香、苦橘皮、菊花、小豆蔻、肉豆蔻、肉桂、白芷、白菊、花椒根、大黄、丁香、龙胆、香草等），经过搅拌、浸泡、冷却、澄清等过程制成。根据不同的品种，调配方法也各异，如白味美思酒还需加入冰糖和食用酒精或蒸馏酒，红味美思则需再加入焦糖调色。

根据颜色和含糖量，味美思有可分为三种类型：

第一类，白味美思（Vermouth de Blane或Bianco）。白味美思的色泽金黄、香气柔美、口味鲜嫩。1升酒液中的含糖量在10%~15%，酒精含量为18%。

第二类，红味美思（Vermouth de Rouge或Rosso）。红味美思色泽呈深红色、香气浓郁、口味独特，是以红葡萄酒为基酒，并且加入玫瑰花、柠檬、橙皮、肉桂等许多香料酿成。1升酒液中的含糖量为15%，酒精含量为18%。

第三类，干味美思（Dry Vermouth或Secco）。干味美思根据生产国的不同，颜色也有差异，如法国干味美思呈草黄或棕黄色；意大利干味美思是淡白、淡黄色。干味美思每1升酒液中的含糖量均不超过4%，酒精含量为18%。

味美思最著名的有两个品种，即甜型和干型。甜型味美思酒，香味和葡萄味较浓，含葡萄酒原酒75%，有甜苦的余味，略带橘香，以意大利生产的最为著名。甜

味美思是调制曼哈顿鸡尾酒的必备材料。干型味美思涩而不甜，含葡萄原酒至少80%，以法国产的最有名，它也是调制开胃鸡尾酒的绝佳配料。下面介绍部分酒吧常用品牌的味美思：

1. 马天尼（Martini）

马天尼味美思由意大利马天尼酒厂生产。该厂是全世界规模最大的味美思生产企业，位于意大利北部都灵城内，注册商标为Martini，通常将马天尼味美思简称为“马天尼”。

马天尼主要有三种：马天尼干（Dry），酒精度数18%，无色透明，因该酒在制作的蒸馏过程中加入了柠檬皮及新鲜的小红莓，故酒香浓郁；马天尼半干（Bianco），酒精度数16%，呈浅黄色，含有香兰素等香味成分；马天尼甜（Sweet），酒精度数16%，呈红色，具有明显的当归药香，含有草药味和焦糖香。

2. 仙山露（Cinzano）

仙山露起始于1757年的仙山露红味美思，并且迅速成为当时都灵上流社会的流行饮品，该品牌于1999年归于金巴利集团所有。仙山露主要有四种：仙山露甜（Rosso）呈琥珀色；仙山露半干（Bianco），比仙山露甜的颜色稍浅，但仍属于甜型；仙山露特干（Extra Dry）；玫瑰红仙山露（Cinzano Rosé），是四款中的最新款，呈玫瑰色，略带些橙色。

3. 甘西亚（Gancia）

甘西亚（Gancia）公司位于意大利皮埃蒙特，由卡洛·甘西亚（Carlo Gancia）于1850年创立，他创立了第一家意大利起泡酒（Asti Spumante）企业，为意大利起泡酒行业的诞生铺平了道路。甘西亚的味美思酒被称为“经典的意大利开胃酒”。

甘西亚酒选用阿尔卑斯山和异国的多种草药，先加入酒精，再掺入特选的葡萄酒为基酒，酿制而成。甘西亚有主要有两种，甘西亚干味美思（Ganci Vermouth Dry）和甘西亚甜味美思（Gancia Vermouth Rosso），后者色泽深红、芳香四溢、口味甘甜。

4. 卡帕诺（Carpano）

卡帕诺的酒精含量为15%~18%；含糖量甜型为180g/L、干型为20g/L 总酸为5.5~6.5g/l。以芳香植物等材料与原酒调制后，在 –10℃的环境中冷冻10多天后，经硅藻土过滤机过滤，再储存4~5个月后可装瓶出售。

5. 杜凌（Dolin de vermouth de Chambéry）

杜凌味美思酒以清淡为特色。1821 年诞生的杜凌（Dolin）干味美思酒是法国尚贝里（Chambéry）最具代表性的经典香味美思品牌，不仅在 1876 年费城世博会上荣获金奖，更于 1932 年使尚贝里成为法国政府颁布的香味美思酒的法定产区（Appellation d'origine），杜凌味美思酒是全球第一个列级香味美思品牌。

杜凌味美思主要有三种：杜凌干味美思酒（Dry），酒精度 17.7%；杜凌白味美思酒（Blanco），酒精度 16%；加香型杜凌红味美思酒（Rouge），酒精度 16%。

（二）比特酒（Bitter）

比特酒是从古药酒演变而来的，至今仍保留着药用和滋补的功效。比特酒品种繁多，有清香型比特酒，也有浓香型比特酒；有淡色比特酒，也有深色比特酒；有比特酒，也有比特精（不含酒精成分）。但各种比特酒都有一个共同的特点，那就是它们的苦味和药味。

比特酒是用葡萄酒和食用酒精作为基酒，调配多种带苦味的花草及植物的茎、根、皮等制成。现在比特酒的生产越来越多地采用酒精直接与草药精勾兑的工艺。酒精含量一般在 16%~40%，有助消化、滋补等作用。

世界上著名的比特酒主要产自意大利、法国、荷兰、德国、英国、匈牙利等国。下面介绍几种。

1. 金巴利（Campari）

金巴利产于意大利的米兰（Milano），它是最受意大利人欢迎的开胃酒，其配方已超过千年历史，是用橘皮、奎宁及多种香草与烈酒调配而成。酒液呈棕红色，药味浓郁，口感微苦而舒适。金巴利的配制原料中有橘皮和其他草药，苦味来自于奎宁，酒精含量为 26%。金巴利有多种喝法，其中以金巴利加橙汁、西柚汁，金巴利加汤力水，金巴利加苏打水等喝法较为流行。

2. 杜本内（Dubonnet）

杜本内产于法国，是法国最著名的开胃酒之王。它是用金鸡纳树皮及其草药浸渍在葡萄酒中制成的。酒液呈深红色，苦味中略带甜，风格独特。杜本内有红、白两种，以红杜本内最出名，酒精含量为 16%。

3. 安高天娜苦精（Angostura）

安高天娜苦精是一种红色苦味剂，由委内瑞拉医生约翰·西格特（Johann Siegert）在1824年发明，起初是用于退热的药酒，现被广泛作为开胃酒。在特立尼达和多巴哥等地生产，是世界上最著名的苦味酒之一。安高天娜苦精以朗姆酒作为基酒，以龙胆草为主要调配料，配制秘方至今被分成四部分放在纽约银行的保险柜中。此酒药香怡人，经常被用来调配鸡尾酒。

4. 菲奈特·布兰卡（Fernet Branca）

菲奈特·布兰卡酒1845年诞生于意大利的米兰布洛乐托，号称“苦酒之王”，酒精含量为40%，为布兰卡兄弟所拥有，酒标上的注册签名为该酒的品质保证。自1845年以来，菲奈特·布兰卡的秘密就是它含有的天然草本植物成分。菲奈特·布兰卡比特酒适合餐后饮用，其药用功效显著，尤其适用于醒酒和健胃等。

5. 西娜尔（Cynar）

西娜尔又被译成菊芋酒，产自意大利，是著名的比特酒之一。它是由蓟和其他草药浸泡在酒中配制而成，蓟味很浓，微苦，酒精含量为17%。

6. 飘仙1号（Pimm's No.1）

飘仙1号产自英国，口干清爽、略带甜味，酒精含量为17%。飘仙1号是以金酒为基酒配制的鸡尾酒材料，1850年由皮姆先生在伦敦发明。因为这种新型混合材料在皮姆先生的牡蛎吧大获成功，所以他在1870年决定将飘仙1号装在瓶中大范围销售，从此，飘仙1号开始在世界闻名。

7. 阿佩罗（Aperol）

阿佩罗最初是由Barbieri家族在意大利北部城市帕多瓦创立，现在由金巴利公司生产。阿佩罗于1919年创立，直到第二次世界大战之后才广为人知，其口感与金巴利相像，但酒精含量为11%。阿佩罗和金巴利的糖分含量差不多，但没金巴利苦。阿佩罗为明亮的橙色酒体，由精选的苦橙、甜橙、其他香草（包括大黄）混合物等原材料制作而成。

（三）茴香酒（Anises）

茴香酒，顾名思义与茴香有密切的关系，它是用茴香油与食用酒精或蒸馏酒配制而成，酒精含量为45%。酒精可以溶解茴香油，茴香油一般从八角茴香和青茴香中提取，前者多用于制作开胃酒，后者多用于制作利口酒。由于茴香酒中含有一定的苦艾素，因此曾在一些国家中几度遭禁。目前世界著名的茴香酒有含苦艾素的，也有不含苦艾素的。茴香酒以法国生产的较为著名。

茴香酒有无色和染色之分，酒液视品种的不同而呈不同的颜色。一般茴香味很浓，馥郁迷人，口感不同寻常，味重而刺激，酒精含量在25%左右。比较出名的法国茴香酒品牌有：力加（Ricard）、潘诺（Pemol）、巴斯的士（Pastis）、白羊倌（Berger Blanc）等。其他比较著名的还有希腊的乌朱（Ouzo）、意大利的辛（Cin）、法国的科尔（Kir）、意大利的亚美利亚诺（Americano）等。

1. 潘诺（Pernod）

潘诺绿茴香酒 (Pernod Absinthe) 是含有蒿植物萃取物的绿茴香酒，酒精含量68%，最早的潘诺直到1915年被禁止之前，在巴黎的流浪艺术家圈子里很受欢迎。现在大家饮用的是普通潘诺茴香酒（Pernod），这种酒是苦艾酒的继承者，使用各种植物串香。饮用方面，可以使用冷水稀释饮用（比例1∶5），也可以和奎宁水一起饮用，或用于调制各式鸡尾酒。

2. 力加（Ricard）

力加茴香酒是由法国人保罗·理查德（Paul Ricard）于20世纪30年代发明的。如今在法国南部的马赛城，它已经成为“法式生活艺术”的象征，酒精含量45%，饮用时用水稀释（1∶5）。

3. 帕斯提斯51（Pastis51）

帕斯提斯51是用甘草和焦糖串香的茴香浸酒。它的名字与1951年有关，那一年，第二次世界大战后的法国重新允许酿造带茴香的酒精饮料，酒精含量45%。

相关链接

苦艾酒（*Absinthe*）

苦艾酒是一种有茴芹、茴香味的高酒精含量酒。主要原料是茴芹、茴香及苦艾药草，这三样经常被称作“圣三一”。此酒香味浓郁，口感清淡且略带苦味，酒精含量高达55%以上。一般呈翡翠绿色、黄绿色或者橄榄绿色，因而有“绿色精灵”的昵称。

苦艾酒是一种起源于古希腊罗马时代的酒精饮料，可谓源远流长。历史上苦艾酒曾经是很多文学艺术家的“宠儿”，跟苦艾酒相关的诗作、画作数不胜数。现在，依然有很多人喜欢苦艾酒，对苦艾酒“见其影而欢喜，闻其香而开怀，尝其味而迷醉”。

苦艾酒的传奇已经延续200多年，它曾是画家灵感的源泉，亦是诗人笔中的绿色精灵。这款绿色的、在欧美被禁了100年的酒，由于含有治疗忧郁症的成分且酒精浓度高，饮用后会让人过于兴奋。据说画家凡·高每天都要喝上两大瓶，自残割耳也是酒后兴奋过度的结果。

艺术家们把喝苦艾酒进化成一种仪式：先把一块方糖放在一个特别设计的带有开孔或开槽的苦艾酒漏勺上，勺子被放在标有剂量线、杯身短而杯口大的苦艾酒玻璃杯上。浇在方糖上的冰水渗过方糖缓慢而均匀地滴入苦艾酒中。苦艾酒中的酒精溶解在水中，而那些从茴芹、茴香、八角中提取的水溶性差的成分便会从酒精中析出变成乳白色。香精被释放出来，如同草药绽放一般，香气和美味过后，剩下的酒水耐人细细品尝。

（四）开胃酒的饮用方法

开胃酒的标准饮用量为每份1oz，在餐前饮用，使用开胃酒专用酒杯，也可以佐小点心饮用。开胃酒有纯饮或勾兑饮用两种方式。不同的酒品，饮用方式也有所不同：味美思一般冰镇饮用，可用冰块或冰箱降温；比特酒可以用苏打水冲兑加冰饮用，亦可调制鸡尾酒饮用。

思考题

开胃酒有哪些特点？

二、甜食酒（Dessert Wine）

甜食酒因是西餐中搭配最后一道甜食饮用的酒品而得名，其主要特点是口味较甜。通常是以葡萄酒作为基酒。这种酒的酒精含量是普通餐酒的数倍，开瓶后仍可保存较长的时间。甜食酒又称为强化葡萄酒，常见的有雪莉酒、波特酒、马德拉酒、马萨拉酒、马拉加酒等。

（一）雪莉酒（Sherry）

1. 雪莉酒简介

雪莉酒是西班牙的国酒，曾被莎士比亚称为“杯中的西班牙阳光”。在西班牙南部海岸，靠近直布罗陀的西面，有一个叫赫雷斯－德拉弗龙特拉（Jerez de la Frontera）的小镇。这个小镇西北方有一片富含石灰质成分的三角形土地，非常适合一种叫帕诺米诺（Palomino）的葡萄生长，雪莉酒就是以这种土生土长的葡萄为原料酿制的。

雪莉酒的历史与西班牙葡萄酒生产的历史密切相关，作为世界上最古老的葡萄酒之一，其发展过程不断受到世界各大帝国和文明的影响：腓尼基人（Phoenician）、希腊人（Greek）、罗马人（Roman）、摩尔人（Moor）和英国人（British）都在雪莉酒的发展史中留下了痕迹。

8世纪时，随着罗马帝国的衰落，摩尔人入侵西班牙并带来了蒸馏技术。在这之后，西班牙当地的葡萄酒生产商开始生产最原始的利口酒（Liqueur）和强化葡萄酒（Fortified Wine）。多年后，在西班牙南部海岸一个名为赫雷斯（Jerez）的小镇里，雪莉酒首次现身，雪莉酒如今的英文名“Sherry”就是由西班牙语赫雷斯（Jerez）音译而来的。

16世纪时，西班牙雪莉酒在欧洲备受推崇，也是在那个时候，雪莉酒传入了英国。1587年，德雷克爵士（Sir Francis Drake）占领了西班牙南部城镇——加的斯（Cadiz），并将3000桶雪莉酒带回了英国，随即在英国引发了雪莉酒热潮。如今只有产自赫雷斯—德拉弗龙特拉（Jerez de la Frontera）、桑卢卡尔德巴拉梅德（Sanlucar de Barrameda）和圣玛丽亚港（El Puerto de Santa Maria）这三地的强化酒才能被称为雪莉酒。

2. 雪莉酒的酿造

雪莉酒可以使用三个葡萄品种来进行酿造，分别是帕洛米诺（Palomino）、佩德罗—希梅内斯（Pedro Ximenez，PX）和亚历山大麝香（Muscat of Alexandria）。帕洛米诺酿出的葡萄酒天然酸度低并缺乏明显的品种芳香，是酿造雪莉酒的理想基酒，因为雪莉酒的风格在很大程度上取决于生物型或氧化型陈年过程；佩德罗—希梅内斯和亚历山大麝香种植量相对较少，二者皆用于酿造甜型雪莉酒。

雪莉酒的风格分为干型、自然甜型和加甜型，但几乎所有雪莉酒的基酒都是干型、中性且低酸的白葡萄酒。之所以说雪莉酒的熟化方式独特，索莱拉（Solera）系统便是最好的诠释，在基酒发酵完成后，酿酒师会混合基酒和蒸馏酒来对酒液进行加强，然后再通过索莱拉系统进行熟化。这一拥有几个世纪历史的熟化方式在今天仍焕发着光彩，经过该系统熟化的酒液会变得柔顺，风格也趋于统一和均衡。

在索莱拉系统中，陈年雪莉酒必须放置在600升的橡木桶中陈年。这种橡木桶往往曾用于陈年非加强型葡萄酒，之后才能用于陈年雪莉酒，因此不会留有任何橡木味。橡木桶让氧气与酒液接触，酒液仅装满橡木桶的5/6，以便进一步促进氧化作用。在赫雷斯要想保持长年环境凉爽并非易事。传统的酒窖建有很厚的白粉墙，高天花板以及正对“波尼恩特”凉爽西风的窗户，这样有助于保持相对凉爽的环境。这些房屋的泥土地面需要保持潮湿，以维持恰当的湿度，如今也有一些酒窖使用空调。

索莱拉系统的陈年方法具有多种用途，对于生物型和氧化型陈年皆适用。索莱拉系统由被称为层级的多组橡木桶构成，存放着不同平均年龄的酒液。这些层级被称为“培养层”（Criadera），陈年过程通过酒液在层级间不断地转移，使年轻酒液与成熟酒液充分混合。为了避免混淆，在这里以索莱拉系统作为整体表示这种陈年方法，而索莱拉（Solera）则表示系统中酒液平均年龄最老的最后一个层级。整个陈年过程概括如下：

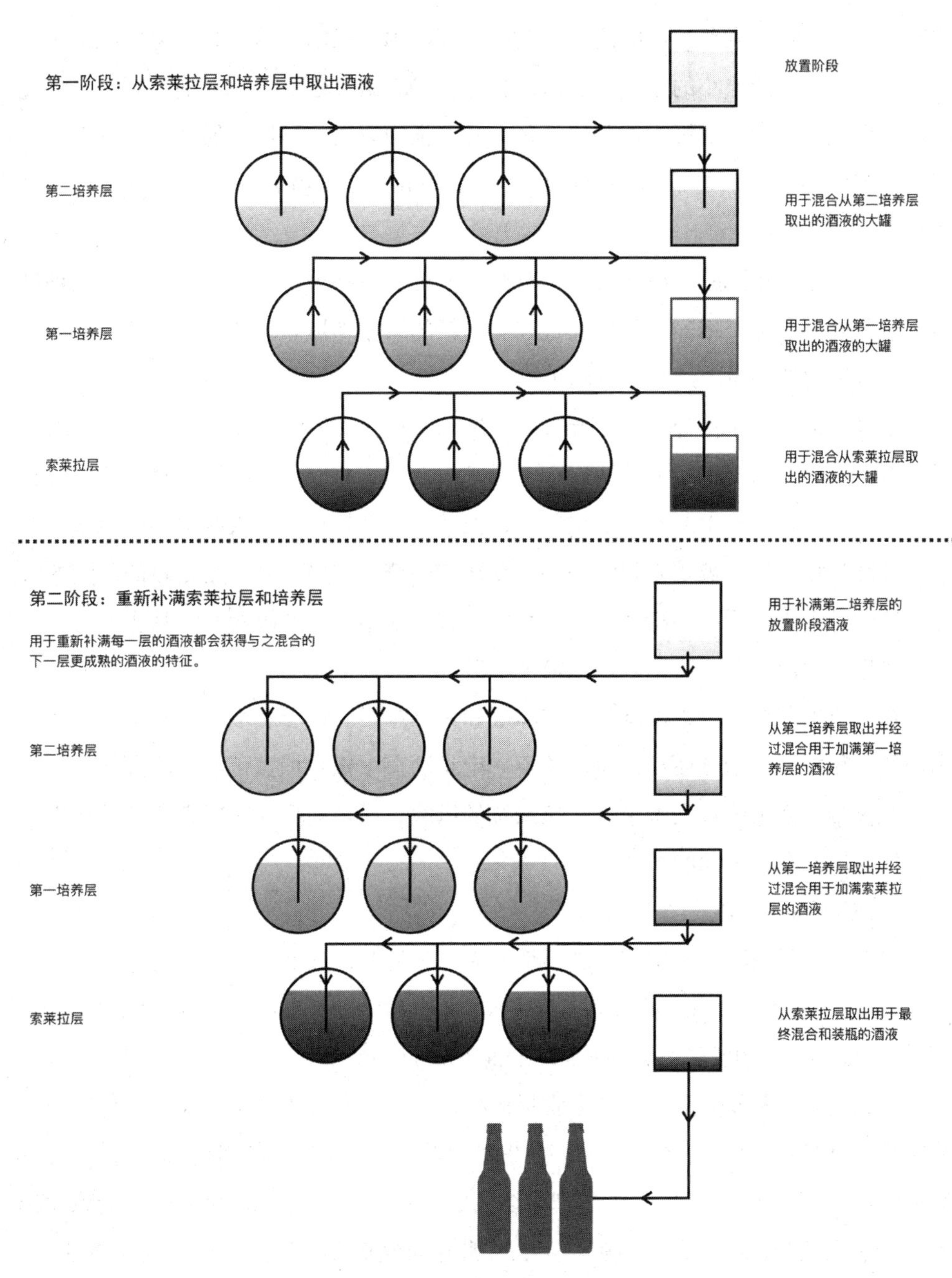

图 7–1　索莱拉系统示意

注：本图根据 WSET 第三级认证葡萄酒品鉴：认知风格与品质雪莉酒索莱拉系统示意图绘制

用于装瓶的酒液从索莱拉系统的索莱拉层取出。从这层级的每个橡木桶中取出

相同体积的酒液。索莱拉层的酒液不会被全部取出，取出的酒液会用上层级（第一培养层）平均年龄略小的等体积酒液来补充，将索莱拉层每个橡木桶重新装满。此过程分为三个步骤。从第一培养层的每个橡木桶中取出相同体积的酒液。然后将从第一培养层取出的所有酒液混合。最后用这些混合酒液将索莱拉层的每个橡木桶填满。

之后用完全相同的方法从第二培养层中取出酒液将第一培养层的每个橡木桶填满，以此类推，每一培养层都用上一层更年轻的酒液来填满，装有最年轻酒液的培养层通常用放置阶段的酒液来重新填满。

培养层的层数从少则 3 层多至 14 层不等。由于每次将酒液从索莱拉系统的一层移至下一层时都要进行系统的混合，对于被取出装瓶或混合的酒液只可能谈及它们的平均年龄。虽然索莱拉系统很复杂，但其主要优势在于每次被取出装瓶或混合的酒液都是相同的。被填充到下一层的酒液能够获得与之混合的更成熟的酒液的特征，这正是索莱拉系统的特色之一。然而，如果最初加入系统的酒液品质低劣或是每年取出的酒液过多，这种一致性则很难保持。

在一个索莱拉系统中设有各个培养层和索莱拉层。用层层堆叠的橡木桶示意图来描述索莱拉系统十分便捷，但这并不一定是酒窖中橡木桶真正的堆叠方式。为了减少在灾难性事故中损失整个索莱拉系统的风险，通常会将同一个索莱拉系统中的各个培养层保存在不同的地方。

3. 雪莉酒的类型

（1）干型雪莉酒。干型雪莉酒可细分为五种类型，分别是菲诺雪莉酒（Fino）、曼萨尼亚雪莉酒（Manzanilla）、奥罗索雪莉酒（Oloroso）、阿蒙蒂亚雪莉酒（Amontillado）和帕罗考塔多雪莉酒（Palo Cortado）。

菲诺雪莉酒和曼萨尼亚雪莉酒常呈淡柠檬色，散发着柑橘类水果、杏仁和药草的芳香，酒精度通常为 15%~17%。在发酵过程中，大量的酵母菌会聚集在酒液表面形成酒花（Flor），这层酒花起到了防止酒液氧化的作用，并赋予了雪莉酒独特的清新感和面包风味。这类雪莉酒不会在瓶中继续陈年，因此开瓶后需尽早饮用，以防止其风味消散。

奥罗索雪莉酒在所有干型的雪莉酒中是酒体最为饱满的，同时它也是酒精度最高的一类雪莉酒，平均酒精度为 17%~22%。这类酒颜色为深棕色，以太妃糖、香料、皮革和核桃等氧化的香气为主。在长时间的熟化之后，奥罗索雪莉酒会变得非常浓郁，而经过索莱拉系统的“改造”，它的干涩感会减弱，口感变得柔顺。

阿蒙蒂亚雪莉酒的风格介于菲诺和奥罗索之间，与奥罗索相比酒体较轻，酒精度与菲诺相似，酒液颜色多为琥珀色或棕色。这类雪莉酒同时具有来自酒花酵母层的香气和氧化的香气，这是因为它在酿造过程中添加了纯酒精，杀死了酒花，在失去酒花的保护后，酒就开始氧化。阿蒙蒂亚雪莉酒能够经受与奥罗索雪莉酒同样长的熟化时间，虽然长时间熟化后酵母的香气会减弱，但在饮用时还是能够嗅到些许。

帕罗考塔多雪莉酒是一种比较罕见的雪莉酒，既拥有阿蒙蒂亚的香气特征，又具有奥罗索的浓郁度和饱满度，因此很难与这两者区分开来。要酿造一瓶帕罗考塔多雪莉酒，也需要添加酒精杀死酒花，然后再进行氧化熟成。

（2）自然甜型雪莉酒。自然甜型的雪莉酒非常稀有，且常用于酿制加甜型雪莉酒，具体可以分为佩德罗—希梅内斯和麝香葡萄酒（Muscat）。其中，佩德罗—希梅内斯糖分含量极高，口感如糖浆一般，能够达到500克/升的残留糖分。这是因为酿造此种雪莉酒的葡萄果皮较薄，适宜晒干，因此糖分集中度高。该类雪莉酒常呈深棕色，蕴含浓郁的干果、咖啡和甘草的芳香。

麝香葡萄酒采用亚历山大麝香酿制而成，成酒特点与佩德罗—希梅内斯相似，但仍保留有其原始酿造品种的干橘皮香气特征。

（3）加甜型雪莉酒。加甜型雪莉酒分为浅色加甜型（Pale Cream）、半甜型（Medium）和加甜型（Cream）。浅色加甜型雪莉酒看起来与菲诺相似，但使用了精馏浓缩葡萄汁（Rectified Concentrated Grape Must，RCGM）来进行加甜，且没有非常明显的酒花酵母熟化特征。半甜型和加甜型雪莉酒包括了低价位和超优质的雪莉酒，优质的雪莉酒会使用佩德罗—希梅内斯的酒液来进行加甜，且能够完美均衡干型雪莉酒和甜型雪莉酒中的香气，使其蕴含太妃糖、皮革、核桃还有干果的香气。与此相反，低价位的雪莉酒在品尝时会感到过分甜腻且缺乏复杂度。

（二）波特酒（Port）

1. 波特酒简介

波特酒是葡萄牙的国酒。杜罗（Douro）河地区的葡萄种植从罗马时代就开始了，当时酿造葡萄酒主要是为了供应修道院。1689年，英法百年大战爆发后，英国禁止进口法国葡萄酒，英国人只能从其他地方购买葡萄酒。1670年波特酒登上了历史舞台，其在葡萄酒中加入白兰地以保护酒在运往英国的漫长过程中不变质。

19世纪中后期，杜罗河的葡萄园受根瘤蚜虫的严重危害，很多果农被迫离开了他们的土地，投资者低价购入大片被摧毁的葡萄园。因此在19世纪末出现了大批承运商（Shipper），这些承运商在杜罗河产区购买葡萄园，但是他们的大本营却在波尔图（Porto），这种生产（杜罗河葡萄园）与陈年、装瓶销售（加亚新城）分离的模式初见雏形。

波特酒的酿造是一个非常复杂的过程，葡萄在9月下旬开始收获，由于杜罗河上游地区的气候条件差异非常大，葡萄成熟时间也大不相同，因此收获期往往要持续5周左右。葡萄的压榨也沿袭古法，采取人工踩踏的方式，然后再进行酒精发酵。当发酵到一定程度时（往往取决于酿酒师的经验），这些正在发酵的葡萄酒就被直接灌入已经预先添加了1/5白兰地的橡木桶中，这种白兰地的酒精度高达77%，这时由于酒精含量陡然上升到20%左右，酵母菌被杀死，发酵也就自然停止。

波特酒由于实施原产地命名保护，所以只有产自葡萄牙波尔图地区的波特酒才可以冠以“波特”的称号，但事实上它并不是在波尔图酿造的。波特酒的酿酒葡萄种植和酿造都在杜罗河上游地区进行，当发酵和加烈工序完成后，用平底船（Barcos Rabelos）运抵杜罗河口的加亚新城（Villa Nova de Gaia）的酒窖中进行陈酿和储藏，再从对岸的波尔图港销往世界各地。

2. 波特酒的酿造

绝大多数红波特酒是用多个葡萄品种经过复杂的混合而酿成。酿造优质波特酒最常见的5个葡萄品种为多瑞加弗兰卡（Touriga Franca）、红洛列兹（Tinta Roriz）、红巴罗卡（Tinta Barroca）、国产图瑞加（Touriga Nacional）和红卡奥（Tinto Cao）。

波特酒的酿造方法比较特殊，发酵前酒庄会将葡萄置于大型花岗石槽（Lagar）中，让大量工人同时用脚踩踏葡萄长达 3~4 小时，以萃取波特酒所需的色素和单宁。不过这种方法十分耗费人力，如今机械化的方法更受欢迎，譬如使用自动酿酒机（Autovinifier）、活塞踏皮机（Piston Plunger）和机械槽（Robotic Lagares）等模拟人工踏皮的机器来自动萃取。发酵开始后便可停止踏皮，之后再定时按压酒帽以萃取更多的颜色和单宁。

波特酒并没有经过完整的发酵，发酵时间比较短，通常只持续 24~36 小时，所以发酵前酒庄必须采用人工踏皮等方法才能充分提取葡萄中的颜色和单宁。当葡萄酒的酒精度达到 5%~9% 时，酿酒师会加入大量白兰地来杀死酵母，从而中断发酵，酿造出酒精度 19%~22% 的甜型波特酒。虽然所有的波特酒都是甜的，但甜度各不相同。每个生产者都有其特定的风格，强化的时间选择取决于最初的葡萄醪重量和期望达到的甜度。

因为波特酒所使用的葡萄烈酒酒精度不超过 77%，再加上强化之前的酒精度很低，意味着必须使用大量的烈酒。一瓶波特酒的总体积中平均 20% 为烈酒。相比之下，一瓶菲诺雪莉酒中的烈酒含量仅占总体积的 3.5%。

发酵结束后，波特酒通常被运输到杜罗河下游的加亚新城（Villa Nova de Gaia）进行熟化，那里凉爽的沿海气候非常适合波特酒缓慢熟化。也有部分波特酒始终存放在杜罗河上游地区熟化，那里较高的气温有利于酒液较快熟化和褪色，从而酿造出茶色波特酒（Tawny Port）。

宝石红风格的波特酒通常采用非常大的橡木桶或不锈钢罐进行短时间熟化，尽量减少氧化的可能，在装瓶时带有浓郁的水果风味。宝石红波特酒（Ruby）、珍藏宝石红波特酒（Reserve Ruby）、晚装瓶年份波特酒（LBV）以及年份波特酒（Vintage Port）都是用这种方式熟化的。

另外，茶色波特酒在名为“Pipe”的小橡木桶中经过长时间的有氧熟化，酒液会呈现出石榴红色，最终变成红茶色，只有熟化期很长的才会完全变成棕色。在熟化过程中，水果香气会渐渐消失，产生葡萄干、核桃、咖啡、巧克力和焦糖的香气。这类波特酒在熟化过程中会形成沉淀，装瓶前几乎不需要再进行处理。

3. 波特酒的类型

（1）低价位波特酒。低价位波特分为宝石红波特酒和茶色波特酒。宝石红波特

酒通常用陈酿 1~3 年的酒液进行混合。这类波特酒缺乏更优质宝石红波特酒所具有的浓郁度、复杂性或单宁。茶色波特酒的陈年期并不比宝石红波特酒更长，而且没有经过长时间的氧化型陈年。茶色波特酒可以通过在下科尔果酿造的提取力度更小或酒体更轻盈的波特酒加入白波特酒，在炎热的杜罗河陈年以及重度下胶除去颜色等方法获得颜色。

（2）特殊类别的波特酒。特殊类别的波特酒可以细分为珍藏波特酒（Reserve）、年份波特酒（Vintage）、单一葡萄园年份波特酒（Single Quinta Vintage Port）、晚装瓶年份波特酒（Late Bottled Vintage）和带有年龄标识的茶色波特酒（Tawny with an Indication of Age）。珍藏波特酒（葡萄牙语为 Reserva）必须至少在橡木桶中陈年 6 年。珍藏波特酒指的是品质比一般的波特酒更高的宝石红和茶色波特酒。一款波特酒是否符合这一类别由官方的品鉴小组来决定。

年份波特酒，酒庄必须在采收后的第二年确定发售年份波特酒的意向，并且必须不迟于第三年装瓶。装瓶之前的所有陈年过程都必须在大橡木桶或不锈钢罐中进行，未经下胶和过滤。这类波特酒在发售时浓郁度和单宁在所有类别的波特酒中都是最高的。有些消费者选择在其年轻阶段饮用，但这类波特酒能够在瓶内陈年长达数十年，并在陈年过程中能够形成很厚的沉淀。对于大多数的生产者而言，年份波特酒会被作为旗舰产品。年份波特酒平均每 10 年仅酿造 3 次，通常由生产者最佳葡萄园的最佳酒液混合而成。是否发布一款特殊年份的波特酒由生产者自行决定，不必达成共识。如有些生产者选择发布 1991 年份，而另一些则认为应该发布 1992 年份，还有些选择两个年份都发布。然而，2000 年、2003 年、2007 年和 2011 年是公认的应该发布的年份。

单一葡萄园年份波特酒来自单一葡萄园（葡萄牙语为 Quinta），葡萄园名称会出现在酒标上。有些仅拥有一座葡萄园的小型生产者仅在极佳的年份才发布这类波特酒。拥有多座葡萄园的大型生产商则采用不同的方式。在最好的年份，会在所有葡萄园中挑选最佳酒液来酿造年份波特酒。在无法发布年份波特酒的普通年份，则会将当年的最佳酒款作为单一葡萄园年份波特酒发售。这类波特酒的名望不及年份波特酒，但也同样品质很高。这类波特酒装瓶后通常在酒窖进行陈年，直至达到适饮期才被发售。

晚装瓶年份波特酒（缩写为 LBV）由单一年份的葡萄酿造，在装瓶之前需要经过 4~6 年的陈年。与年份波特酒相比，在大橡木桶中进行的额外陈年使这类波特酒在出售时更加易饮。绝大多数的晚装瓶年份波特酒都经过下胶和过滤。风格与高品质的珍藏宝石红波特酒相似，装瓶后即可饮用，极少会受益于进一步的瓶内陈年。未经过滤的晚装瓶年份波特酒比较少。风格上与年份波特酒更相似，而且往往能够受益于瓶内陈年。与年份波特酒类似，未经过滤的晚装瓶年份波特酒会在瓶底形成沉淀，饮用之前需要醒酒。

带有年龄标识的茶色波特酒在小橡木桶中经过长时间的氧化型陈年，可以标注为 10 年、20 年、30 年或 40 年。所使用的酒液必须具备该年龄酒液应有的典型特征，才有资格使用这种标签。因此，酒标上标注的数字为平均年龄，而非混合组分的最低年龄。酒标上必须注明装瓶的年份，这非常重要，因为这类波特酒装瓶后会失去新鲜度。这类波特酒是所有茶色波特酒中顶级的，最佳酒款极其复杂浓郁，有些生产者专门酿造茶色波特酒并以此作为旗舰产品。

（三）马德拉酒（Madeira）

1. 马德拉酒简介

马德拉酒起源自马德拉群岛，是大航海时代的产物。在跨越大西洋的航海过程中，来自英国和西班牙的探险家们会将船停在马德拉岛，补充饮用酒和其他生活用品。当时，为了防止葡萄酒在长途航行中变质，人们会往酒里加入白兰地。在白天，葡萄酒受热升温，到了晚上，温度又下降，此过程不断循环。如今，这一过程被称为马德拉化（Maderization）。经过处理后的马德拉酒颜色更深邃，口感更丰富，带有坚果和果干的风味。

马德拉岛为多山地形，梯田式的葡萄园都位于北部和南部海岸陡峭的斜坡上。该岛为温带气候，夏季炎热潮湿，冬季温和。这里的降水量变化范围较大，最高海拔地区的降水量大约为 3000 毫米，而最低海拔地区的降水量仅约 500 毫米。当然，高湿度也意味着这里的真菌疾病较严重。

马德拉岛位于葡萄牙西南方向的大西洋中，仅有 900 英亩（约 36 平方千米）的葡萄园。葡萄园与酿酒厂是分开管理的，而且现存的马德拉葡萄酒厂只有 8 家。马德拉葡萄酒协会对每个酒庄的葡萄酒分别进行盲品，达标之后才会被允许装瓶出售，以此来维护马德拉葡萄酒的品质。

2. 马德拉酒的酿造

马德拉是单一品种葡萄酒，只有 5 个主要葡萄品种被允许酿造马德拉，它们可以带来不同的天然甜度，分别是舍西亚尔（Serdal）、维德和（Verdelho）、布尔（Bual）、马里瓦西亚（Malvasia/ Malmsey）和黑莫乐（Tinta Negra）；除黑莫乐外，另外四个白葡萄品种也被称为酿造马德拉酒的贵族品种。

舍西亚尔用于酿制口感清爽和纯净的干型葡萄酒；维德和用于酿制芳香的半干型葡萄酒；布尔用于酿制半甜的葡萄酒；马里瓦西亚用于生产最甜的葡萄酒；黑莫乐是红葡萄品种，用于酿制甜度不同的葡萄酒。

随着现代化的发展，马德拉酒的发酵过程已经广泛在不锈钢罐和温控设备下进行。发酵时间的长短，取决于生产者以及最终葡萄酒所要求达到的甜度。一旦达到所需甜度，即加入 96% 的葡萄烈酒中止发酵过程。通常来说，在发酵过程开始后 1~5 天内便会进行加强，最甜的葡萄酒最早进行加强。

在高温和氧气的双重作用下，葡萄酒中的清新果味逐渐减弱，咖啡、可可和坚果等氧化的味道慢慢展现出来。在马德拉化（Maderization）过程中，葡萄酒已经被充分氧化，这也是开瓶后的马德拉酒能长期保持其风味的秘密所在。马德拉化（Maderization）过程有温架法（Canteiros）和温室法（Estufa）两种方法。

温架法是将装葡萄酒的木桶放置于酒商熟化室顶层被称为“Canteiros”的架子上，在这里受到阳光照射，使其温度升至 30℃以上。所有的单一葡萄品种和年份葡萄酒，以及一些高质量的黑莫乐酿制的葡萄酒都在这种传统的系统中熟化。使用温架法酿造的葡萄酒在出售前必须至少熟化 3 年的时间。温室法是用泵将葡萄酒被抽至 Estufa 容器中，这类容器通常由不锈钢制成，之后葡萄酒在 45~50℃的环境中加热至少 3 个月。通过装有一定温度热水的蛇形管（内置）或者袖套（外置），系统中的温度被严密控制。该过程用于酿造更加商业化、较年轻的非单一葡萄品种的葡萄酒。通过温室法酿造的葡萄酒可能熟化仅两年后即可出售。

3. 马德拉酒的类型

马德拉酒包括各类具有陈年指数的混酿酒，以及年份葡萄酒。随着陈年时间增长，葡萄酒会愈加复杂和浓郁。马德拉酒可以分为具有陈年指数的葡萄酒和年份标识葡萄酒。

具有陈年指数的葡萄酒又可以细化为四种类型：①精致型（Finest，由黑莫乐葡萄酿制，使用温室法熟化三年）；②珍藏型（Reserva/Reserve）主要由黑莫乐葡萄酿制经过5年的熟化，但也有一些由四个贵族品种酿制，具有以品种名来命名的酒标；③特别珍藏型（Reserva Especial/Special Reserve）或陈年珍藏型（Reserva Velha）通常是由通过温架法熟化10年的葡萄酒进行的混合，酒标会出现葡萄品种的名字；④超长珍藏型（Reserva Extra/Extra Reserve）通常是由通过温架法熟化10年的葡萄酒进行的混合，酒标会出现葡萄品种的名字。

年份标识葡萄酒可以细化为两种类型：单一年份（Colheita）马德拉酒必须在橡木桶中熟化至少5年，它可能是黑莫乐葡萄品种的混酿酒或者在酒标上标注葡萄品种的名字；弗拉科拉（Frasqueira）或年份酒（Vintage）是马德拉酒中的极致风格，这些酒必须在酒标上标示出品种的名字，用贵族品种酿制，并且必须在橡木桶中熟化至少20年。许多已经装瓶的葡萄酒年龄都非常老，有些甚至超过了一个世纪，该类型的马德拉酒非常复杂，酸度很高，具有多层的氧化味道、焦烤糖和果脯的芳香。

著名的马德拉酒的品牌有马德拉酒（Madeira Wine）、鲍尔日（Borges）、巴贝都王冠（Grown Barbeito）、法兰加（Franca）。

（四）马萨拉酒（Marsala）

马萨拉酒产于意大利西西里岛（Sicilia）西北部的马萨拉一带。19世纪初，为对抗拿破仑对意大利的侵略，英国派兵驻扎在西西里岛。其间英军发现了当地的葡萄酒，想将酒运回英国，于是他们采用了和当初从葡萄牙运酒回国同样的方式——往酒里面加入少许白兰地防止葡萄酒在漫长的海运途中氧化，马萨拉酒由此产生。

马萨拉酒由卡塔拉托（Catarratto）、格里洛（Grillo）、尹卓莉亚（Inzolia）等西西里岛的本地葡萄品种酿成，一般由三种葡萄混酿。其发酵方法与其他加强型葡萄酒大同小异，即在葡萄醪达到预设的酒精度数之后，向酒中加入高酒精度的白兰地打断发酵。而马萨拉酒之所以被称为“西西里岛的雪莉酒”则是因为它的熟化系统与雪莉酒所用的索莱拉类似，都能将多个年份的酒液混合。

马萨拉酒根据熟化工艺不同可以细分为两种类型：马萨拉索莱拉（Marsala Vergine/Soleras）和马萨拉康乔托（Marsal Conciato）。

马萨拉索莱拉通常是采用白葡萄酿造，发酵完后再用高酒精度的葡萄酒或烈酒进行加强，之后采用索莱拉系统陈酿。根据陈酿年份的不同，马萨拉索莱拉又可以

分为马萨拉索莱拉（陈酿至少 5 年）和马萨拉索莱拉珍藏（Marsala Vergine/Soleras Stravecchio，陈酿至少 10 年）。

马萨拉康乔托在发酵完成后选择加入酒精、Mosto Cotto① 或 Mistelle② 进行加强，之后采用普通的橡木桶陈酿。马萨拉康乔托酒根据不同的陈酿年份又可分为优质马萨拉酒（Fine，陈酿约 1 年）、超级马萨拉酒（Superiore，陈酿至少 2 年）以及超级珍藏马萨拉（Superiore Riserva，陈酿至少 4 年）。

除此之外，马萨拉酒还可以根据颜色进行分类，分为金黄色萨沙拉（Oro Marsala）、琥珀色马萨拉（Ambra Marsala）以及宝石红马萨拉（Rubino Marsala）等。根据酒中的剩余糖分，马萨拉酒又可划分为干型（Secco，糖分少于 40g/L）、半干或半甜型（Semisecco，糖分为 41g/L~100g/L）和甜型（Docle，糖分大于 100g/L）。

根据 1984 年重新修订的 DOC（原产地命名控制）产区法规定，马萨拉酒的产量受到严格的限制，规定白葡萄每公顷不高于 1 万千克，红葡萄每公顷不高于 9000 千克。马萨拉产区正竭力打造真正的“西西里的雪莉酒”。

（五）马拉加酒（Malaga）

马拉加的酿酒史可以追溯到公元前 6 世纪，马拉加酒在西班牙语中被称为“Málaga Vino”，是西班牙马拉加省出产的多种葡萄酒的总称，其中以强化葡萄酒闻名。

马拉加葡萄产区有 3 个 DO 级产区，分别是马拉加（Malaga）、马拉加山区（Sierras de Malaga）和马拉加葡萄干（Pasas de Malaga），葡萄园种植总面积约有 12 平方千米，约 30 家生产者，平均年产量约 200 万升。

马拉加 DO 产区（D.O. Malaga）成立于 1933 年，以出产古老的马拉加强化葡萄酒闻名，因此该名号主要冠名的产品是强化葡萄酒和天然甜酒（Vino Dulce Natural）；马拉加山区 DO 产区（D.O. Sierras de Malaga 或 D.O.Serrania de Ronda），成立于 2001 年，与 D.O. Malaga 共享葡萄园，但仅限用于传统静态红葡萄酒、白葡萄酒和桃红葡萄酒的冠名，马拉加葡萄干 DO 产区（D.O. Pasas de Malaga），是葡萄干的产区名称，与葡萄酒无关。

---

① 意大利传统甜味剂，使用煮过的新葡萄酒汁制作而成，影响着酒的味道和颜色。
② 一种葡萄汁和浓缩新葡萄酒汁的混合物，影响着酒的糖分含量和香味。

传统上，马拉加酒只用麝香（Moscatel）和佩德罗—希梅内斯（Pedro Ximenez）葡萄酿制。此外，还有多拉迪拉（Doradilla）、罗梅（Romé）和莱朗（Lairén）等，主要用来酿制稀有混酿型白葡萄酒。在马拉加产区出产的传统红葡萄酒属于稀有混酿（Rare Red Blend）风格，主要由国际流行品种歌海娜（Grenache）、西拉（Syrah）、丹魄（Tempranillo）、赤霞珠（Cabernet Sauvignon）和梅洛（Merlot）等品种混合酿制。

马拉加 DO 级产区以由麝香和佩德罗—希梅内斯酿造的甜酒而闻名。马拉加甜酒以口感纯净著称，充满热带水果味，如芒果、桃子、木瓜和杏子等，口感脆爽、结构平衡，还伴有矿物气息。

马拉加产区地处地中海北边，属于典型温带地中海气候，内陆地区略微受大陆气候影响，比较凉爽。整体上，这里的夏季和秋季炎热干燥，春季和冬季温和，降雨量少。全区地质较复杂，地形崎岖，既有山谷斜坡也有丘陵和平原，平均海拔 600 米。土壤以白垩土、石灰岩和黏土为主。南部炎热干燥的气候适合佩德罗—希梅内斯生长，而北部凉爽的气候更适合麝香葡萄的种植。

马拉加强化葡萄酒的酿制方法与雪莉酒类似，发酵前的葡萄需要在太阳下风干数日，等葡萄的糖分含量达到要求后才进行压榨和发酵。多数酒在大橡木桶中进行陈年熟化，也有像雪莉酒一样的索莱拉系统熟化。

按酿造工艺分为两种类型：第一类，强化葡萄酒。用佩德罗—希梅内斯和麝香葡萄酿制，允许添加总量不超过 30% 的多拉迪拉、罗梅和莱朗等品种。在酿造过程中用葡萄蒸馏酒精或煮沸的浓缩葡萄汁（Arrope）进行强化，酒精浓度为 15%~22%。第二类，静态葡萄酒（Vinos tranquilos）。指没有进行酒精强化的传统葡萄酒，主要分三类：①天然甜酒（Dulce Natural / Vino Naturalmente Dulce）：用过熟的佩德罗西门内—希梅内斯和麝香葡萄酿制，规定天然酒精浓度必须大于 13%；②葡萄干甜酒：用自然风干的葡萄干（Uvas Pasificadas）酿制，其他没有具体的规定；③干型葡萄酒（Dry wines）：用正常的成熟葡萄酿制，限定酒精浓度不超过 15%。

按糖分含量分为四种类型。①甜型（Sweet/Dulces）：残糖含量大于 45g/L；②半甜型（Semi-sweet/Semidulces）：残糖含量为 12~45g/L；③半干型（Semi-dry / Semisecos）：残糖含量为 4~12g/L；④干型（Dry /Secos）：残糖含量小于 4g/L。其中甜型马拉加酒（Málaga Dulces）又可以划分为三种类型：①大师酒（Vino

maestro）：指在发酵结束前加入不超过 8% 的葡萄酒蒸馏酒精，当酒精浓度达到 15%~16% 时发酵会终止，酒中保留了部分残糖（超过 100g/L），从而为葡萄酒带来天然甜味。②柔和的酒（Vino tierno）：用在阳光下风干后的高糖分葡萄酿制，发酵前的葡萄汁糖分含量大于或等于 350g/L，在发酵过程中用葡萄酒蒸馏酒精进行强化，酒精浓度和甜度都比较高。③天然甜酒（Vino dulce natural）：用天然糖分含量超过 212g/L 的佩德罗—希梅内斯和麝香葡萄原汁酿制的天然甜酒。

按陈年熟化时间分为五种类型。①马拉加（Málaga）：陈年熟化时间为 6~24 个月。②贵族马拉加（Málaga Noble）：陈年熟化时间为 2~3 年。③阿涅霍马拉加（Málaga Añejo）：陈年熟化时间为 3~5 年。④特拉萨阿涅霍马拉加（Málaga Trasañejo）：陈年熟化时间在 5 年以上。⑤浅色马拉加（Málaga Pálido）：用索莱拉系统熟化，不计酒龄，属于多年份混合型强化葡萄酒。

按酒体颜色可以分为四种类型。①金色（Golden/Dorado）：一种添加浓缩葡萄汁强化后含有天然糖分的金色强化葡萄酒。②金红色（Rot Gold/ Rojo Dorado）：指颜色呈金红色且没有进行陈年熟化的强化葡萄酒，在酿造过程中允许添加不超过 5% 的糖分。③棕色（Brown /Oscuro）：指酒体经陈年后呈深色或棕色的强化葡萄酒，在陈酿之前允许添加 5%~10% 煮沸的浓缩葡萄汁。④黑色（Dunkel/Negro）：指酒体呈深色或黑色的强化葡萄酒，在陈酿之前有添加超过 15% 的煮沸浓缩葡萄汁，并经过陈年熟化。

（六）甜食酒的饮用方法

根据酒品本身的特点和不同国家的饮用习惯，甜食酒的品种中有的作为开胃酒，有的作为餐后酒。如雪莉酒中的菲诺类（Fino）酒，常被用作开胃酒，而奥罗索类酒则可用来佐甜食，作为甜食酒。波特酒的饮用，根据不同国家的习惯而有差异，如英语国家常将其作为餐后酒饮用，法国、葡萄牙、德国以及其他国家则常将其作为餐前酒。一般情况下，将甜食酒中的干型酒作为开胃酒；较甜熟的甜食酒可作为餐后酒，常温提供。波特酒也可作为佐餐酒。

甜食酒中的雪莉酒和波特酒都有专门的杯具，甜食酒的标准用量为 50mL/ 杯。不同的酒品，饮用温度也有差异。作为餐前酒的甜食酒，需冰镇以后饮用，如果作为餐酒可以常温饮用。另外，陈年波特酒因有沉淀，故需要进行滗酒处理。

思考题

甜食酒中使用索莱拉系统进行陈年的酒有哪些?

相关链接

加强型麝香葡萄酒（*Fortified Muscats*）

麝香家族的葡萄品种自古以来就因较高的糖分含量和独特的花果香而备受推崇。罗马作家老普林尼（Pliny the Elder）因麝香葡萄容易吸引果蝇、蜜蜂等昆虫，称其为“蜜蜂的葡萄”。也正是这些特点使得麝香葡萄成为酿造风味浓郁、残糖量较高的加强酒的理想品种。麝香葡萄喜好温暖和炎热的气候，酸度均为低到中等，酿出的加强酒带有橙花、玫瑰和葡萄的芬芳香气。

加强型麝香葡萄酒的主要风格有两种：年轻且未经熟化的麝香葡萄酒和经过陈年且完全成熟的麝香葡萄酒。

年轻且未经熟化的麝香葡萄酒呈中等深度的金黄色，通常为甜型，保留着麝香葡萄一类的香气。常采用成熟且饱满的健康葡萄酿制。麝香葡萄经破碎后，果皮和果汁会立即被分离开来，但也有些酒庄会进行一段时间的果皮接触，以使成酒带有更浓郁的香气和饱满的口感。随后，葡萄汁会在低温的环境下进行发酵。为了保留麝香葡萄浓郁的芳香和酒液中的较高糖分含量，酿酒师会在葡萄酒发酵的前期添加中性烈酒中断发酵。之后，这些酒液在装瓶前会被储藏在惰性容器中以避免与氧气接触。

经过陈年且完全成熟的麝香葡萄酒的具体风格取决于葡萄的采收时间、葡萄酒的强化时间、熟化类型和熟化时间的长短，成酒是甜型或极甜型。不同于酿造年轻风格的加强型麝香葡萄酒，如果想要酿造出非常甜的风格，酒庄会将成熟的葡萄留在树上自然风干一段时间，以增加葡萄风味的复杂度，并浓缩其中的糖分。而风干会损失麝香葡萄本身的品种芳香，同时带来更多的干果特征。

在发酵过程中保持果皮接触可以让成酒更为饱满复杂。如果是酿造极甜风格的加强酒，当酒液的酒精浓度达到2%时，酿酒师便会开始加强。之后，经加强的葡萄酒会被放入旧橡木桶中，在温暖的环境下进行氧化型陈年。随着陈年，酒液的颜色会逐渐变成琥珀色，最终变成棕色，并发展出浓郁的氧化型香气。澳大利亚路斯格兰（Rutherglen）的麝香葡萄酒便是风格加强型麝香葡萄酒的典型代表。

三、利口酒（Liqueur）

利口酒又称餐后甜酒，是由英文Liqueur音译而来的，在美国称“Cordial”。餐后甜酒是以蒸馏酒（白兰地、威士忌、朗姆酒、金酒、伏特加）为基酒配制各种调香物品，并经过甜化处理（至少含有2.5%的糖分）的酒精饮料。具有高度或中度的酒精含量，颜色娇美、气味芬芳独特、酒味甜蜜，故法国人称为“Digestifs”，适合在餐后饮用。因利口酒含糖量较高，相对密度大，色彩鲜艳，常用来增加鸡尾酒的颜色和香味，突出其个性。仅用数滴利口酒，就可以使一杯鸡尾酒改变其风格，利口酒是调和彩虹酒不可缺少的原料。另外，利口酒还可用于烹调、烘烤，以及制作冰激凌、布丁等一些甜点。

（一）利口酒的酿造方法

利口酒是用烈酒加香草料、蜜糖配制而成的，因其所用的原料不同，操作方式各异，归纳起来有以下4种：

• 浸渍法：将果实、药草、果皮等浸入酒中，再经分离而成。

• 蒸馏法：将香草、果实、种子等放入酒精中加以蒸馏。这种方法多用于制作无色、透明的甜酒。

• 渗透过滤法：采用过滤器进行生产，上面的玻璃球内放草药、香料等，下面的玻璃球内放基酒，加热后，酒精蒸气会上升，萃取香料、草药的气味下降、上升，再下降，循环往复，直至萃取到足够的味道为止。

• 混合法。将植物性的天然香精加入到白兰地或食用酒精等烈酒中，再调其颜色和糖度。

（二）利口酒的种类

世界上生产的利口酒种类繁多，分类方法也各种各样。按照酿造利口酒所用的主要调香、调味原料的种类可以分为水果类利口酒、草本类利口酒、种子类利口酒和其他特殊类利口酒四大类。

1. 水果类利口酒

以水果为原料制成，有些还以水果的名称命名利口酒，如樱桃白兰地。水果类利口酒主要由三部分构成：水果（包括果实、果皮）、糖料和基酒（白兰地或其他蒸馏酒）。一般采用浸渍法制作，口味新鲜、清爽，宜新鲜时饮用。著名的水果类利口酒有以下几种。

（1）橘皮甜酒（Curacao）。橘皮甜酒出产于荷兰的库拉索岛，该酒是由橘皮调香浸渍而成的利口酒。颜色多样，有透明无色、绿色、蓝色等品种。橘香怡人、清爽、优雅，味微苦，适宜作为餐后酒和调配鸡尾酒的辅料。

（2）君度酒（Cointreau）。早在 1849 年，第一家君度酿酒厂便在法国诞生。20 多年后，君度酒的发明人爱德华 · 君度（Edouard Goitttreau）从父辈手中接管了酿酒厂，经过长时间的奋斗，君度家族已成为当今世界上最大的酒商之一。君度酒畅销世界 100 多个国家，是当今绝大多数酒吧、西餐厅中不可缺少的酒品。酿制君度酒的原料是一种不常见的、青色的、犹如橘子的果子，其果肉又苦又酸，难以入口。这种果子来自海地的毕加拉、西班牙的卡娜拉和巴西的以拉。

君度酒厂家对于原料选择非常严格，在海地，每年的 8~10 月，青果子还未完全成熟便被摘下来。为了采摘时不损坏果实，当地农民使用一种特别的刀，在刀下系个塑料袋，当果子砍下后便掉入袋中，然后将果子一分为二，用勺子将果肉挖出，再将剩下的果皮切成两半放在阳光下晒干，经严格的挑选后才能用。君度酒的优异酒质是其他品牌无法复制的，君度酒的酿制秘方一直被君度家族视为最珍贵的资产，受到严密的保护。

君度酒具体饮用方法是：在古典杯中加入 3~4 块小冰块，然后将一份或两份君度酒慢慢倒入杯内，待酒色渐透微黄并开始浑浊，以柠檬皮装饰即可。除此之外，

君度酒也是调制鸡尾酒的配料，著名的旁车、玛格丽特等便是使用君度酒调制的两种鸡尾酒。

（3）柑曼怡（Grand Manier）。柑曼怡又称金万利，产于法国的干邑地区，是用苦橘皮浸制调配成的。酒精含量在40%左右，橘香突出、口味浓烈、劲大、甘甜、醇浓。

（4）樱桃利口酒（Cherry Liqueur）。樱桃利口酒是一种用浸渍法提取樱桃果肉和果汁的香味及颜色所制成的利口酒。在英国被称为樱桃利口酒（Cherry Brandy），在美国被称樱桃果味利口酒（Cherry Flavored Brandy），在法国被称利口酒·德斯利兹（Liqueur de Orise）。其基本制法是将成熟的樱桃浸渍于中性烈性酒中，用桂皮和丁香调整其风味之后，再进行过滤和熟成。

（5）黑樱桃利口酒（Maraschino）。在意大利和斯洛文尼亚国境接壤地带，有许多用马拉斯奇诺樱桃制造的无色透明利口酒。将樱桃破碎、发酵后，进行3次蒸馏，再进行熟成，最后加水、烈性酒及果汁制成成品。此酒是由1821年在意大利车热那亚出生的吉罗拉莫·鲁库萨尔德创制的，直至现在，各国的酿酒厂仍在生产销售，如在法国就以玛拉斯堪（Marasquin）的名字加以销售。

（6）黑加仑利口酒（Crème de Cassis）。黑加仑利口酒是将黑加仑[①]的果实破碎后，浸渍于烈性葡萄酒或一般葡萄酒之中，加糖成熟，过滤后制成成品。这是一种水果香味非常丰富的利口酒，但由于酒精含量很低，抗氧化能力很弱，所以开瓶后要放入冷柜保存并尽快饮用。其主要品牌有：第戎（Cassis de Dijon）、博恩（Cassiw de Beaune）、西斯卡（Sisda）、苏培（Super Cassis）等。

（7）杏子白兰地（Apricot Brandy）。杏子白兰地是将杏子的果肉浸渍于烈性酒之中，再加入香料调整其口味制成的一种利口酒。

（8）香蕉利口酒（Banana Liqueur）。香蕉利口酒是用新鲜且完全成熟的香蕉为原料制成的利口酒。以往酒的口味较为厚重，酒质为透明的黄色。

（9）李子金酒（Sloe Gin）。李子金酒是将黑刺李（Sloeberry）果实的味道溶解于烈性酒之中制成的一种利口酒。最初是在英国人的家庭中，将黑刺李浸渍在金酒之中作为保健品来饮用的，因此有了“李子金酒”这一名称。

---

① 又称黑醋栗，英语为Black Currant，法语为Cassis。

（10）马利宝（Malibu）。马利宝又称椰子朗姆酒，是1980年修布莱茵公司推出的椰子风味的利口酒。它是在牙买加朗姆酒中配进椰子香精制成的，酒精含量为24%，在欧洲很受人们的欢迎，是调制鸡尾酒的上佳原料。

（11）尚博德（Chambord）。尚博德名称取自于卢瓦尔河谷的著名城堡尚博德。该酒在盎格鲁—撒克逊地区常被用来调制鸡尾酒，由红色和黑色覆盆子、马达加斯加香草、摩洛哥柑橘皮等浸泡在干邑白兰地中，再把浸泡所得的酒用姜、槐树蜂蜜和辣椒调香，并倒入橡木桶中储藏。酒精含量为16.5%。

除此之外，白橙味甜酒（Triple Sec）、桃子利口酒（Peach Liqueur）、蜜瓜利口酒（Melon Liqueur），百香果利口酒（Passion Fruit Liqueur）等也都是很好的水果利口酒。

2. 草本类利口酒

草本类利口酒的配制原料是由草本植物组成的，制酒工艺颇为复杂，往往带有浓厚的神秘色彩，配方及程序严格保密。著名的草本类利口酒有以下几种。

（1）查尔特勒酒（Chartreuse）。查尔特勒酒又称修道院酒，是世界闻名的利口酒，有“利口酒女王”之称。因其在修道院酿制并具有治疗病痛的功效，故又有“灵酒”之称。此酒为法国谢托利斯修道院（La Grande Chartreuse）独家制造，配方保密，从不披露。分析表明：它是以葡萄酒为基酒，浸制100多种草药（包括龙胆草、虎耳草、风铃草等），再勾兑以蜂蜜，需陈酿3年以上，有的长达12年之久。

（2）当酒（D.O.M. Benedictine）。当酒简称D.O.M.，是拉丁语Deo Optimo Maximo的缩写，意思是献给至善至高的上帝。1510年，在法国北部诺曼底的费康（Fecamp）地区，本尼迪克特派修道院的修道士东·贝尔纳德·宾切利（Dom Bernard Vincelli）首先制出了这种酒。当酒是用葡萄蒸馏酒做基酒，用海索草、当归、丁香、肉豆蔻、柠檬果皮等27种草药调香，再掺兑蜂蜜配制而成。颜色为黄褐色，酒精含量为40%左右，口味圆润丰满，甜味强烈。当酒既可掺水饮用，也可作为餐后酒或用于调配鸡尾酒。

（3）杜林标（Drambuie）。杜林标产于英国，是一种用草药、威士忌和蜂蜜配制成的利口酒，此酒常用于餐后酒或加冰饮用。酒名来自于盖尔语的“Dram Buidheach”，意思是能使你心旷神怡的饮料。在商标上印有“Prince Charles Edlward's Liquer”字样，意思是“查尔斯·爱德华王子的利口酒”。这里蕴藏着一

个故事：苏格兰斯图亚特王朝的后代查尔斯·爱德华1745年在争夺王位的战争中失败，他从苏格兰逃走时将皇室秘传的利口酒配方赠给了竭尽忠诚的玛基诺家族，这种酒就是根据这个配方制造出来的。

（4）加里安奴（Galliano）。加里安奴甜酒产自意大利，是以19世纪意大利的英雄加里安奴将军的名字命名的酒品。酿造时浸渍法和蒸馏法并用，并且加入40多种药草和香草，从中提取香味，经过调配之后酿制出来金黄色透明甜酒。加里安奴味道醇美，香味浓郁，酒精含量为35%左右。一般将其盛放在高而细长的酒瓶内。加里安奴酒里融合了英雄与浪漫的情怀，它给人带来欢乐、温暖，是调酒常用的配料。

（5）薄荷利口酒（Peppermint）。薄荷利口酒是从薄荷叶中提取薄荷油，然后调配进果汁，再与烈性酒混合制造的利口酒。不用色素的是无色透明的白薄荷酒，使用色素的则是绿薄荷酒。比较著名的是吉特薄荷酒（Peppermint Get），因其酒瓶的外形像一只葫芦，所以有人又把它称为“葫芦绿”，1859年由法国的吉特兄弟所创办的公司生产。吉特27是绿薄荷酒，酒精含量为21%；吉特31是白薄荷酒，酒精含量为24%。

（6）紫罗兰利口酒（Violet）。紫罗兰利口酒是一种再现紫罗兰花色和香味的利口酒。实际上它是用蔷薇、扁桃、芫荽、香草、柠檬果皮、橘子皮以及其他香草类植物同中性烈性酒调配在一起而制成的一种利口酒。

（7）桑布卡（Sambuca）。桑布卡是意大利特产的一种利口酒，以埃路达（Elder，一种灌木）的花卉提取液为基体，再配以甘草、小茴香种子等制成，具有浓郁的香草和茴香的味道。酒精含量为40%左右，因其糖分较高，所以适合冲兑汽水饮用。

3. 种子类利口酒

种子利口酒是用植物种子为基本原料制成的利口酒。一般用于酿酒的种子多是含油高、香味较强的坚果种子，著名的酒品有以下几种。

（1）茴香利口酒（Anisette）。茴香利口酒起源于荷兰的阿姆斯特丹（Amsterdam），是地中海诸国最流行的利口酒之一。法国、意大利、西班牙、土耳其等国家均生产茴香利口酒。其中以法国和意大利的产品最为著名。制酒时，先用茴香和酒精制成香精，再勾兑以蒸馏酒和糖液，然后经过冷处理以澄清酒液，过滤后制成成品，酒精含量在 30% 左右。

（2）杏仁利口酒（Liqueurs d'Amandes）。杏仁利口酒以杏仁和其他果仁为酿酒原料，酒液锋红发黑，果香突出，口味甘美，以意大利出产的安摩拉多·第·撒柔诺（Amaretto di Sarano）最为杰出，该酒酒瓶为透明厚玻璃，呈柔和扁方形，有一黑色方形瓶盖，前贴商标、后贴故事，拔开瓶塞，含有一股杏仁的清香散发出来，可以和许多种果汁混合，均可调制出可口的鸡尾酒。此外，法国的果核酒（Crème de Noyaux）也是著名的品牌。

（3）可可利口酒（Crème de Cacao）。可可利口酒又称为巧克力利口酒，是以可可为主要香味原料浸入基酒中，或直接用可可豆加入其他植物蒸馏而成的利口酒。种类繁多，口味极甜，酒精含量为 30% 左右。用白可可豆可以制成无色透明的产品。将可可豆焙炒后，再用循环过滤的方式制出带颜色的液体，可以制出深褐色的可可利口酒。在调制鸡尾酒时可可利口酒被广泛地运用。

（4）咖啡利口酒（Coffee Liqueur）。咖啡利口酒是以咖啡豆为主要香味原料制作的利口酒。先将咖啡豆进行烘焙粉碎，再进行浸渍和蒸馏，然后将不同的酒液进行勾兑，加糖处理，经过澄清和过滤制成成品。咖啡利口酒酒精含量为 20%~30%。

（5）添万利（Tia Maria）。添万利是所有咖啡利口酒的鼻祖，起源于 18 世纪，主要产地是牙买加。它以朗姆酒为基酒，加入当地产的蓝山咖啡和香料酿成，除了有浓郁的咖啡香味以外，还有细微的香草味，酒精含量为 20%。

（6）甘露咖啡利口酒（Kahlua）。甘露咖啡利口酒是墨西哥产的咖啡甜酒，在美国市场十分畅销。该酒以烈性酒为基酒，墨西哥咖啡为辅料，再加上可可、香草制成，其酒精含量为 20%。甘露咖啡利口酒不但纯饮时口味浓重，风味独特，还可以用来调配鸡尾酒。若将它浇在冰激凌上或调在牛奶中会使这些食物味道更好。

此外，咖啡利口酒还有很多，酒标上写有法文"Café"或"Coffee"字样的皆属此列，如巴蒂奈特（Bardinet）、巴黎佐（Pairizot）和爱尔兰绒（Irish Velvet）等。

（7）榛子利口酒（Liqueur de Noisette）。榛子利口酒是以榛子树的果实榛子为主要香味原料，再加入一些调味料制成的具有特殊坚果味的利口酒。福兰杰里科利口酒（Frangelico Liqueur）是意大利生产的具有代表性的榛子利口酒。它是用野生榛子配以数种水果及花瓣的提取液制成的，具有多种果味感，并且各种味道配合得非常协调，其酒精含量为 20%。

4. 特殊利口酒

（1）蛋黄酒（Advocaat）。蛋黄酒是荷兰、德国等国家生产的鸡蛋利口酒。它是在白兰地或其他烈性酒中加入鸡蛋和糖分配制成的。荷兰语中“Advocaat”是辩护律师的意思。这一名称的来源是说如果喝了这种蛋黄酒，就会像辩护律师一样能言善道。蛋黄酒呈亮丽的黄色，香气独特，其酒精含量15%。

（2）生姜葡萄酒（Ginger Wine）。生姜葡萄酒是英国的特产酒。其制法是把生姜根的粉末浸渍于葡萄酒中，成熟后过滤制成。生姜葡萄酒口味非常清爽，酒精含量为13%左右。

（3）奶油利口酒（Cream Liqueur）。奶油利口酒是将具有丰富脂肪和蛋白质的奶油和酒精融为一体的甜美利口酒。其主要品牌有百利甜酒（Baileys Irish Cream）和莫扎特巧克力甜酒（Mozart Chocolate Cream liqueur）。百利甜酒是1974年最先推出的奶油利口酒。它是以爱尔兰威士忌为基酒配以新鲜奶油而制成，其酒精含量为17%。此款酒一经推出，很快就得到消费者的认可，特别受到女士们的青睐，现在是调制鸡尾酒的常用酒品。莫扎特巧克力甜酒是一种具有巧克力香味的利口酒。其主要成分是巧克力、橙皮和奶油，酒精含量为20%左右，口味芳香馥郁、甜润可口。

（三）利口酒的饮用方法

利口酒多用于餐后饮用，以助消化。因利口酒的酿制原料不同，酒品的饮用温度和方法也有差异。一般来说，水果类利口酒，饮用温度由饮者决定，基本原则是果味越浓，甜度越大；香气越烈，饮用温度越低。低温处理可采用溜杯、加冰块或冷藏等方法。草本类植物利口酒宜加冰饮用。所有奶油利口酒加冰霜效果最佳。种子类利口酒，一般在常温下饮用，但也有例外，茴香酒就常做冰镇处理。

利口酒的饮用方法多种多样。最好的方法是选用高度利口酒，慢慢饮用，细细品味，此外还可以与苏打水或矿泉水、碎冰、冰激凌或果冻等勾兑、搭配在一起饮用。做蛋糕时，还可用利口酒代替蜂蜜使用。另外，利口酒还可以增加冰激凌的颜色和味道。

思考题

如何自制利口酒？需要注意哪些事项？

相关链接

利口酒小贴士

鸡尾酒受欢迎的原因不仅在于口味，还有它所带来的炫目的色彩。利口酒在让鸡尾酒变得香甜的同时，还使它变得很细腻。这些年人工色素的流行使得专业调酒师可以随心地变换鸡尾酒的色彩，但大多数利口酒仍然使用诸如花、胡萝卜、各式糖浆和香料药草浸酒等天然食品来配制。

利口酒有助于让鸡尾酒中的各种酒精饮料均匀混合。因这些突出的优点，利口酒在酒吧中的地位无可替代。不同的利口酒生产商在生产同一风味的利口酒时，口感会呈现出较大的差别，这是由于它们使用的基酒不同及各种原料与酒液的接触时间长短不同所造成的。

情景训练

今天你作为酒吧新入职的调酒师，请制订一份熟悉和掌握增香增色类辅料的学习计划，从开胃酒、甜食酒与利口酒中各选择一个类型的酒制作培训课件，介绍给共同入职的新同事。

复习题

一、单选题

1. 雪莉酒的原材料是（　　）。

A. 苹果　　B. 葡萄　　C. 小麦　　D. 樱桃

2. 干味美思（Dry Vermouth 或 Secco）每升酒液中的含糖量为（　　）。

A. 0~4%　　B. 4%~15%　　C. 15%　　D. 10%~15%

3. 波特酒的酿酒葡萄种植和酿造都在（　　）杜罗河上游地区完成的。

A. 意大利　　B. 阿根廷　　C. 葡萄牙　　D. 西班牙

4. 素有“西班牙国酒”之称的是（　　）。

A. 波特酒　　B. 雪莉酒　　C. 马德拉酒　　D. 马萨拉酒

5. 格里洛（Grillo）葡萄品种用于酿造（　　）。

A. 波特酒　　B. 雪莉酒　　C. 马德拉酒　　D. 马萨拉酒

二、多选题

1.（　　）等葡萄品种用于酿造雪莉酒。

A. 帕洛米诺（Palomino）　　B. 多瑞加弗兰卡（Touriga Franca）

C. 亚历山大麝香（Muscat of Alexandria）　　D. 格里洛（Grillo）

E. 佩德罗—希梅内斯（PX）

2.（　　）等葡萄品种用于酿造波特酒。

A. 多瑞加弗兰卡（Touriga Franca）　　B. 红洛列兹（Tinta Roriz）

C. 红巴罗卡（Tinta Barroca）　　D. 国产图瑞加（Touriga Nacional）

E. 红卡奥（Tinto Cao）

3.（　　）采用非常大的橡木桶或不锈钢罐进行短时间熟化。

A. 石红波特酒（Ruby）　　B. 茶色波特酒（Twany）

C. 珍藏宝石红波特酒（Reserve Ruby）　　D. 晚装瓶年份波特酒（LBV）

E. 年份波特酒（Vintage Port）

4. 自然甜型的雪莉酒包括（　　）。

A. 佩德罗—希梅内斯（PX）　　B. 曼萨尼亚雪莉酒（Manzanilla）

C. 麝香葡萄酒（Muscat）　　D. 菲诺雪莉酒（Fino）

E. 帕罗考塔多雪莉酒（Palo Cortado）

5.（　　）属于干型雪莉酒。

A. 奥罗索雪莉酒（Oloroso）　B. 阿蒙蒂亚雪莉酒（Amontillado）

C. 麝香葡萄酒（Muscat）　D. 菲诺雪莉酒（Fino）

E. 曼萨尼亚雪莉酒（Manzanilla）

6.（　　）属于水果类的利口酒。

A. 君度酒（Cointreau）　B. 樱桃利口酒（Cherry Liqueur）

C. 查尔特勒酒（Chartreuse）　D. 杜林标（Drambuie）

E. 黑加仑利口酒（crème de Cassis）

7. 甜型马拉加酒（Málaga Dulces）可以划分为（　　）。

A. 大师酒（Vino Maestro）　B. 贵族马拉加（Málaga Noble）

C. 柔和的酒（Vino Tierno）　D. 阿涅霍马拉加（Málaga Añejo）

E. 天然甜酒（Vino Dulce Natural）

8. 利口酒根据原料的种类可以分为（　　）。

A. 水果类利口酒　B. 草本类利口酒

C. 种子类利口酒　D. 其他特殊利口酒

E. 谷物类利口酒

9. 利口酒的酿造方法有（　　）

A. 浸渍法　B. 蒸馏法　C. 渗透过滤法　D. 混合法

E. 发酵法

10.（　　）是世界上两大著名的开胃酒产地。

A. 意大利　B. 法国　C. 葡萄牙　D. 英国

E. 西班牙

任务二　调缓溶液类辅料

知识准备

调缓溶液的原料主要是碳酸饮料及果汁，其作用主要是使酒精度数下降，但不改变酒体风味，如矿泉水、可乐、汤力水、苏打水、各类果汁等。

一、矿泉水

矿泉水亦称“矿水”，是从地下深处涌出或人工开采且未受污染的地下水。因其是在地层深部循环而形成的，水质清澈，口感良好，含有钾、钠、钙、磷、铁、铜、锌、铝、锰等人体不可缺少的矿物质。有益于人体健康，可供饮用或医疗用。矿泉水无疑是调兑鸡尾酒及混合饮料的最佳用水。因其产地不同，所含的矿物质不同，味道亦不相同。

矿泉水是自然界比较稀少的水资源，经过大自然的过滤、矿化，而不是通过工厂工业化处理而成的，富含对人体有益的天然矿物质和微量元素。这与纯净水、矿物质水是完全不同的。

在地球北纬36°~46° 这一地带因盛产世界知名的天然矿泉水而被业内誉为“黄金水源带”。该地带分布了阿尔卑斯山、昆仑山等世界名山，法国依云、美国布岭、中国昆仑山、意大利索莱、瑞士瑞梭等珍稀矿泉水均产于这一带。这些高海拔地区常年被冰雪覆盖，地质条件独特，远离人类污染，是世界上不可多得的珍稀水源地。

（一）矿泉水的分类

根据不同的分类标准，矿泉水可以分为多种类型。首先，根据酸碱性分类，可以分为酸性水、中性水、碱性水；其次，按矿泉水特征组分可以分为九大类：偏硅酸矿泉水、锶矿泉水、锌矿泉水、锂矿泉水、硒矿泉水、溴矿泉水、碘矿泉水、碳酸矿泉水、盐类矿泉水；最后，根据产品中二氧化碳含量来分可以分为四类：含气天然矿泉水、充气天然矿泉水、无气天然矿泉水、脱气天然矿泉水。

（二）矿泉水的饮用方法

1. 矿泉水的最佳饮用方式

因矿泉水一般含钙、镁较多，有一定硬度。常温下钙、镁呈离子状态，易被人体所吸收。如若煮沸，钙、镁易与碳酸根生成水垢析出，这样既丢失了钙、镁等元素，还造成了感官上的不适，所以矿泉水的最佳饮用方法是在常温下饮用。比较好的饮用方式是低温饮用，但不是加冰，有条件可放一片柠檬，使水的味道更好。在酒吧，调酒师经常将矿泉水用来稀释酒类饮料。但高档的，乃至被称为奢侈品的矿泉水则最宜低温纯饮，所用载杯以晶莹剔透的玻璃杯或水晶杯为佳。

2. 矿泉水宜冷藏不宜冷冻

由于矿泉水在冰冻过程中会出现钙、镁过饱和的情况，并随着重碳酸盐的分解而产生白色的沉淀，尤其是对于钙、镁含量高，矿化度大于400mg/L的矿泉水，冷冻后更会出现白色片状或微粒状沉淀。虽然实验数据证明，冰冻后的矿泉水，其富含的对人体有益的微量元素并无变化，但影响饮用体验。因此矿泉水宜冷藏饮用，而不是冷冻饮用。

3. 饮用桶装矿泉水注意事项

饮用桶装矿泉水时应注意做到以下几点：饮水机一定要放置在阴凉避光的地方，以免滋生绿藻；打开的桶装水秋冬季要在2~4周内饮用完毕，春夏季最好在7~10天内饮用完毕；饮水机不要长时间通电加热、反复烧开。用过的空桶要放置在干净的地方，不要往里面倒脏水、扔污物，以免造成矿泉水厂清洗、消毒困难；饮水机要定期消毒，最好半年一次，避免二次污染，保证饮水安全卫生。

（三）矿泉水的品牌

1. 依云矿泉水（Evian）

依云的名字源自凯尔特语“Evua”，即“水”的意思。依云天然矿泉水的水源地在法国依云小镇，背靠阿尔卑斯山，面临莱芒湖，远离任何污染和人为接触。法国政府特别规定：依云水源地周边500千米之内，不许有任何人为污染的存在。这些措施保证了依云矿泉水长期以来的品质和口味基本不变。依云天然矿泉水在水源地直接装瓶，无人体接触、无化学处理。自1789年依云水源地被发现以来，已远销全球140个国家和地区。

2. 巴黎水（Perrier）

巴黎水的水源位于法国南部，靠近尼姆的Vergeze镇内，是天然有气矿泉水与天然二氧化碳及矿物质的结合。“Perrier”在法语中意指“沸腾之水”。巴黎水在有气矿泉水品牌中首屈一指。它是数百万年前地质运动的产物，其独特奇异的口感来自丰富的气泡、低度钠及小苏打成分。在近代，巴黎水更是被营销为“矿泉水中的香槟”。巴黎矿泉水可用来代替苏打水调制混合饮料，是酒吧的必备品之一。

3. 伟图矿泉水（Vittel）

伟图矿泉水是一种无泡矿泉水，略带碱性，产于法国大自然保护区，没有任何工业和农业污染。雨水和融雪不断地从无数层岩缝渗过，在极深的地底汇聚成伟图矿泉水天然的泉源，水质纯正，被公认为是世界上最佳的纯天然矿泉水。深受世界各国消费者的信赖，伟图矿泉水在我国销售量也很大。

4. 萨奇苦味矿泉水（Zajecicka Horka）

萨奇苦味矿泉水来自捷克，产于布拉格市西北约百公里处的波西米亚地区野兔村内。几百年以来，萨奇苦味矿泉水一直被欧洲皇室贵族及高端消费群体所钟爱。它内含30多种对人体有益的矿物质且含量极高，其中部分物质是同类产品的几百倍甚至上千倍，堪称水中极品。由于资源有限，政府限量采集，每月极小的产量对于国外的需求者来说堪称“一水难求”。

5. 维恩矿泉水（VEEN）

维恩矿泉水源头位于芬兰北部科尼萨娇泉区，水源来自一口自流泉，发现于20世纪50年代。泉水经过丘陵和砂质土壤的过滤，流出泉口的温度为3~4℃，水中矿物质含量较低，水质晶莹纯洁，口感圆润甘甜。

6. 波多矿泉水（Badoit）

波多矿泉水是来自法国 St. Galmier 的优质水源，享有盛誉。水源地受到高度保护，水源品质纯净而不受污染。其矿物含量独特，饮用后令人心旷神怡。拥有独特的细腻滋味，持久完好的气泡带来绝妙的爽口感觉。被誉为法国第一含气天然矿泉水品牌，备受知名厨师和调酒师的推崇。

7. 芙丝矿泉水（Voss）

芙丝矿泉水是挪威的顶级奢侈矿泉水，水源来自于挪威南部原生态旷野地区数百年来无任何污染的冰岩含水层，开采后即在原产地装瓶。它的瓶身是由 Calvin Klein 的前创意总监 Neil Kraft 设计，借用香水工业的经验塑造品牌形象，让这款矿泉水有着“水中劳斯莱斯”的美誉。

8. 5100 西藏冰川矿泉水

5100 矿泉水来自西藏唐古拉山脉海拔 5100 米的原始冰川水源地，含有锂、锶、偏硅酸等丰富的矿物质和微量元素，其含量达到天然矿泉水的中国新国标和欧盟标准，纯净清澈，口味纯正，是优质复合型矿泉水。5100 西藏冰川矿泉水采用世界先进生产设备，运用严谨的生产工艺在水源地灌装，保证了天然矿泉水源的优异品质。

9. 昆仑山矿泉水

昆仑山矿泉水来自青藏高原海拔 6000 米的昆仑雪山，那里常年冰雪覆盖，无污染。雪山上的积雪慢慢融化，渗入地下岩层，经过 50 年以上的过滤和矿化，成为珍贵的雪山矿泉水。

10. 崂山矿泉水

崂山矿泉水取自地下 117 米深层花岗岩隙间，纯天然零污染，水质优异，是罕见的锶和偏硅酸复合型矿泉水，水质清澈甘冽，口感绵软，富含多种人体必需的微量元素且极易吸收，对人体有很好的滋养作用。

11. 普娜矿泉水（Acqua Panna）

普娜矿泉水于 15 世纪首次在托斯卡纳山脉被发现，独特的地理位置赋予其细腻柔滑的口感，就连最挑剔的美食家也不禁对其称赞有加。该产品晶莹剔透，给人以清新和绵软的感觉。最适合于佐以略带刺激性的特色新鲜菜肴。普娜矿泉水不仅

是橡木桶陈酿的白葡萄酒、沁爽且果味十足的葡萄酒、轻盈的年轻桃红酒以及果味丰富的甜起泡酒的完美搭配之选，与口味稍重的菜肴一起享用也十分理想。

相关链接

矿泉水服务小技巧

矿泉水服务不宜在杯中加入冰块。酒店或酒吧中使用的冰块，大部分为制冰机制作而成。制冰机的水源一般是经过过滤的自来水。如果在矿泉水或蒸馏水中添加冰块，则会影响口感，因此矿泉水或蒸馏水可在冰箱中冷藏，达到饮用温度即可装备，服务时则不允许加冰。

二、碳酸饮料

碳酸饮料主要成分包括碳酸水、柠檬酸等酸性物质、白糖、香料，有些含有咖啡因、人工色素等。除糖类能给人体补充能量外，充气的“碳酸饮料”中几乎不含营养素。

碳酸饮料的生产源于18世纪末至19世纪初的天然含气的矿泉水，以后这种带气体的矿泉水被加入了糖、香味剂等原料。1772年英国人普利斯特莱（Priestley）发明了制造碳酸饱和水的设备，成为制造碳酸饮料的始祖。他指出水碳酸化后会产生一种令人愉快的味道，并可以和水中其他成分的香味一同逸出。1807年，美国推出果汁碳酸水，该产品广受欢迎，以此为开端开始工业化生产。之后，随着人工香精的合成、液态二氧化碳的制成、帽形软木塞和皇冠盖的发明、机械化汽水生产线的出现，使得碳酸饮料首先在欧洲、美国工业化生产并很快发展到全世界。

我国碳酸饮料工业起步较晚但发展迅速，由于碳酸饮料具有独特的消暑解渴作用，这是其他饮料包括天然果蔬汁饮料不能取代的，因此其总产量仍在不断提高。

（一）碳酸饮料的分类

碳酸饮料（汽水）可分为果汁型、果味型、可乐型、低热量型、其他型等，常见的如可乐、雪碧、芬达、七喜、美年达、北冰洋等。根据原材料可以划分为如下几种类型。

1. 果汁型碳酸饮料

含有2.5%以上的天然果汁的碳酸饮料。主要有橘汁碳酸饮料、菠萝碳酸饮料等。

2. 果味型碳酸饮料

含有2.5%以下天然果汁或以食用香精香料为主来增加香味的碳酸饮料，主要有柠檬碳酸饮料、橘汁碳酸饮料等。

3. 可乐型碳酸饮料

含有可乐果、古柯叶浸膏、白柠檬或带有其辛香型果香味的碳酸饮料，主要有可口可乐、百事可乐等。

4. 其他型碳酸饮料

除上述三种以外，碳酸饮料还包含盐碳酸饮料、苏打水等。

（二）常用碳酸饮料类型

1. 可乐饮料（Cola）

可乐是由美国的一位名叫约翰·彭伯顿（John Stith Pemberton）的药剂师发明的。他期望创造出一种能提神、解乏、治头痛的药用混合饮料。彭伯顿调制的可口可乐起初是不含气体的，饮用时兑上凉水，由于一次偶然的机会才变成了碳酸饮料。

可乐是含有咖啡因的碳酸饮料。其中以可口可乐、百事可乐最为著名。除此以外，尚有许多国家的众多厂商出产不同的可乐饮料。各家配方不尽相同，各具特色。常见品种有原味可乐、香草味可乐、柠檬味可乐、樱桃味可乐、健怡可乐（香料内不含咖啡因）、青柠味健怡可乐、香草味健怡可乐、柠檬味健怡可乐、零度可乐（零卡路里无糖型可乐）等。

2. 干姜水（Ginger Ale）

以生姜为原料，加入柠檬、香料，再用焦麦芽着色制成的碳酸水。虽然Ale是英国一种啤酒的名字，但是Ginger Ale却是完全不含酒精的。从姜中萃取出香料后，加入苏打水中，然后再加上柠檬酸、红辣椒、肉桂、丁香、柠檬等，再以砂糖、焦糖调成甜味

并着色。因加入了香料类成分，具有独特的刺激风味。可以直接饮用，若调制鸡尾酒，与白兰地非常协调。用一半啤酒和一半干姜水可以调制成圣帝卡夫（Shandygaff）鸡尾酒，用伏特加为基酒可以调制成莫斯科骡子（Moscow Mule）鸡尾酒。

还有一种叫作姜汁啤酒（Ginger Beer）的碳酸饮料，是用水稀释姜、酒石酸、砂糖的混合液再进行发酵制成的饮料。因像啤酒一样冒出细微的泡沫，所以被称名为姜汁啤酒，但通常没有酒精成分，与干姜水一样。

3. 汤力水（Tonic Water）

汤力水诞生于英国，在欧美又称奎宁水。汤力水无色透明，含有奎宁（又称金鸡纳霜），入口略带咸苦味，后味却很爽口。最初是作为滋补剂，为工作于热带殖民地的英国人饮用，以后发展成为女性开胃饮料。第二次世界大战后，人们发现它易与金酒调和，由此诞生了世界闻名的金汤力混合饮品。

现在最为流行的汤力水的制作方法是在苏打水里加柠檬、青柠、橙子等的果皮萃取液和糖调制而成，并添加少量的奎宁。另外，它也易与其他蒸馏酒调和，如与伏特加可调兑成伏特加汤力。

4. 苏打水（Soda Water）

苏打水是碳酸氢钠的水溶液，含有弱碱性，经常饮用可维持人体内的酸碱平衡，改变酸性体质。市面上出售的苏打水大部分是在经过纯化的饮用水中压入二氧化碳，并添加甜味剂和香料的人工合成碳酸饮料。通常冰镇至4~6℃饮用，用于调制长饮类鸡尾酒和很多混合饮料。也有小部分属于天然苏打水。天然苏打水除含有碳酸氢钠外，还含有多种微量元素成分，是上好的饮品。世界上只有法、俄、德等少数国家出产天然苏打水。

● 相关链接

碳酸饮料的原料

碳酸饮料的原料大体可分为水、二氧化碳和食品添加剂三大类。原料品质的优劣将直接影响产品的品质。因此，必须掌握各种原料的成分、性能、用量和品质标准，并进行相应的处理，才能生产出合格的产品。

饮料用水。碳酸饮料中水的含量在90%以上，所以水质的优劣对产品品质影响很大。饮料用水比一般饮用水对水质的要求更严格，对水的硬度、浊度、色、味、臭、铁、有机物、微生物等各项指标的要求均比较高。即使经过严格处理的自来水，也要再经过合适的处理才能作为饮料用水。一般来说，饮料用水应当无色，无异味，无悬浮物、沉淀物，清澈透明。总硬度在8度以下，pH值为7，重金属含量不得超过指标。

二氧化碳。碳酸饮料中的"气"就是来自瓶中被充入的压缩二氧化碳气体。饮用碳酸饮料，实际是饮用一定浓度的碳酸。生产汽水所用的二氧化碳一般都是用钢瓶包装、被压缩成液态的二氧化碳，通常要经过处理才能使用。

食品添加剂。正确合理地选择、使用添加剂，可使碳酸饮料的色、香、味俱佳。碳酸饮料生产中常用的食品添加剂有甜味剂、酸味剂、香味剂、着色剂、防腐剂等。除砂糖外，所用的甜味剂主要是糖精；酸味剂主要是柠檬酸，还有苹果酸、酒石酸、磷酸等；香味剂一般都是果香型水溶性食用香精，目前使用较多的是橘子、柠檬、香蕉、菠萝、杨桃、苹果等果香型食用香精；着色剂多采用合成色素，它们是柠檬黄、胭脂红、靛蓝等。

三、果蔬饮料

（一）果汁类饮料

果汁饮料是用成熟适度的新鲜或冷藏水果为原料，经机械加工所得的果汁或混合果类制品，亦可是在纯果汁的基础上加入糖液、酸味剂等配料所得。其成品可供直接饮用或稀释后饮用。果汁饮料包括的范围很广，包括浓缩果汁、纯天然果汁、水果饮料、天然果浆、果肉果汁、发酵果汁等。果汁饮料营养丰富，且由于含有丰富的有机酸，可刺激胃肠分泌，助消化，还可使小肠上部呈酸性，有助于钙、磷的吸收。但也因果汁中含有一定水分，具有不稳定、易发酵、易生霉的特点，因此要特别注意此类饮料的保质期和保存条件，以防造成不必要的浪费。

1. 浓缩果汁

浓缩果汁是用新鲜水果榨汁后加以浓缩制成的，即用物理方法除去原果汁中的水分，含有 100% 原果汁并具有该种水果原汁应有特征的制品。不得加糖、色素、防腐剂、香料、乳化剂及人工甜味剂，但需冷冻保存，以防变质。这种浓缩果汁作为果汁饮料的基本原料，也可加水稀释直接饮用，同时也是酒吧调酒的基本原材料之一。

2. 纯天然果汁

纯天然果汁是指由新鲜成熟果实直接榨汁后不经稀释、不发酵的纯粹果汁，也可由浓缩果汁加以稀释复原成原榨汁状态。在酒吧中，此类果汁可以是购买的包装制品，也可以由酒吧工作人员使用新鲜水果在宾客面前现场榨取。常见的有橙汁、苹果汁、草莓汁、水蜜桃汁、葡萄汁、梨汁、猕猴桃汁以及具有热带风味的菠萝汁、芒果汁、百香果汁和野生的沙棘汁、黑加仑汁等。

3. 果汁饮料

果汁饮料是用天然果汁加入糖、水、柠檬酸、香料及其他原料调配至适宜的酸甜度的饮品，其原果汁含量不少于 10%。目前，此类饮品较为流行，基本上各大饮料厂商均生产诸多系列口味的果汁饮料。

4. 水果饮料

水果饮料是指在果汁（或浓缩果汁）中加入水、糖、酸味剂等调制而成的清汁或混汁制品。成品中果汁含量不低于 5%，如橘子饮料、菠萝饮料、苹果饮料等。

这里需要注意的是，果汁饮料和水果饮料的差别是在原果汁的含量上，虽然字面上很相似，但是原料的成分构成和营养价值却有着区别。例如，苹果汁饮料是果汁饮料，而苹果饮料却是水果饮料，切不可混淆，以免购买时出错。

5. 天然果浆

天然果浆是指水分较低或黏度较高的果实，经破碎筛滤后所得的稠状加工制品，一般供宾客稀释后饮用。

6. 果肉果汁

果肉果汁又叫“带果肉果汁”。果肉经打浆、粉碎后变成微粒化混悬液，再添加适量的糖、香料、酸味剂调制而成。一般要求原果浆含量在 45% 以上，果肉细粒含量在 20% 以上，并具有一定的稠度。

7. 发酵果汁

发酵果汁是在果汁中加入酵母进行发酵，得到含酒精量5%左右的发酵液，再将所得的发酵液添加适量的柠檬酸、糖、水，调配成酒精含量低于0.5%的软饮料。这种饮料具有鲜果的香味，又略带醇香的味道，常加入碳酸气体，使口感爽适。

果汁类饮料在饮用时需先放入冰箱冷藏，最佳饮用温度为10℃左右。而鲜果汁很难保鲜，长时间接触日光和空气，其内部的维生素等营养物质就会受到损害，原有风味也就消失了。即使及时冷藏，日后食用时口味也不似即榨即饮般新鲜和纯正，甚至可能会发生变质，饮用后影响健康。因为鲜榨果汁保鲜时间为24小时，罐装果汁开启后可保存3~5天，稀释后的浓缩果汁只能存放2天，所以应尽量做到用多少兑多少，以免浪费。

因此，在购买鲜果汁的过程中，对包装的选择就尤为重要。考虑到果汁的新鲜度和避光要求，除了关心果汁的生产日期外，还要特别观察其包装的阻光严密程度。目前，绝大部分鲜果汁都采用了最先进的利乐砖型无菌包装技术。它采用特殊的复合包装材料，有极佳的阻光性和隔氧性，能有效保护果汁免受光线气和微生物的侵入，即使在常温下也能长时间地保持果汁的新鲜品质，喝起来和鲜榨的一样。

（二）蔬菜汁饮料

蔬菜汁饮料是使用一种或多种新鲜蔬菜汁（或冷藏蔬菜汁）、发酵蔬菜汁，加入食盐或糖等配料，经脱气、均质及杀菌后所得的饮品，具有一定的营养价值。常见的有胡萝卜汁、番茄汁、西芹汁、南瓜汁等。但是由于我国长期以来对蔬菜有鲜食的习惯，蔬菜汁饮料在我国目前尚难以得到较快的发展。多数厂商以生产销售果蔬复合型饮料为主，以满足消费群体的需要。

思考题

思考一下，乳制品（牛奶、奶油）等在鸡尾酒中有哪些用途。

相关链接

当蔬菜遇上鸡尾酒

大部分人很难想象在鸡尾酒中尝到蔬菜的味道，但实际上，当客人们点了血腥玛丽（Bloody Mary）鸡尾酒时，就开始了品尝鸡尾酒的蔬菜味道之旅。血腥玛丽最早起源于纽约的瑞吉酒店，当时的调酒师 Fernand Petiot 在酒店酒吧推出了一款名为“红鲷鱼”的鸡尾酒，这便是血腥玛丽的前身。这款鸡尾酒用伏特加和番茄汁调制而成，混合了常用的辣椒仔辣汁，缀以盐、黑胡椒等辛香料。番茄汁带来了与众不同的细致质感、新鲜香气及独特的风味和口感，让酒体看上去艳丽而带有诱惑力，同时也平衡了整体风味，使其更为清爽。

鸡尾酒中用到的蔬菜原料除了番茄以外，还有生姜、黄瓜、芹菜、薄荷叶等，由于这些食材本身的风味各不相同，因此在搭配基酒、酒杯选择等方面也各有特色。比如莫斯科驴子（Moscow Mule）就一定要用铜杯来呈现，因为铜这一材质可以吸收异味，让姜的清香表现得更为明显。现今的调酒师创意十足，除了那些经典鸡尾酒中常见的蔬菜之外，不少香料也成为创新鸡尾酒中的常客，如迷迭香、百里香、紫苏和芹菜籽等。

情景训练

你作为酒吧新入职的调酒师，需要制订一个熟悉和掌握调缓溶液类和榨取果蔬汁的学习计划，从矿泉水、碳酸饮料和果蔬饮料中各选择一个类型制作培训课件，介绍给共同入职的新同事。

复习题

一、单选题

1.（　　）是含有 2.5% 以上的天然果汁的碳酸饮料。

A. 果汁型碳酸饮料　　B. 果味型碳酸饮料

C. 可乐型碳酸饮料　　D. 苏打水

2.（　　）被营销为“矿泉水中的香槟”。

A. 依云矿泉水（Evian）　　B. 巴黎水（Perrier）

C. 伟图矿泉水（Vittel）　　D. 维恩矿泉水（VEEN）

3. 汤力水无色透明，含有（　　），入口略带咸苦味，后味却很爽口。

A. 金鸡纳霜　　B. 肉桂　　C. 当归　　D. 丁香

4.（　　）是含有咖啡因的碳酸饮料。

A. 干姜水　　B. 苏打水　　C. 姜汁啤酒　　D. 可乐

5.（　　）是用新鲜水果榨汁后加以浓缩的，含有 100% 原果汁并具有该种水果原汁应有特征的制品。

A. 纯天然果汁　　B. 浓缩果汁　　C. 果汁饮料　　D. 水果饮料

二、判断题

1. 姜汁啤酒（Ginger Beer）是含酒精的碳酸饮料。（　　）

2. 果汁类饮料在饮用时需先放入冰箱冷藏，最佳饮用温度为 10℃左右。（　　）

任务三　香料药草类辅料

知识准备

调制鸡尾酒的原材料中，香料药草类辅料所占的比例非常小，但在其中却占有极其重要的地位。此类材料是用于增加风味的芳香性植物物质，如豆蔻粉、桂皮、丁香、薄荷等。香料（Spice），有各种香味与口味，可让料理更加美味，还有增进食欲的效果。

一、香料类

（一）肉豆蔻（Nutmeg）

肉豆蔻的原产地是印度尼西亚摩鹿加群岛和新几内亚，为肉豆蔻科的常绿高木。肉豆蔻在英国的乔叟时代（14 世纪）就极为常见，但直到 16 世纪初期发现香料群岛（摩鹿加群岛，现为印度尼西亚马鲁古群岛）之后才在世界各地广为流行，它也是 17 世纪和 18 世纪欧洲各贸易国之间为了垄断权而长期争斗的对象。

肉豆蔻的果实结构由外向内依序为皮、果肉、种子，酷似梅子或桃子。具有一种甜甜的，类似坚果和木材的味道。17 世纪和 18 世纪，肉豆蔻是人们随身携带的物品，将其碾碎后加在食物、烫热酒或牛奶甜酒中，其含有的肉豆蔻烯具有类似迷幻药酶斯卡灵的特性，如大量使用会产生一种不正常的安乐感和幻觉。市面上贩卖的豆蔻就是将种子仁（胚乳）干燥后的制品，没有碾碎就叫全豆蔻，碾碎的就叫碎豆蔻。调制鸡蛋牛奶类型的鸡尾酒在酒面撒豆蔻粉可以达到去腥增香的作用，如白兰地蛋诺鸡尾酒。

（二）肉桂（Cinnamon）

肉桂是楠科常绿高木，原产于中国，印度、老挝、越南至印度尼西亚等地也有生长。肉桂喜温暖气候，喜湿润，忌积水，雨水过多会引起根腐叶烂。幼苗喜阴，成龄树在较多阳光下才能正常生长。将其外皮剥除，干燥树皮后贩卖的肉桂产品，香味奇特甘甜。最高级的肉桂产品是斯里兰卡生产的。

肉桂精油的主成分是肉桂醛、丁子香酚、黄樟脑，具有健胃、发汗的效果，可以当作退烧剂使用。也是蛋糕、甜甜圈、饼干等西洋糕点的原料或调味料，有人喝咖啡时会加点肉桂。

（三）丁香（Clove）

丁香的原产地是印度尼西亚摩鲁卡群岛，15 世纪初进入航海时代以后，丁香和肉豆蔻都是欧洲列强想要掌握生产权与销售权的热门辛香料植物，它的香气是所有香料类中最强的。

丁香精油主成分是丁子香酚，可以当作健胃药物使用，牙医亦将它当作消毒、止痛药使用。常用于肉类食物的烹饪以增添香味。咖喱、糕点、加工食品也常拿它当原料。印度尼西亚则是将丁香与烟叶混在一起，制造出刺激性超强的香味香烟。丁香在低温状态时无法散发出香气，所以多半使用于热饮，如热托第鸡尾酒。

（四）辣椒（Capsicum）

原产于墨西哥，结果最初阶段是绿色，成熟后转红。明代时期辣椒传入中国。史料记载贵州、湖南一带最早开始吃辣椒的时间在清乾隆年间，而普遍开始吃辣椒则迟至道光以后。后来辣椒在中国各地普遍栽培，是中国境内最晚传入却用量最大且最广泛的香辛料。因气候或风土不同，各地形成具有独特色泽与香味的红辣椒系列。辣椒的辣味成分就是果皮所含的辣椒素（Capsaicin），有健胃、增进食欲和促进消化的效果。

（五）胡椒（Pepper）

胡椒的原产地是印度西部的马拉巴尔海岸，有“香料之王”的美称。胡椒为常绿矮木，马来西亚、印度尼西亚、印度、中国等为主要出产国。因产地不同，香味或辣味也有区别。黑、白胡椒并非异种，而是同一种植物的籽。尚未成熟时摘下，日光下暴晒，干燥而成黑胡椒，口感非常辣；完全熟透后采摘，剥掉外皮而成白胡椒，香味高雅。欧洲市场白胡椒势众，美国市场黑胡椒走红。粒状胡椒现用现磨又比用胡椒粉更为讲究。

胡椒具有发汗、健胃的药效，可以当作食欲增进剂等使用。它还有防腐效果，可用来保存肉类。亦是各种酱汁、咖喱的原料。用在饮料上是取其香味而不是取其辣味。使用前最好用胡椒磨碎机将白胡椒再磨碎一点。

（六）薄荷（Mint）

薄荷是唇形科植物，广泛分布于北半球的温带地区，中国各地均有分布。薄荷叶在亚洲、小亚细亚、欧洲和美国被广泛作为配菜使用。对于加工食品，使用薄荷油较为方便。胡椒薄荷油历来是受人欢迎的风味剂，可用于口香糖、糖果、冰激凌和调味汁。常见的薄荷品种有胡椒薄荷、苹果薄荷、绿薄荷、普列薄荷、凤梨薄荷和柠檬香水薄荷。

胡椒薄荷（Peppermint）原产于欧洲，可作为食物的调味料，是由绿薄荷与水薄荷杂交而成的。该薄荷精油的主成分是薄荷脑、薄荷酮、薄荷酯、蒎烯、柠檬油，整株的薄荷都带有刺激性与香味，清柔凉爽，主要是香水或化妆品、糖果、口香糖等的香料成分，也是薄荷利口酒香味成分的来源。

调制鸡尾酒时则是分类使用。将薄荷碾碎，用于调制薄荷朱莉普（Mint Julep）等鸡尾酒。绿薄荷则大多是装饰用，薄荷是比较容易栽培的药草，用花盆或在花坛均可种植。

（七）迷迭香（Rosemary）

迷迭香是唇形科植物，原产欧洲及北非地中海沿岸，在欧洲南部主要作为经济作物栽培，中国曾在曹魏时期引种，现主要在中国南方大部分地区与山东地区栽种。

在西餐中迷迭香是经常使用的香料，如在牛排、土豆等食材以及烤制品中经常使用。清甜带松木香的气味和风味，香味浓郁，甜中带有苦味。迷迭香具有镇静安神、醒脑作用，对消化不良和胃痛均有一定疗效，经常用于鸡尾酒辅料和装饰，可以增加酒的香气。

（八）百里香（Thyme）

百里香草原产于南欧，被作为一种美食的香料而广泛种植，在中国被称为地椒、地花椒、山椒、山胡椒、麝香草等，产于西北地区，尤以宁夏南部山区较为集中。它是西餐烹饪常用的香料，味道辛香，加在炖肉、蛋或汤中时应该尽早加入，以充分释放香气。

由于百里香精油含有的20%~54%的百里酚，具有防菌功能，在现代抗生素研发以前，百里香精油会被用于制作涂药绷带，它还能用于杀菌、缓解痉挛、祛痰。嚼食百里香可以平复情绪，调制鸡尾酒时可以使用百里香调制具有平复情绪功效的鸡尾酒。

（九）罗勒（Basil）

罗勒是唇形科植物，为药食两用芳香植物，味似茴香、全株小巧、叶色翠绿、花色鲜艳、芳香四溢。原产于非洲、美洲及亚洲热带地区，对寒冷非常敏感，在炎热和干燥的环境下生长得最好。罗勒精油萃取自叶片及花头，为无色的精油，气味清凉，对神经系统有很强的刺激作用，疲劳时使用可以立即振奋精神，对于精神不集中、情绪低落等有一定疗效。

（十）紫苏（Perilla Frutescens）

紫苏，又名苏子、白苏、赤苏、红苏等，是唇形科紫苏属植物。紫苏有两个亚种，野生紫苏和回回苏，不过由于现在各类园艺品种较多，实际很难区分是哪个园艺种或者亚种。紫苏主要出产于东亚及南亚各地区，是我国本土香草的杰出代表。

紫苏富含植化素、矿物质和维生素，具有很好的镇静消炎作用，而且可为其他食品保鲜和杀菌，其叶可制作菜肴，也可用来腌制泡菜，种子富含有益健康的紫苏油，这种油具有强烈的香气，因此可以用于鸡尾酒调香。

相关链接

自制风味烈酒的步骤

第一步，将烈酒、配料和工具集合一起。确保玻璃罐是干净的，以防烈酒变酸。

第二步，加入材料之前，将酒精倒入玻璃罐中，确保瓶子是密封的。

第三步，注意所用的配料。味道强烈的香料，如肉桂，应该快速浸泡，并且不超过15分钟（免得它的苦涩味道影响威士忌），温和的成分，如干花和浆果，则可能需要长达一个月的浸泡，才可以将味道充分发挥出来。

第四步，不断抽样品尝，以确保酿制的过程顺利进行。完成制酒后，滤去固体成分，再用棉纱布双重过滤，这样可以防止水果或蔬菜残留物影响烈酒的品质。将调好的烈酒，加以密封放置于阴暗处，如此酒品可保存长达数个月。

思考题

你生活周边还有哪些香料药材类材料可用于调制鸡尾酒呢？

二、药草类

（一）龙胆草（Adenophora Capillaris）

龙胆草属于桔梗科，是多年生草本植物。野生龙胆草植物生长于东北及陕西山区，多见于草甸、灌木丛、荒地、山坡林内及林缘地带，适合在700~1500米的高海拔地区生长。龙胆草具有清热祛湿，泻肝胆之火等功能，主要化学成分为龙胆苦味素、生物碱等。龙胆根可作龙胆苦味酒的原料。

（二）当归（Angelica Sinensis）

当归属于伞形目伞形科植物，原产于亚洲西部，欧洲及北美各国也多有栽种。中国 1957 年从欧洲引种欧当归，主要产自甘肃东南部，以岷县产量多、质量好。当归能够促进机体造血功能，升高红细胞、白细胞和血红蛋白含量，有浓郁的香气，味甜、辛、微苦。常用于作为比特酒的制作原料。

（三）苦艾（Artemisia Absinthium）

苦艾为菊科植物中亚苦蒿的叶和花枝，多分布于新疆，南京等地也有栽培。苦艾具有清热祛湿、驱蛔、健胃之功效，并具有兴奋中枢的作用。苦艾是味美思、茴香酒和比特酒等配置类酒的原料。

相关链接

快速自制橙味苦精

将丁香、豆蔻、葛缕子籽捣碎，风干橙皮、新鲜橙皮、风干柠檬皮、风干葡萄柚皮、龙胆根和苦树皮等干燥材料打碎成胡椒颗粒大小。将上述材料和伏特加等原料放入奶油发泡器中，然后冲上氧化亚氮摇晃 30 秒。在发泡器自行加压的同时，将其放入热水中煮 20 分钟，之后再放入冰水中冷却至室温。排除发泡器中的气体，此时果皮等材料将所有酒精吸附，将所有固体材料放入过滤袋中，压榨酒液，此后可再将酒液放进咖啡滤纸进行二次过滤。

情景训练

今天你作为酒吧主调酒师，请选用上述香料药草类材料分别制作风味烈酒和风味苦精各一款，并分享给同事。

复习题

一、单选题

1.（　　）原产地是印度西部的马拉巴尔海岸，有“香料之王”的美称。

A. 肉桂（Cinnamon）　　B. 丁香（Clove）

C. 胡椒（Pepper）　　D. 肉豆蔻（Nutmeg）

2.（　　）是味美思、茴香酒和比特酒等配置类酒的原料。

A. 苦艾　　B. 龙胆草　　C. 当归　　D. 丁香

3.（　　）主要出产于东亚及南亚各地区，是我国本土香草的杰出代表。

A. 罗勒　　B. 紫苏　　C. 百里香　　D. 迷迭香

二、判断题

1. 迷迭香常用于作为鸡尾酒辅料和装饰，增加酒的香气。（　　）

2. 可以使用百里香调制具有平复情绪功效的鸡尾酒。（　　）

任务四　果蔬类辅料

知识准备

水果和部分蔬菜可用于榨取各类果汁、蔬菜汁，是鸡尾酒的重要原材料。水果和蔬菜同样可以用于制作各种装饰物，烘托鸡尾酒的质量。

一、水果类

（一）橙子（Orange）

以橙子为代表的柑橘类都属于橘科的常绿树果实，全世界有100多种。原产地是印度的阿萨姆地区，早在古代就已在喜马拉雅山地区和中国的长江源流地区栽培。公元前4世纪，亚历山大大帝远征印度时带回种子，才开始在欧洲地区栽种。传播到欧洲的柑橘，因地中海沿岸的温暖气候而盛产。17世纪时传播到美国，南部各州和加州成为全世界最大产地。现在全世界的水果中，柑橘类产量仅次于葡萄，排名第二位。

橙子大致可分为以巴伦西亚品种为首的一般橙类及因富含花色素而果肉呈现鲜血般色泽的血橙。世界各地栽培最多的品种就是瓦伦西亚橙，不仅可以生食，而且最适合加工制成果汁。脐橙风味佳，可说是生食的最高级品种。橙子的果皮要有弹性与光泽感，拿起来比较重的汁较多，也比较新鲜。冬天宜摆在阴凉场所，夏天最好用塑料袋装着，放冰箱保存。

美国所生产的橙子，80%以上都被制成果汁。其中100%的天然果汁要将

榨好的果汁过滤后再密封杀菌。将过滤的果汁杀菌后，放进浓缩机里，浓缩至糖度55%，再放进 –17℃以下的冷冻库保存，这就是冷冻浓缩果汁（Frozen Concentrate）。浓缩还原果汁就是用精制水将浓缩果汁恢复到浓缩前的100%纯果汁，再添加天然香料，制成商品出售。橙子是做装饰和调酒的常用水果，注意牛奶不要和橙类混合，因为牛奶中的蛋白质会和果酸结合凝结成块，影响消化。橙皮不可泡水饮用，因为一般橙皮上都有保鲜剂，很难洗净。

（二）柠檬（Lemon）

柠檬原产地是印度，15世纪左右于地中海地区栽种，哥伦布发现新大陆时传到了美国，后来加州成为全球最大的柠檬产地。

因为柠檬糖分少，酸味强，不太适合生食。但是果汁中富含维生素C，因此当作饮料喝的话，非常清爽可口。在烹调的料理或西式糕点上加点柠檬汁可以提味。

柠檬的主要品种是加州所生产的尤力克品种，果皮是柠檬黄色，形状略呈长方形，果肉柔软，果汁极多。柠檬汁有很强的杀菌作用，能促进肠胃蠕动、防治心血管疾病，还具有止血作用。因其维生素含量极为丰富，是美容的天然佳品。此外，柠檬还有去除异味的功效。

（三）青柠（Lime）

青柠和柠檬一样，原产地都是印度。对于航海时代因维生素C严重缺乏而恐于罹患败血症的船员们来说，青柠是他们重要的维生素C来源。至今，人们还用“青柠榨汁机”（Lime Juicer）这句俚语来称呼英国水兵或船员。

青柠果皮呈绿色，皮薄，比柠檬酸，苦味较重，香气浓郁。尽管柠檬和青柠都带有独特的芳香味道，但是香味来源不一样，柠檬的香味主要来自果皮和果汁，而青柠的香味则来源于果皮。

（四）葡萄柚（Grapefruit）

葡萄柚因为果实结满枝头的样子就像葡萄串一样，所以得名。18世纪，在西印度群岛的巴巴多斯岛上，由母本柚子树和父本橙子树杂交而成的突变种，当时称之为禁果（Forbidden Fruit），学名是乐园柑橘（Cirtus Paradise）。由西印度群岛经由中南美洲，传到了美国的佛罗里达州、加利福尼亚州。20 世纪以后，加州成为葡萄柚的最大生产地，出口到世界各国。

葡萄柚含有丰富的可溶性纤维及维生素 C，经常进食可降低患癌症的概率。此外，它还是富含钾且几乎不含钠的天然食品，是高血压、心脏病及肾脏病患者的最佳食疗水果。

黄色果肉的葡萄柚几乎都属于马休席德雷斯品种，果肉滑嫩顺口，果汁丰富。粉红色果肉为莱德布拉修品种，糖分比前者略高。果肉为橙红色的是星红宝石品种，糖分多，也非常酸，口味浓郁。质量最好的是佛罗里达州欧奇多群岛所生产的品种，带有特殊的洋兰花香味，果汁很多，触感滑嫩。在选购葡萄柚时，果皮光滑、果肉有弹性的比较新鲜，质量也比较好。

思考题

为什么柑橘类水果浸泡在热水后会榨出更多的果汁？

相关链接

柑橘类水果的平均出汁率

1 个柠檬 ≈45mL

1 个青柠 ≈30mL

1 个橙子 ≈60~90mL

1 个葡萄柚 ≈150~180mL

（五）菠萝（Pineapple）

菠萝是凤梨科植物，原产地是热带美洲。16 世纪时，葡萄牙人在西印度群岛

发现了它，流传到世界各地。在欧洲，人们都称菠萝为Ananas，是因为菠萝表面与龟甲很相似，而卡里布土著语的龟壳（Nanas）与葡萄牙语的接头语A连接在一起就变成了Ananas。菠萝英文名为Pineapple，原意是形状如松果的苹果。

菠萝汁里富含具有分解蛋白质的菠萝朊酶，可帮助消化。吃菠萝对身体大有好处，但未成熟的菠萝含有大量的草酸钙，食用时会有苦涩感。用软和熟的菠萝很容易压出果汁，制成美味的鸡尾酒。菠萝的大小存在着差异，一般1/4一个菠萝就可以压出180毫升的菠萝汁。

（六）百香果（Passionfruit）

百香果原产地是巴西南部。看到百香果花朵的西班牙人，觉得它的雌蕊形状就像被钉在十字架上的耶稣，所以取名为受难花（Passion Flower），因此它的果实就叫Passionfruit了。百香果葡萄牙文叫作Maracuja，常和葡萄酒或果汁一起搭配饮用。形状似乒乓球，但个头比乒乓球略大，果皮成熟时显紫色，未成熟时则为黄色。

百香果酸中带甜，果实里含有许多的小种子，充分展示热带的气息。将百香果切开，就可以看到像果冻的果肉，用汤匙挖出果肉就可直接食用。也可以加糖制成果酱，常将果肉榨成汁或做成果冻、冰激凌。一般用纱布把百香果的果肉包住挤汁并过滤，在汁中加入水和少量的砂糖，再和水果汁混合，就可以做成一种别具风味的饮料。

（七）猕猴桃（Kiwifruit）

猕猴桃又称奇异果、毛桃、藤梨。因是猕猴喜爱的一种野生水果，故名猕猴桃。它的原产地为中国中部、南部至西南部地区，后经新西兰改良。由于果实的形状很像新西兰的国鸟——几维（Kiwi），故它的英文名由此而来。

猕猴桃的维生素C含量在水果中名列前茅，一颗猕猴桃的维生素含量是人体日需量的两倍多，被誉为“维生素C之王”。

由于猕猴桃中的维生素C含量高，容易与奶制品中的蛋白质凝结成块，不但影响消化吸收，还会使人出现腹胀、腹痛、腹泻，所以在调制饮料时，不要和牛奶或其他乳制品调制在一起。在调制饮料时也不要用熟透的猕猴桃，而改用刚刚成熟的，这样制作的饮料才会有新鲜的颜色。制作时，应将猕猴桃去皮后放入搅拌器中和其他材料一起搅拌，这样会有好的口感。

（八）椰子（Coconut Palm）

椰子属椰科的多年生高木，喜欢生长在海岸线地区。嫩果期的外皮是绿色，果汁带有淡淡甜味与酸味，是很清爽的饮料。成熟后变成咖啡色，果冻状的胚乳会变成固体层。将此固体层削下，可制成椰子奶油或椰奶。从固体果肉中可以萃取椰子油，用途非常广。

椰子果实越成熟，所含蛋白质和脂肪也越多。椰汁和椰肉都含有丰富的营养素。椰子汁清如水甜如蜜，椰肉芳香滑脆，柔若奶油，可以直接食用，也可制作菜肴等。在炎热的夏季，椰子汁有很好的清凉消暑、生津止渴的作用。椰汁离开椰壳味道会变化，上午倒出的椰汁较甜，下午则会变淡。用椰子调制鸡尾酒很方便，因为一个椰子可以倒出约 700 毫升的椰汁。

（九）鳄梨（Avocado）

鳄梨的果皮酷似鳄鱼皮，又称牛油果、油梨、樟梨、酪梨，原产于热带美洲，属樟科。成熟时果皮由绿转黑，果肉是带绿的米黄色，口感像奶油，别名“森林奶油”。牛油果是营养价值最高的水果之一，富含蛋白质、维生素 A、维生素 C、维生素 E 及不饱和脂肪酸的亚油酸，不含胆固醇，有防止细胞和肌肤老化的效果。

当果皮由绿转黑，用手握感觉绵软的话，就可以食用了。未成熟的鳄梨于室温下保存，等到完全成熟后再放冰箱保存。食用时用刀子横切入之后沿着种子划一圈，再用双手扭转开，就可轻易取出种子。也可以用汤匙舀着吃或是去皮后切成片状，制作成沙拉食用。

（十）香蕉（Banana）

香蕉原产地是马来西亚，现在世界上栽培香蕉的国家有 130 个，以中美洲产量最多，其次是亚洲。中国香蕉主要分布在广东、广西、福建、台湾、云南和海南，贵州、四川、重庆也有少量栽培。

香蕉属高热量水果，营养价值高，富含钾等矿物质。此外，香蕉中还含多种微量元素和维生素。果肉香甜软滑，是人们喜爱的水果之一。欧洲人因为它能解除忧郁而称它为“快乐水果”，在香蕉的基础上还出现了创意文化水果，帮人创造开心。果皮出现黑色斑点时不宜放久，但味道正甜。香蕉一般置于室温下保存即可，不在意果皮颜色，只使用果肉部分的话，可在食用前将香蕉放冰箱冷藏，抑制熟成，可以保持其甘甜。

（十一）葡萄（Grape）

葡萄是世界最古老的果树树种之一，原产于亚洲西部，世界各地均有栽培，其中约 95% 集中分布在北半球。中国主要产区有新疆的吐鲁番、和田，安徽的萧县，山东的烟台，河北的张家口、宣化、昌黎，辽宁的大连、熊岳，沈阳及河南的芦庙乡、民权、仪封等地。

葡萄按照用途可以分为鲜食、酿酒、制干、其他加工品以及砧木品。鲜食葡萄与酿酒葡萄相比较甜，皮也很好剥，而且体积较大，以果粒饱满、色泽鲜嫩的为佳。一串葡萄最甜的部分是肩部，越往下面越酸，试吃时就吃下面的颗粒，若是甜的，则整串葡萄都是甜的。葡萄的糖分主要为葡萄糖和果糖，占 12%~18%，葡萄具有绝佳的消除疲劳、恢复体力的效果。

（十二）樱桃（Cherry）

樱桃是阿西罗拉樱桃的中文名称。原产于热带美洲西印度群岛地区，因此又叫西印度樱桃。主要分布在美国、加拿大、智利、澳大利亚、欧洲等地，中国主要产地有黑龙江、吉林、辽宁、山东、安徽、湖北、江苏、浙江、河南、甘肃、陕西、四川等。

樱桃适合在雨量充沛、日照充足、温度适宜的热带及亚热带地区生长，以富含维生素 C 而闻名于世，是公认的“天然 VC 之王”和“生命之果”。果实可以作为水果食用，外表色泽鲜艳、晶莹美丽，红如玛瑙、黄如凝脂，果实富含糖、蛋白质、维生素及钙、铁、磷、钾等多种元素。

（十三）草莓（Strawberry）

草莓又叫红莓、地莓。原产于南美洲，与哈密瓜，西瓜一样均可像蔬菜一样栽培。

随着美洲大陆被发现而传到欧洲，现代的草莓始祖菠萝草莓（Ananas Strawberry）是由荷兰人栽培出来的。它的外观呈心形，鲜美红嫩、果肉多汁、酸甜可口、香味浓郁，是水果中难得的色、香、味俱佳者，因此常被人们誉为“果中皇后”。

草莓的维生素 C 含量是柠檬的两倍，食用 3~4 颗草莓，等于摄取成人一天所需的维生素 C 量。草莓可以预防坏血病、防治动脉硬化、冠心病；它含有丰富的鞣酸，在体内可吸附和阻止致癌化学物质的吸收。草莓性凉味酸，具有润肺生津、清热凉血、健脾解酒等功效。草莓容易榨汁，可用来调制鸡尾酒，也可以作为杯饰，调制时可以在搅拌机里进行。

（十四）蔓越莓（Cranberry）

蔓越莓又称蔓越橘，是杜鹃花科越橘属（Vacinium Macrocarpon）的常绿小灌木矮蔓藤植物，整体看起来很像鹤，花朵就像鹤头和嘴，因此蔓越莓又称“鹤莓”。果实是长 2~5 厘米的卵圆形浆果，由白色变深红色，吃起来有重酸微甜的口感。主要生长在北半球凉爽地带的酸性泥炭土壤中，与康科特葡萄和蓝莓并称为北美传统三大水果。

蔓越莓具有高水分、低热量、高纤维、多矿物质的特点，因此备受人们青睐。目前美国安大略湖以东到弗吉尼亚州是主要栽培区。蔓越莓比较少生食，大都是加工制成蔓越莓汁，美国感恩节时必吃的火鸡料理都沾蔓越莓酱汁食用。因为果实颜色如丹顶鹤（Crane）的头冠般鲜红，所以才取名为 Cranberry。

（十五）覆盆子（Raspberry）

覆盆子是一种蔷薇科悬钩子属的木本植物，是一种水果，果实味道酸甜，植株的枝干上长有倒钩刺。覆盆子有很多别名，如悬钩子、覆盆、覆盆莓、树梅、树莓、野莓、木莓、乌藨子等。原产地为欧洲和亚洲，叶子内侧有浓密的白毛，春天开出白色小花，初夏果实成熟，汁多味甜，带些微酸味。颜色有红、黄、紫及其中间色等各种，黑色的另称为黑莓。覆盆子可直接生食，也可以做成果酱，亦是利口酒的原料。

覆盆子果供食用，含有相当丰富的维生素 A、维生素 C、钙、钾、镁等营养元素，还含有丰富的水杨酸、酚酸等物质以及大量纤维，有“黄金水果”的美誉。

（十六）蓝莓（Blueberry）

蓝莓为杜鹃花科越橘属多年生低灌木，原生于北美洲与东亚，全世界分布的越橘属植物可达400余种，因主产于美国所以又被称为“美国蓝莓”。我国野生蓝莓主要产在长白山、大兴安岭和小兴安岭林区。蓝莓分为两种：一种是低灌木，矮脚野生、颗粒小、富含花青素；第二种是人工培育，能成长至2米多高，果实较大、果肉饱满，改善了野生蓝莓的食用口感，增强了人体对花青素的吸收。

蓝莓果实中含有丰富的营养成分，尤其富含花青素，它不仅具有良好的营养保健作用，还具有防止脑神经老化、强心、抗癌、软化血管、增强人体免疫等功能。蓝莓栽培最早的国家是美国，但至今也不到百年的栽培史。因为其具有较高的保健价值所以风靡世界，是世界粮食及农业组织推荐的五大健康水果之一。

（十七）黑醋栗（Cassis）

黑醋栗又名黑加仑、黑豆果，属多年生落叶灌木，其成熟果实为黑色小浆果。植株喜光、耐寒、耐贫瘠，是分布较广的经济林木。黑加仑的野生种分布在欧洲和亚洲。16世纪开始在英国、荷兰、德国驯化栽培，至今只有400余年历史。有关黑加仑栽培的首次记录出自英国17世纪初的药物志，因为它的果实和叶片的药用价值而受到重视。

黑醋栗内富含维生素C、花青素，可以食用，也可以加工成果汁、果酱等食品。Cassis是法语名称，英文名为Black Currant。它的果实含有丰富的多种维生素、磷、镁、钾、钙等活性矿物质，以及花青素、糖、有机酸和特殊芳香成分，具有很高的营养价值和药用价值。

相关链接

自制黑醋栗果酱

1. 把黑醋栗洗净，沥去水分，加适量水放入煮锅。
2. 烧开后，把黑醋栗果子压碎，这样出汁多、味道浓。
3. 再次放入煮锅，加入绵白糖、卡拉胶继续炖煮。

4. 大概 15 分钟，果汁开始黏稠，直至黏稠度达到预想的效果。

5. 关火、晾凉、装瓶，果味浓郁的自制黑醋栗果酱便制作完成。

（十八）苹果（Apple）

苹果是蔷薇科苹果亚科苹果属植物，其树为落叶乔木。原产于欧洲中部、东南部，中亚西亚和中国的新疆。苹果和葡萄、柑橘、香蕉一起并称为世界四大水果。

苹果含有较多的钾，能与人体过剩的钠盐结合，使之排出体外。当人体摄入钠盐过多时，吃些苹果有利于平衡体内电解质。苹果中含有的磷和铁等元素，易被肠壁吸收，有补脑养血、宁神安眠作用。

苹果以果皮有张力、果肉脆实，用手指弹一弹会发出清脆声响的为佳。果核周边最甜，所以要纵向切开，泡盐水可防止变色。可直接食用，亦可做成苹果汁。在欧美地区用来制成苹果白兰地或苹果酒。

（十九）梨（Pear）

梨又称为鸭梨，属于被子植物门双子叶植物纲蔷薇科梨属水果。在中国，梨的栽培面积和产量仅次于苹果。安徽的砀山有世界上最大的连片梨园，约占全县耕地面积的 70%，素有“中国梨都”之称。山东烟台栽培的梨品种有海阳秋月梨、黄县长把梨、栖霞大香水梨、莱阳茌梨（慈梨）、莱西水晶梨和香水梨。河北省保定、邯郸、石家庄、邢台一带，主要品种为鸭梨、雪花梨、圆黄梨、雪青梨、红梨。甘肃兰州以出产冬果梨闻名，四川主要出产金川雪梨和苍溪雪梨；浙江、上海及福建一带以出产翠冠梨为主；新疆的库尔勒香梨和酥梨，烟台、大连的西洋梨，洛阳的孟津梨也都驰名中外。

梨被誉为百果之宗，不仅鲜甜可口、香脆多汁，而且营养丰富。含有多种维生素及钾、钙元素，有降火、清心、润肺、化痰、止咳等功效，常食可补充人体的营养。

（二十）桃子（Peach）

桃子原产地是中国的黄河流域广大地区。公元前2世纪之后，沿“丝绸之路”从甘肃、新疆经由中亚向西传播到波斯，再从那里引种到希腊、罗马、地中海的沿岸各国，而后逐渐传入法国、德国、西班牙、葡萄牙。但直至9世纪，欧洲种植桃树才逐渐多起来。15世纪后，中国的桃树被引进到了英国。

哥伦布发现新大陆后，桃树随欧洲移民进入美洲，但因桃树品种不适应当地的土壤气候，发展受到很大限制。直到19世纪初期，园艺家又从欧洲引种了一个叫“爱儿贝塔”的离核桃树品种，桃树才在南北美洲传播开来。20世纪初期，美国园艺家又从中国引进450多个优良桃树品种，选育了适应当地带气候的良种，使美国发展成世界上最大的桃果生产国之一。

桃子素有“寿桃”和“仙桃”的美称，因其肉质鲜美，被称为“天下第一果”。桃子成熟后会散发出强烈香味，也能以此作为辨识标准。温度太低甜味会变差，食用前的2~3小时再放进冰箱冰凉即可。

（二十一）石榴（Pomegranate）

石榴原产自波斯（今伊朗）一带，公元前2世纪时传入中国，在全世界的温带和热带地区都有种植。中国栽培石榴的历史可上溯至汉代，据陆巩记载是由张骞从西域引入。中国正宗的石榴主要产地在临潼，南方北方都有栽培，以安徽、江苏、河南等地种植面积较大，并培育出一些优质品种。其中安徽的“怀远石榴”为国家地理标志保护产品。

石榴成熟后果皮会裂开，可以看见红色小颗粒果肉。石榴果实如一颗颗红色的宝石，果粒酸甜、可口、多汁，营养价值高，富含丰富的水果糖类、优质蛋白质、易吸收脂肪等，可补充人体能量和热量，但不增加身体负担。石榴可直接食用，或是撒在糕点或沙拉上。榨汁时可与橙子或柠檬一起混调，也能做成果子露，亦可加工后制成果酱，或加砂糖做成糖浆。

（二十二）油橄榄（Olive）

油橄榄又称木樨榄，古称齐墩、阿列布，是一种木樨科木樨榄属常绿乔木，果实主要用于榨制橄榄油。原产于东地中海盆地的沿海地区（临近的东南欧、西亚和北非沿海地区），以及里海南岸的伊朗北部地区。它的果实也叫作橄榄，是地中海地区一种主要的农作物，Olive 来源于拉丁语的 Oliva，该词又是从希腊语的“Elaia”一词转变而来，很多语言中的油（Oil）这个词最早就是源于这种树和它的果实的名称 Olvia。

橄榄果实味清香、微苦、略带甜味，常作为水果食用。可生食，或者泡水喝，也可制成蜜饯干果，或将成熟鲜果以甘草、蜂蜜或糖汁腌制成甘草榄。

二、蔬菜类

（一）番茄（Tomato）

番茄原产地在秘鲁、厄瓜多尔一带，随着印第安人的迁徙，传播到了安地斯地区、中美洲、墨西哥等地。

番茄是茄科的一年生草本植物，但种植在热带地区就变成多年生植物。新鲜的果蒂呈现美丽的鲜绿色。当果蒂变黑时，鲜度也就变差。番茄几乎都是在绿色时就予以采收，然后再追熟、贮藏，不过如果是全熟的番茄，采收后应立刻榨成番茄汁，营养价值很高。

（二）黄瓜（Cucumber）

黄瓜是葫芦科一年生蔓性草本植物，原产于喜马拉雅南部山麓。根据分布区域及生态学形状可以分为南亚型、华南型、华北型、欧美型和小型黄瓜。鸡尾酒调制中多使用小型黄瓜，如扬州长乳黄瓜等。黄瓜有青草香味，选购时宜挑选带有突刺的比较新鲜。在酒吧里，小型黄瓜是下酒菜的材料或是拿来当作鸡尾酒搅拌棒的代用品。

（三）芹菜（Celery）

芹菜属于芹科 1~2 年生草本植物，自古以来被当作药物、辛香料使用，直到 17 世纪才被当成食材。芹菜口感清脆，有股清新的香气。

购买时最好是一次只买一株。如果一次买的量较多，可一株株分好摘除叶子，用保鲜膜包着放进冰箱冷藏，以保持鲜度。在酒吧里有时将芹菜做成长棒状用来替

代搅拌匙。

（四）洋葱（Onion）

洋葱是百合科 1~2 年生草本植物，原产于中亚西南部，并无野生品种。洋葱的栽培历史很悠久，在埃及有建造金字塔的工人食用过洋葱的记录。

洋葱栽培的种类很多，调制鸡尾酒用的是其中的小球种根蒜，又称为珍珠洋葱，主要被当成是辣味鸡尾酒的装饰。

情景训练

今天你作为酒吧主调酒师，请使用上述果蔬类材料制作两款调制鸡尾酒用的果汁，并分享给你的同事。

复习题

一、单选题

1.（　　）素有“生命之果”之称。

A. 番石榴　　B. 草莓　　C. 樱桃　　D. 椰子

2. 现代的草莓始祖（　　）是由荷兰人栽培出来的。

A. 菠萝草莓　　B. 奶油草莓　　C. 五叶草莓　　D. 长丰草莓

3. 青柠檬的香气来自于（　　）。

A. 果皮　　B. 果汁　　C. 籽　　D. 果肉。

4. 蔓越莓的英文名称是（　　）。

A. Strawberry　　B. Raspberry　　C. Blueberry　　D. Cranberry

二、多选题

1. 下列水果中原产于印度的有（　　）。

A. 橙子　　B. 百香果　　C. 青柠　　D. 柠檬

E. 杧果

2. 香蕉中含有的（　　）对人体有很大的益处。

A. 镁元素　　B. 硫胺素　　C. 核黄素　　D. 钾元素

E. 维生素 A

3. 柠檬汁有（　　）等功能。

A. 杀菌　　B. 止血　　C. 美白　　D. 祛除异味

E. 祛痰止咳

三、判断题

1. 一串葡萄最甜的部分是底部，越往上面越酸。(　　)

2. 牛油果富含多种维生素，不含胆固醇，有防止细胞和肌肤老化的效果。(　　)

3. 调制鸡尾酒用的是洋葱中的小球种根蒜，又称为珍珠洋葱，主要被当成是辣味鸡尾酒的装饰。(　　)

4. 安徽太和县是中国石榴之乡，“太和石榴”为国家地理标志保护产品。(　　)

任务五　其他类型辅料

知识准备

鸡尾酒就像一道菜肴，原材料丰富多样，调酒师可以使用不同的组合制作出美味佳肴。香精和色素、糖类、冰块等辅料在鸡尾酒中同样具有重要的作用。

一、香精和色素

香精是从植物中提取香气成分制成的精油状浓缩香料。色素中最常见的是胭脂红色素，它是从胭脂虫身上提取的食用红色素。中美洲的墨西哥、危地马拉等国生长着大量的仙人掌，上面有大量胭脂虫繁殖着。人们采集受精的雌虫，过热水后烘干磨成末，最后浸入水中制成。调酒亦有少量其他色素使用。

二、糖类辅料

（一）糖类（Sugar）

1. 白砂糖（White Granulated Sugar）

白砂糖颗粒为结晶状，均匀、洁白、甜味纯正，甜度稍低于红糖。白砂糖是以甘蔗或甜菜为原料，经提取糖汁、清净处理、煮炼结晶和分蜜等工艺加工制成蔗糖结晶。白砂糖无法快速溶解于常温或低温液体中，热咖啡或红茶、炖煮食物等的加热料理中才会使用它。调制冰咖啡或冰鸡尾酒，最好先将白砂糖煮成糖浆再使用。因为纯度很高，白砂糖煮成的糖浆无怪味，是最佳的甜味调味料。因为结晶体很硬，在用于鸡尾酒的冻雪装饰（Snow Style）时，会有闪闪发光的效果。

2. 糖粉（Icing Sugar）

糖粉为洁白的粉末状糖，颗粒非常细。按原料不同分为白砂糖粉和冰糖粉，前者主要用于西餐的烹饪，后者主要用于高档饮料的甜味剂。按生产工艺不同分为喷雾干燥法和直接粉碎法两种。传统的糖粉在保存过程中会添加3%~10%的淀粉混合物（一般为玉米粉），有防潮及防止糖粒纠结的作用。糖粉易溶解于水中或酒中，是鸡尾酒的最佳甜味调味料。此外，制做西式糕点时，它也是最佳甜味料或装饰料。

3. 方糖（Cube Sugar）

方糖亦称半方糖，是用细晶粒精制砂糖为原料压制成的半方块状（即立方体的一半）的高级糖产品。方糖的生产是用晶体粒度适当的精制糖与少量的精糖浓溶液（或结晶水）混合，成为含水1.5%~2.5%的湿糖，然后用成型机制成半方块状，再经干燥机干燥到含有0.5%以下，冷却后包装。

4. 绵白糖（Caster Sugar）

绵白糖是以白砂糖、原糖为原料，经过溶解后重新结晶而成。绵白糖是国内消费者比较喜欢的一种食用糖。它质地绵软、细腻，结晶颗粒细小，并在生产过程中喷入了2.5%左右的转化糖浆，因而口感比砂糖要甜。绵白糖分有三个级别：精制、优级和一级。

（二）糖浆类（Syrup）

糖浆是用水溶解砂糖后的糖液，或者是在这种糖液中加入果汁、香精、着色料等制成的甜味剂的总称。

1. 白糖浆（Sugar Syrup）

白糖浆是只用水和砂糖制成的糖浆，又称为Simple Syrup或Plain Syrup。自行调制的方法是用750毫升（可以用朗姆酒或伏特加的瓶子）的水溶解750~1500克的白砂糖。可用搅拌机溶解，也可以将砂糖和热开水放进锅里加热溶解。采用后者

溶解时，千万不能煮沸，应以小火加热，随时搅拌，以免煮焦。如果用大火沸腾的话，砂糖会因为过热而产生焦臭味。

2. 胶糖浆（Gum Syrup）

为预防砂糖结晶沉淀并使其具有黏着性，会在白糖浆里加入阿拉伯树胶粉末，所以称为胶糖浆。现在市面上出售的胶糖浆是用高纯度的白砂糖为原料制成的优质白糖浆，并没有加树胶。

3. 石榴糖浆（Grenadine Syrup）

在白糖浆里加了石榴，变成带有石榴风味的红色糖浆，目前市面上有两种：一是只用香精和色素调制的无果汁石榴糖浆；二是在白糖浆中添加石榴汁的石榴糖浆。越来越多调酒师会自行榨取石榴汁加到白糖浆中制作石榴糖浆。

4. 风味糖浆（Flavored Syrup）

风味糖浆是在白糖浆里加入天然或人工香精，调制出各种水果香或草根树皮香的各式糖浆的总称。主要有：枫糖糖浆[①]、覆盆子糖浆、草莓糖浆、杏仁糖浆、哈密瓜糖浆等。其他还有香蕉糖浆、黑加仑子糖浆、薄荷糖浆、桃子糖浆、橙味糖浆、咖啡糖浆、红茶糖浆、巧克力糖浆等。

风味糖浆的特色是颜色清澈，用香精制成，与怕酸的牛奶或奶油一起制成鸡尾酒，使不易变混浊。

● 相关链接

糖浆制作的小贴士

水质：由于糖浆通常主要由水组成，因此水的质量会影响最终产品，请确保使用过滤水。

保质期：糖含量越高，保质期越长。但所有糖浆在特定条件下都易于发酵，因此请确保将其放在冰箱中，并在几天（1:1 糖浆）至一周（2:1 糖浆）

① 加拿大生产，熬煮砂糖加枫树液制成的天然糖液。

内使用。可以添加酸或酒精来延长保质期，如果混合的酒精含量高于12%，则应至少持续保存几个月。

高温融化：较高的温度和较长的融化时间会使糖浆产生更浓的味道，但有时会出现不良的味道，因此应从低温开始逐渐上升。

三、冰（Ice）

冰是调制鸡尾酒不可或缺的材料。鸡尾酒的美味温度是人体温度±25~30℃为佳。因此，调制适温饮品是让饮料变好喝的关键。鸡尾酒几乎都是喝冷的，所以少不了冰。举例来说，如果人体温度是36℃的话，酒温在6~11℃最好喝，一方面要充分冷却，另一方面又不能使饮料由于加水过多而变稀，此时适量地使用硬冰就很重要。

理想的冰块是硬度够而且呈高度透明状。冰块里若有白气泡的话，表示有空气混入，结冰力会变差。现在已开发出各种优良的制冰机，可以制造出像制冰厂的冰块一样硬度的冰。不过，水质对冰块的味道影响很大。有些地区的自来水水质较粗糙，有一股化学味道，最好改用矿泉水来制作冰块。不过使用矿泉水成本太高，考虑成本的话，应用净水器的水来制冰。

冰块有各种形状。调制鸡尾酒时通常都会指定冰块的大小。日本调酒师协会将冰块依序分为大冰块、中冰块、锥冰块、方冰块、碎冰、粉冰、刨冰。

思考题

如何自制晶莹剔透的冰块呢？

（一）大冰块（Block of Ice）

大冰块也称冰砖，重量一般 1 千克以上。一般大冰块的规格为 3.75 千克 / 块，也是通常用来分冰的原始冰块和用于鸡尾酒会中的宾治盆中使用。

（二）中冰块（Lump of Ice）

拳头大小的冰块。常用在古典杯中，酒吧会根据店里的杯型大小进行切割。冰球、钻石冰、大方冰都属于这一类，用于冰镇威士忌等所用的冰块。

（三）锥冰块（Cracked Ice）

用冰锥割成直径 3~4 厘米的冰块。在搅拌或摇动时所用。在切割时尽量不要切出角来。

（四）方冰块（Cube Ice）

方冰块是指 3 厘米左右大小的立方体冰块。很多调节冰块尺寸的制冰机均可以制作出方形的冰块。

（五）碎冰（Crushed Ice）

粉碎后的颗粒冰，体积比方冰块还小。可以用制造碎冰的专用机器制作，如果没有这个设备，也可使用小型碎冰机粉碎大冰块，或用干口布包着大冰块，利用冰锥的柄或木槌来敲碎。

（六）粉冰（Chipped Ice）

粉冰是粉末般的小颗粒冰，形状跟碎冰差不多。

（七）刨冰（Shaved Ice）

用于做刨冰的被削切成很薄的冰。也可以用口布等将碎冰包住，再用冰锥柄或木槌敲碎。

虽然冰块的大小各式各样，但不管使用哪一种冰块，重点就是要适量地使用才能调制出美味的冰饮。在提供饮料给客人时，加入的冰硬度和分量都要适中，当客人喝完一杯放入冰的饮料时，冰要残留在杯底。

除上述辅料外，鸡尾酒中使用牛奶调制的饮品颇多，常用品种有鲜牛奶、酸奶、炼乳、淡奶、奶油等。除了奶制品外还会使用鸡蛋、砂糖、实验、咖啡等各种材料。

相关链接

中国古代制冰术

古代夏天的“冰”有两种来源：一个是藏冰，即“冬藏夏用”；一个是人工制冰。《诗经·豳风·七月》里记载：“二之日凿冰冲冲，三之日纳与凌阴。”就是说：十二月把冰凿好，一月把冰放到冰窖里储存起来。二之日是十二月的意思，三之日是一月的意思，凌阴就是冰窖。作为一部先秦时期的典籍，诗经很好地向我们证明了古人吃冰、储冰的历史绵延数千年之久。

古代制冰基本有两种方式：第一种是冬天直接在冰冻的河上凿冰；第二种是通过硝石与水的化学反应制冰。

第一种便是如《诗经》中所记载的取冰块的来源，比较原始。第二种硝石制冰的方法始于唐朝。硝石这类矿产主要成分是硝酸钾，在中国广泛用于火药、炼金、制作釉彩、医药等行业。《本草纲目》中记载：辛、苦、微咸，有小毒，阴中之阳也。得陈皮，性疏爽。

由于硝酸钾易溶于水，且有吸热结冰的特性，唐代开始人们便把它用到了制冰行业里。硝石制冰的便捷性让中国古代的冷饮业自此发扬光大。唐代末期，逐渐形成经营冷饮的食物链，商贩把糖加到冰里吸引顾客。宋代，商人们还在里面加上水果或果汁。元代的商人甚至在冰中加上果浆和牛奶，这和现代的冰激凌已十分相似。

情景训练

今天你作为酒吧主调酒师，请自制两款风味糖浆，并分享给你的同事。另外，酒吧客人经常会点 Whisky On the Rock，请你教授新入职的调酒师凿冰器的方法和步骤。

复习题

一、选择题

1. 胶糖浆是因预防砂糖结晶沉淀，在白糖浆里加入（　　）粉末而得名。

A. 胭脂红　　B. 阿拉伯树胶　　C. 砂糖粉　　D. 巧克力粉

2.（　　）通常用于分冰的原始冰块和用于鸡尾酒会中的宾治盆中使用。

A. 大冰块　　B. 中冰块　　C. 锥冰块　　D. 碎冰

二、判断题

1. 胭脂红色素是从胭脂虫身上提取的食用红色素。（　　）

2. 鸡尾酒的美味温度是人体温度 ±25~30℃为佳。（　　）

项目七

项目八
鸡尾酒装饰物

教学目标

了解装饰物的定义和类型；掌握装饰物的装饰规律，能够制作搭配各种鸡尾酒的装饰。

任务一　装饰物认知

知识准备

一杯鸡尾酒的外观应该有很大的吸引力，艺术装饰物往往就成为这杯酒的标志，看到了盛载的杯子和酒的颜色以及它的装饰物，就可以大致猜测到它是什么类型的鸡尾酒。

一、装饰物的定义

装饰物（Garnish），是指装饰鸡尾酒的水果等物品的统称，以其芳香和色彩烘托出鸡尾酒的品质。狭义的鸡尾酒装饰是在不影响鸡尾酒风味或成分的情况下装饰饮品，它是一种可食用的食品（果皮，水果，蔬菜，根，药草），用于补充和加强饮料的视觉呈现，而不改变风味。

标准的鸡尾酒均有规定的并与之相适应的点缀饰物。熟练的调酒师可凭借自身的知识和经验，跳出既定的框架，给各色鸡尾酒以独特的点缀，这也正是鸡尾酒调制中的一大乐趣。但并不是每款鸡尾酒都可以任意装饰，而是要遵循一定的原则。

最好在营业前预估当天装饰物的用量，然后准备齐全，用容器装好，覆上保鲜膜，放进冰箱冷藏。华丽风格的鸡尾酒（如热带风情鸡尾酒）所用的装饰物水果最好喷点带有香味的酒液（如朗姆酒），这样不仅能让色泽更美，还能让客人在拿起酒杯闻到香气时，更觉心旷神怡，从而提升鸡尾酒的感官价值。

思考题

思考一下，生活周边还有哪些材料可用于鸡尾酒的装饰。

二、装饰物的类型

用于装饰鸡尾酒的原料多种多样，无论是水果、花草，还是一些饰品、杯具都可以用来作为鸡尾酒的装饰物。目前鸡尾酒装饰物使用较多的类型如表 8-1、表 8-2 所示。

表 8-1　鸡尾酒装饰物类型

类别	名称
水果类	柠檬、青柠、樱桃、香蕉、草莓、橙子、菠萝、苹果、哈密瓜等
蔬菜类	小洋葱、黄瓜、芹菜等
花草类	玫瑰、蔷薇、菊花等
饰品类	酒签、吸管、调酒棒、发光杯垫等
酒杯类	各种造型的酒杯
香料药草类	肉豆蔻、丁香、肉桂、百里香、迷迭香、紫苏、薄荷、罗勒、当归等
其他类	糖粉、盐、巧克力、可可等

表 8-2　鸡尾酒常用装饰物

中文名称	英文名称	中文名称	英文名称
青柠角	Lime Wedge	橄榄	Olive
柠檬角	Lemon Wedge	樱桃	Cherry
菠萝角	Pineapple Wedge	芹菜秆	Celery Stick
青柠片	Lime Slice	肉桂棒	Cinnamon Stick
柠檬片	Lemon Slice	豆蔻粉	Nutmeg

续表

中文名称	英文名称	中文名称	英文名称
橙片	Orange Slice	珍珠洋葱	Pearl Onion
螺旋柠檬皮	Lemon Twist	泡状奶油	Whipped Cream

● 相关链接

鸡尾酒的新型装饰物

1. 3D 立体装饰物

2018 年，苏格兰威士忌品牌 Auchentoshan 在纽约与新创立的公司 Print A Drink 合作举办了一场有可能是未来鸡尾酒装饰物新潮流的展示活动。机器人手臂透过细细的针管将经过精密计算，有条理地打印出各种形状的液体直接注射在酒里面。2014 年，著名的分子料理大厨 José Andrés 就曾经用吉利丁 3D 打印出小船放在鸡尾酒上成为最早的 3D 鸡尾酒装饰物。

2. 晶球化装饰物

晶球化（Spherification）是在分子料理上流行的方式，近年在鸡尾酒上的运用很常见，通过化学物质海藻酸钠跟氯化钙的交互作用来做出像珍珠一样且有各种口味的晶球。将要做成晶球的液体加入海藻酸钠后充分地搅拌均匀，然后将混合液滴入混合氯化钙的水里，浸泡数分钟待完全晶球化后捞起，泡于另一杯清水中洗掉多余的氯化钙味道即可。

3. 液态氮

–196℃的液态氮拥有急速冷冻以及夸张的视觉效果，因此现在市面上可以看到许多冰激凌会用液态氮制作雾状效果来吸引消费者。使用液态氮可以制作风味冰块或是快速晶球化装饰物来搭配鸡尾酒。

4. 泡沫

将液体加入卵磷脂后充分搅拌均匀，让卵磷脂发挥乳化作用维持稳定的发泡状态，再通过泡沫机打成细小又坚挺的泡沫摆设于鸡尾酒上，这样搭配除了视觉美观之外还可以营造出不同的口感层次变化。

5. 烟熏

在 19 世纪，调酒教父杰瑞·托马斯（Jerry Thomas）拉出第一杯蓝色火焰鸡尾酒（Blue Blazer）之后，“火”就成为调酒师的“武器”之一。随着科技的发展，现代调酒师对于火焰的运用又有了新的变化，利用瞬间的高温将风味融入鸡尾酒里是目前最受欢迎的鸡尾酒调制方法。用烟雾的方式注入鸡尾酒不同风味算是目前最常见的方式之一，像烟熏古典鸡尾酒、烟熏的鸡尾酒樱桃、血腥玛丽的烟熏盐圈都是透过烟雾将不同的风味融入鸡尾酒中的例子。

三、装饰物的规律

鸡尾酒的种类繁多，在装饰上也千差万别。一般情况下，每种鸡尾酒都有其装饰要求，因此装饰物是鸡尾酒的主要组成部分之一。虽然鸡尾酒种类繁多，装饰要求也千差万别，但在鸡尾酒的装饰中仍有基本规律需要遵循。

（一）口味相协调

鸡尾酒应依照酒品原味选择与其相协调的装饰物。辣味鸡尾酒适合以橄榄装饰，甜味鸡尾酒适合以樱桃装饰。装饰物的味道和香气必须与酒品的味道和香气相吻合，并且能更加突出该款鸡尾酒的特色。例如，当制作一款以柠檬等酸甜口味的果汁为主要辅料的鸡尾酒时，一般选用柠檬片、柠檬角之类的酸味水果来装饰。

（二）凸显酒品特色

装饰物应增加鸡尾酒的特色，使酒品特色更加突出。这主要是针对其他类装饰物而言的。鸡尾酒其他装饰物的选取主要取决于鸡尾酒配方的要求，它就像选取鸡尾酒的主要成分一样重要。面对创新的鸡尾酒，则应以考虑顾客口味为主。

装饰物的色泽搭配应能表情达意。五彩缤纷的颜色固然是鸡尾酒装饰的一大特点，但是在颜色的使用上也不能随意。色彩本身体现着一定的内涵。如红色是热烈

而兴奋的，黄色是明朗而欢快的，绿色是平静而稳定的。灵活地使用颜色可以体现调酒师在创作鸡尾酒作品时的情感。

（三）遵循传统习惯

保持传统习惯，搭配固定装饰物。按传统习惯装饰是一种约定俗成，约定俗成的装饰在传统标准的鸡尾酒配方中尤为显著。例如，在菲士酒类中常以一片柠檬和一颗红色樱桃作为装饰；马天尼一般都以橄榄或一片柠檬来作为装饰等。

装饰对于鸡尾酒的制作来说是个重要环节，但并不等于每杯鸡尾酒都需要配上装饰物。表面有浓乳的鸡尾酒除按配方可撒些豆蔻粉之类的调味品外，一般情况下就不需要任何装饰了。彩虹酒因其形成了色彩各异的分层，所以不需要装饰。

在鸡尾酒的装饰过程中，调酒师们还习惯性地在制作鸡尾酒装饰物时把那些酒液浑浊的鸡尾酒的装饰物挂在杯边或杯外，而那些酒液透明的鸡尾酒的装饰物则放在杯中。

（四）突出酒品主题

象征性的造型更能突出主题。制作出象征性的装饰物往往能表达出一个鲜明的主题和深邃的内涵。如马颈（Horse Neck）杯中盘旋而下的柠檬长条会让人联想到骏马那美丽而细长的脖子。

（五）形状与杯形协调

形状与杯形的协调统一，形成了鸡尾酒装饰的特色。装饰物形状与杯形二者在创造鸡尾酒外形美上是一对密不可分的要素。

用平底直身杯或高大矮脚杯时，如柯林杯，常常少不了吸管、调酒棒这些实用型的装饰物。另外，常用大型的果片、果皮或复杂的花形来装饰，体现出一种挺拔秀气的美感；在此基础上可以用樱桃等小型果实作为复合辅助装饰物，以增添新的色彩。

用古典杯时，在装饰上也要体现传统风格。常常是将果皮、果实或一些蔬菜直接投入酒水中去，使人感受其稳重、厚实、醇正。有时也加入短吸管或调酒棒等来辅助装饰。

使用高脚小型杯（主要指鸡尾酒杯和香槟杯）时，常常配以樱桃之类的小型水果，果瓣或直接缀于杯边或用鸡尾酒签穿起来悬于杯上，表现出小巧玲珑、丰富多彩的特色。用糖霜、盐也是此类酒中较常见的装饰。但要切记鸡尾酒的装饰一定要保持简单、简洁。

情景训练

你作为酒吧新入职的调酒师，请搜集新兴的鸡尾酒装饰物类型，并选择三种类型的装饰介绍给共同入职的新同事，并与其一起探讨鸡尾酒装饰物的未来趋势。

复习题

一、单选题

1. 柠檬角的英文名称是（　　）。

A. Lemon Slice　　B. Lemon Twist　　C. Lemon Wedge　　D. Lemon Zest

2. 干马天尼一般用（　　）作为装饰物。

A. 橄榄　　B. 樱桃　　C. 豆蔻粉　　D. 芹菜杆

二、判断题

1. 装饰物应增加鸡尾酒的特色，使酒品特色更加突出。（　　）

2. 装饰物对于鸡尾酒的制作来说确实是个重要环节，因此，每杯鸡尾酒都要配上装饰物。（　　）

3. 一般情况下，在制作鸡尾酒装饰物时把那些酒液浑浊的鸡尾酒装饰物挂在杯边或杯外，而酒液透明的鸡尾酒的装饰物则放在杯中。（　　）

任务二　装饰物的制作

鸡尾酒装饰物制作

知识准备

不同色彩与不同的水果可以用来装饰不同种类的鸡尾酒，但在酒吧营业期间，经常会没有时间制作装饰物。因此，应在营业前预估当天的用量，提前制备，切勿过量，用不完的水果不可留存过夜。本任务将介绍一些常用装饰物的制作。

一、酒签穿橄榄

用酒签穿一颗橄榄，然后放入杯内作装饰。如果橄榄为去核橄榄，则需要横向穿橄榄，但不可穿透，以免影响美观（图 8–1）。

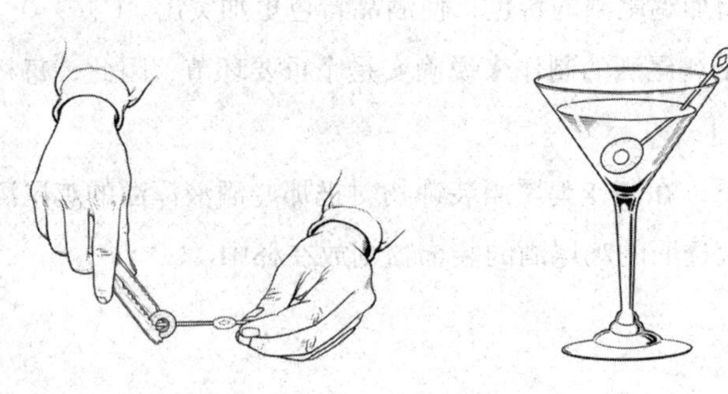

图 8–1　酒签穿橄榄

二、樱桃装饰

樱桃装饰物可以分为三类：第一类，樱桃挂杯，将樱桃开一小口挂于杯口；第二类，酒签穿樱桃，与酒签穿橄榄类似，用酒签穿一颗樱桃，然后放入杯内作装饰；第三类，酒签穿樱桃横放杯口，用酒签穿过一颗樱桃，然后横放杯口装饰，如天使之吻鸡尾酒（图 8-2）。

图 8-2　樱桃挂杯（左）和酒签穿樱桃横放杯口（右）

三、柠檬与橙子装饰

用柠檬与橙子作装饰很常见，可以将柠檬（橙子）切成圆片或半圆片，亦可切成角，或者用柠檬（橙子）和樱桃组合，或柠檬（橙子）皮肉等。

（一）圆形柠檬片（橙片）

将柠檬或橙子横向切片，然后放入杯内做装饰，或切薄片后放入杯中漂浮于酒面。常用柠檬或橙子圆片挂杯，将柠檬（橙子）片沿半径切开，挂于杯口；或将果肉与果皮分开，并预留一部分，挂于杯口（图 8-3）。

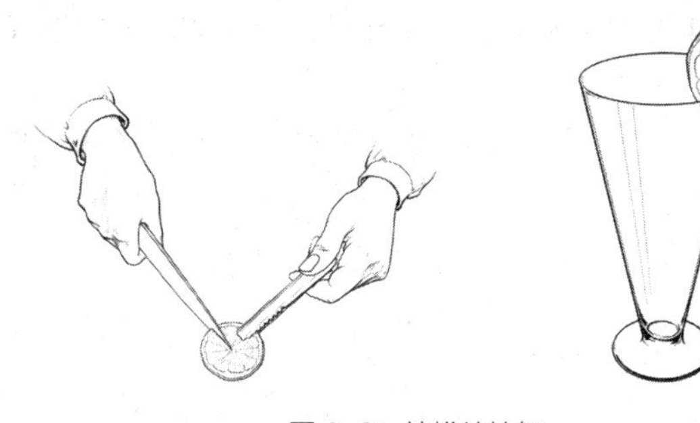

图 8-3　柠檬片挂杯

（二）半圆形柠檬片（橙片）

先将柠檬或橙子横向切成半圆片，然后挂在杯口装饰（图 8–4）。

图 8–4　半圆形柠檬片挂杯

（三）柠檬角（橙角）

先将柠檬或橙子纵向切成 1/8 块，然后用刀将果肉与果皮分开，上端预留一部分相连部位，再将果皮悬挂在杯外，果肉留于杯内（图 8–5）。

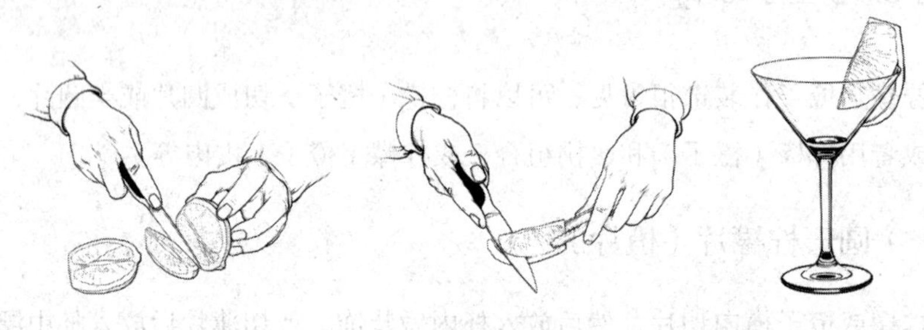

图 8–5　柠檬角挂杯

（四）螺旋形柠檬皮

将柠檬皮削成 1 厘米宽的螺旋形，挂于杯口，果皮放入杯中形成螺旋（图 8–6）。

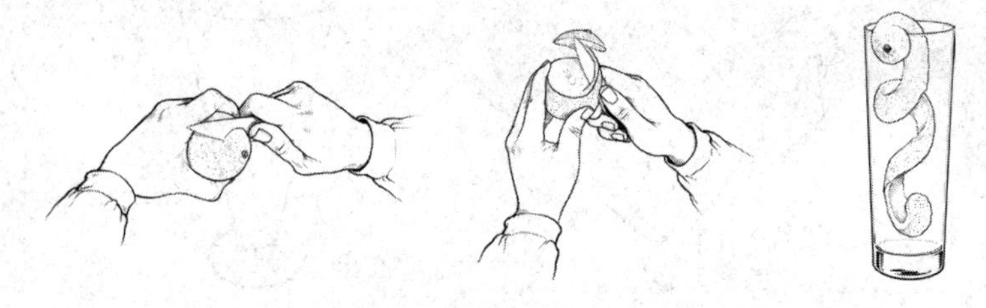

图 8–6　螺旋柠檬皮

（五）酒签穿柠檬片（角）和红樱桃

用酒签将柠檬片（角）连同红樱桃一起穿起来，直接放入杯中；酒签穿橙片（角）和红樱桃做法与之相同（图 8-7）。

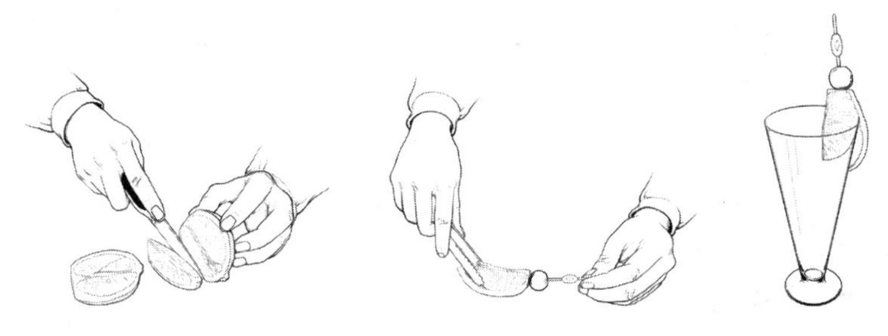

图 8-7　酒签穿柠檬片（角）和红樱桃

（六）柠檬片包红樱桃

柠檬切成圆片，用柠檬片包住红樱桃，再用酒签穿在一起，横放于杯口（图 8-8）。

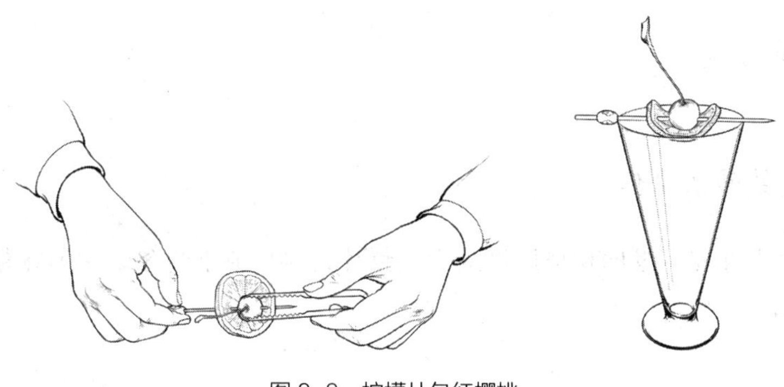

图 8-8　柠檬片包红樱桃

四、糖圈或盐圈

将杯口在柠檬（橙子）的横切面上湿润，然后倒扣于装有盐或糖粉的容器内，使杯口均匀地蘸上盐或糖。制作时需要确保酒杯、盛装盐或糖的容器及盐与糖的干爽。详细步骤已在项目五的镶边部分进行了详细阐述（图 8-9）。

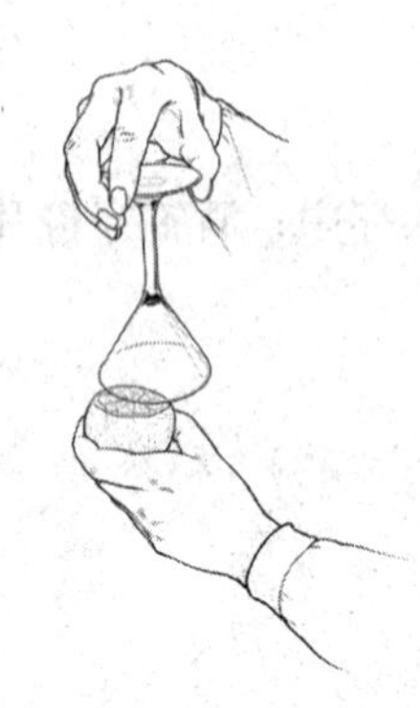

图 8-9　糖圈或盐圈

思考题

调制带有糖圈或盐圈的鸡尾酒时，有哪些注意事项，还有哪些类似于此种做法的装饰物?

五、菠萝装饰

（一）菠萝条制作

将菠萝去外皮，纵向切成厚度适当的整片，再切成细长条，用酒签穿起来做装饰（图 8-10）。

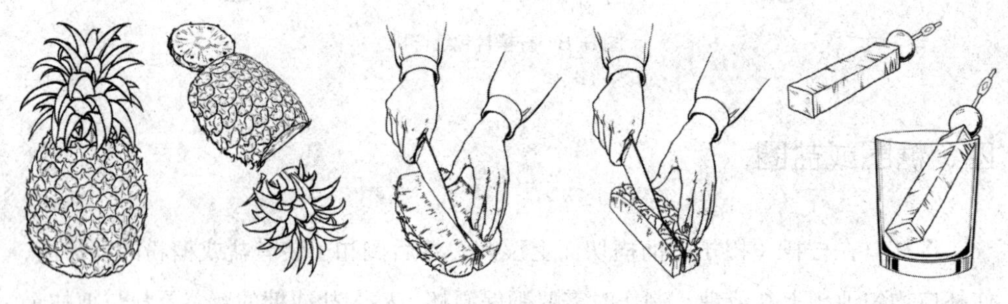

图 8-10　菠萝条

（二）菠萝旗制作

将菠萝顶端绿叶切掉，把菠萝横放，头尾各切掉一部分，再将菠萝纵向切成1/4块，然后去掉果心，再横刀切成扇形，最后取酒签将樱桃与菠萝穿在一起，挂于杯口（图8-11）。

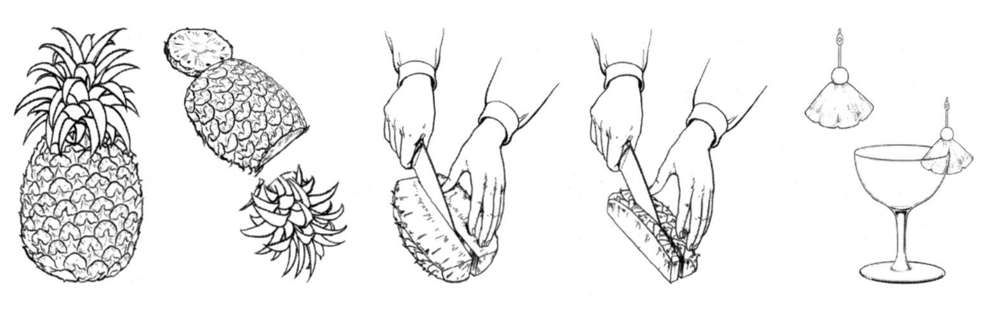

图8-11 菠萝旗

六、芹菜装饰

先将芹菜洗净，去除老叶，嫩叶留用；然后将芹菜杆切成两半，粗的杆可以纵切，测量酒杯高度，将芹菜切成合适的段。切好后需泡于冰水中，以免变色、发黄或萎缩。

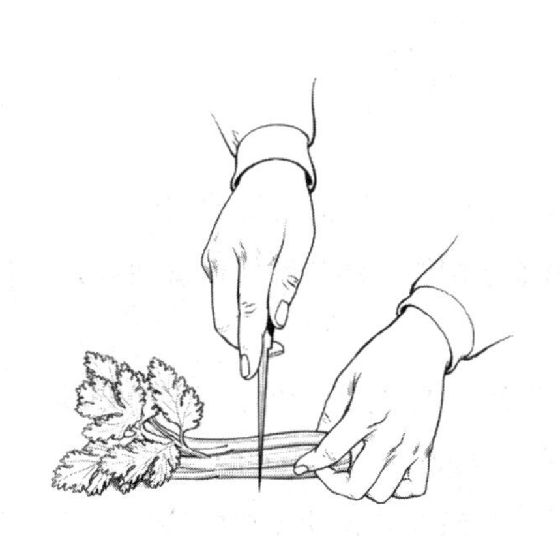

图8-12 芹菜杆

相关链接

鸡尾酒装饰物的趋势

蒂基（Tiki）鸡尾酒因使用各种艳丽的花朵作为装饰物而闻名。它们将装饰物一词带到了一个全新的高度。蒂基鸡尾酒一直是装饰物创新的前沿和中心，并不断超越界限。

随着食物和饮料的融合越来越多，调酒师正越来越多地尝试烹饪世界中的食材和技术。美味的鸡尾酒装饰物逐渐风靡，从风味盐边到由培根装饰的血腥玛丽的应用，品类越来越多。

情景训练

你作为酒吧主调酒师，请自行选择果蔬类原料（可从项目六中选择）制作五款不同类型的装饰物。

复习题

判断题

1. 酒吧营业期间，只要现场制作装饰物就可以，不需要提前制备。(　　)

2. 樱桃装饰物可以分为樱桃挂杯、酒签穿樱桃、酒签穿樱桃横放杯口三种基本类型。(　　)

3. 将芹菜切成合适的段，切好后需泡于冰水中，以免变色、发黄或萎缩。(　　)

4. 制作糖圈或盐圈时需要确保酒杯、盛装盐或糖的容器及盐与糖的干爽。(　　)

5. 制作菠萝条或菠萝旗两种装饰物时，为保证其原汁原味的特色，不应去除菠萝皮。(　　)

项目八

项目九
鸡尾酒的创作

教学目标

掌握鸡尾酒创制的原则和重点；掌握鸡尾酒创作的事项，能够使用给定或自制材料创作鸡尾酒。

任务一 鸡尾酒创作的原则

知识准备

调酒不仅是一门技术，也是一门艺术。调酒师的调酒过程实际上是一种艺术的创造过程。任何一款鸡尾酒，它的色、香、味、形的有机结合都是调酒师艺术涵养的充分体现。晶莹亮丽的酒杯、光彩夺目的酒液、恰到好处的装饰，无论从视觉还是从味觉方面都能给人以美的享受，使人在得到充分满足的感官刺激的同时还可以在美的环境中无限地发挥自我。因此，要想调制好一款鸡尾酒，调酒师需要具备较高的艺术鉴赏力，而创作一款新的鸡尾酒更是调酒师创作灵感、创作意念和艺术修养的综合体现。

一、鸡尾酒创作的原则

鸡尾酒是一种自娱性很强的混合饮料，它不同于其他任何一种产品的生产，它可以由调制者根据自己的喜好和口味特征来尽情地想象、尽情地发挥。但如果要使它成为商品，在饭店酒吧进行销售，那就必须要符合既定的规则。也就是说，它必须适应市场的需要，满足消费者的需求。因此，鸡尾酒的创作必须遵循一些基本的原则。

（一）新颖性

任何一款新创鸡尾酒首先必须突出一个“新”字，即在已流传的鸡尾酒中没有记载。另外，创作的鸡尾酒无论在表现手法，还是在色彩、口味以及酒品等方面所表达的意境都应使人耳目一新，给品尝者以新意。

鸡尾酒的新颖，在于其构思的奇巧。所谓构思就是人们根据需要而形成的设计导向，这是鸡尾酒设计制作的思想内涵和灵魂。鸡尾酒的新颖性原则就是要求创作者能充分运用各种调酒材料和各种艺术手段，通过挖掘和思考来体现鸡尾酒新颖的构思，创作出色、香、味、形俱佳的新酒品。

鸡尾酒不同于其他产品，它集诗、画等多种艺术特征为一体，形象地体现了酒的艺术特色。通过给消费者以视觉、味觉和触觉等的享受，线条节奏、形式组合、光影和色调等诸多因素在和谐中融为一体。因此，在创作鸡尾酒时，要将这些因素综合起来进行思考，以确保鸡尾酒的新颖、独特。

（二）易于推广

任何款鸡尾酒的设计都有一定的目的，要么是设计者自娱自乐，要么是在某个特定的场合为渲染或烘托气氛即兴创作，但更多的是专业调酒师为了饭店、酒吧经营的需要而进行专门的创作。

创作的目的不同，决定了创作者的设计手法也不完全一样。作为经营所需而设计创作的鸡尾酒在构思时必须遵循易于推广的原则，即将它当作商品来进行创作。

首先，鸡尾酒的创作不同于其他商品，它是一种食品，必须先满足消费者的口味需要。因此，创作者必须充分了解消费者的需求，使自己创作的酒品能适应市场的需求，易于被消费者接受。

其次，既然创作的鸡尾酒是一种商品，就必须要考虑其营利性质，即重点要考虑其创作成本。鸡尾酒的成本由调制的基酒、辅料和装饰物等直接成本和其他间接成本构成，成本的高低，尤其是直接成本的高低影响着酒品的销售价格。价格过高，消费者难以接受，会很大地影响酒品的推广程度。因此，在创作鸡尾酒时，应当选择一些口味和品质较好，价格又不是很昂贵的酒品做基酒进行调配。一些创作者在创作鸡尾酒时为了追求一时的轰动效应，一味地使用高档原料，其结果是成本居高不下，很难推广，很难流行。

再次，配方简洁是鸡尾酒易于推广和流行的又一因素。从以往的鸡尾酒配方来看，绝大多数配方很简洁，易于调制。随着时代的发展，即使以前比较复杂的配

方，因人们需求的变化，也变得越来越简洁，如新加坡司令，当初发明的时候，调配材料有十多种，但由于其复杂的配方很难记忆，制作也比较麻烦，因此在推广过程中被人们逐步简化，变成了现在的配方。所以，在设计和创作新鸡尾酒时必须使配方简洁，一般每款鸡尾酒的主要调配材料应控制在5种以内，这样既利于调配，又利于流行和推广。

最后，遵循基本的调制法则，并有所创新。任何一款新创作的鸡尾酒要想易于推广、易于流行，还必须易于调制。在调制方法的选择方面，基本上不外乎摇和、调和、兑和与搅拌等。国际调酒师协会对所有参加该协会比赛的自创酒要求必须采用摇和法，当然，创新鸡尾酒在调制方法上也是可以创新的。例如，将摇和法与漂浮法相结合，将摇和法与兑和法相结合等，这在鸡尾酒调制方法上是一种突破。实践证明，这种结合为鸡尾酒的创作和调制带来了新意，同时也为拓宽鸡尾酒调制领域做出了有益的尝试。

（三）色彩独特

色彩是表现鸡尾酒魅力的重要因素之一，任何一款鸡尾酒都可以通过赏心悦目的色彩来吸引消费者，并通过色彩来增加鸡尾酒自身的鉴赏价值。因此，鸡尾酒的创作者在创作鸡尾酒时都特别注意酒品颜色的选用。

鸡尾酒中常用的色彩有红、蓝、绿、黄、褐等几种。在以往的鸡尾酒中，出现最多的颜色是红、蓝、绿以及少量黄色，而在鸡尾酒创作中这几种颜色也是用得最多的，这使得许多酒品在视觉效果上不再有什么新意，缺少独创性。

色彩鲜艳、独特是鸡尾酒创作的一个重要原则。在创作鸡尾酒时不但要考虑选择鲜艳、夺目的色彩，而且要考虑到色彩的与众不同，增加酒品的视觉效果。如在淡金黄色的酒液中，放入一颗绿樱桃，使得色彩搭配高雅而不落俗套。创作鸡尾酒，色彩的选用十分讲究，鲜艳固然重要，奇巧独特更加难得。

（四）口味独特

口味是评判一款鸡尾酒好不好以及能否流行的重要依据，鸡尾酒的创作必须将口味作为一个重要因素加以认真考虑。口味如果不佳，这种创意的鸡尾酒就没有市场，也无法普及。呈现在客人面前的鸡尾酒，口味是最重要的因素，名称、使用的酒类、价格、鸡尾酒的形态等只是口味的附属条件。

创作的鸡尾酒在口味上首先必须诸味调和，酸、甜、苦、咸、鲜诸味必须相协调，过酸、过甜或过苦都会掩盖人的味蕾对味道的品尝能力，从而降低酒的品质。另外，鸡尾酒在口味上还需满足消费者的需求，虽然不同地区的消费者在口味上有所不同，但作为流行性和国际性很强的鸡尾酒在设计时必须考虑其广泛性要求。在满足绝大多数消费者共同需求的同时，再适当兼顾本地区消费者的口味。

此外，在口味方面还应注意突出基酒的口味，避免辅料喧宾夺主。基酒是任何一款酒品的根本和核心，无论采用何种辅料，最终形成何种口味特征，都不能掩盖基酒的味道，造成主次颠倒。

● 相关链接

鸡尾酒个性化服务小贴士

当为客人提供鸡尾酒时，可以通过一些简单的方法来调整每种饮品，这正是每个客人喜欢的方式。个性化是通过调酒技巧打动客人的好方法，首先是提问题。询问客人喜欢什么类型的鸡尾酒。并不是每个人都会花很多时间思考他们对鸡尾酒的喜好，因此可以通过提出一些具体问题来引导客人。

在提供鸡尾酒个性化服务时可以考虑一下按照配方要求制作的每种鸡尾酒会给客人带来哪些感受，如它是甜的还是酸的，浓烈还是柔和等方面的问题。

1. 鸡尾酒更甜或更酸

对于大多数人来说这是一个简单的问题，也是定制其鸡尾酒的简便方法。调酒师需要做的就是调整配料比例。

如果客人若喜欢酸一些的鸡尾酒，调酒师在调制安摩拉多酸酒（Amaretto Sours，一种甜味鸡尾酒）时，则可以使用少一些的安摩拉多杏仁利口酒或多一点的柠檬汁。相反，调制莫斯科骡子（Moscow Mule）这种口感不是很甜的酒时，则可以使用标准配方制作。但如果其他客人喜欢他们的鸡尾酒更甜，则可以使用更多的姜汁啤酒或少量的柠檬汁。

2. 鸡尾酒浓烈或柔和

有些鸡尾酒只含 1~2 种度数较低的利口酒，而另一些则含有多达 5 盎司的烈性酒。调酒师如果要调制浓烈的鸡尾酒或柔和的鸡尾酒，可以询问客人的喜好，然后进行调整。

要减弱鸡尾酒的浓度，可以只使用少量的烈酒。众所周知，桑比（Zombie）是浓烈的鸡尾酒，需要 4 盎司的各种朗姆酒。当客人需要柔和口感时，可以将朗姆酒用量减半，再添加更多的果汁辅料。削弱酒精度的另一种方法是与大量冰长时间摇和，通过提高化水率来柔和鸡尾酒。相反，如果客人点了含羞草（Mimosa）鸡尾酒，同时想要口感浓烈一些，可以添加适量的伏特加酒，使风味达到鸡尾酒的预期浓烈度。

二、鸡尾酒创作的重点

（一）基酒比例

风味弱者会主导鸡尾酒。风味类似的烈酒，每种都需要用 1 盎司。如果想结合不同的风味特征，建议最弱风味的 1.5 盎司和最强风味的 0.5 盎司。此处仅考虑风味的强弱，暂不考虑酒精的高低。因此，以金酒与梅斯卡尔酒做基酒时，可以用 1.5 盎司的金酒，0.5 盎司的梅斯卡尔酒。如果进行反向操作，金酒风味将会消失，梅斯卡尔酒的烟熏味将把酒味带走。类似使用波本威士忌和黑朗姆酒的烈酒时，可以各使用 1oz，则可以很好地融合在一起。

（二）借鉴经典

开始创作或创作失败时，可以借鉴经典鸡尾酒的结构。所有经典鸡尾酒都具有基本成分，因此可以轻松地将基酒、甜味剂、柑橘等换成不同的材料。例如，威士忌味酸，如果用柠檬味伏特加代替威士忌，会得到柠檬球（Lemon Drop）鸡尾酒，它可能不是经典，但很受顾客欢迎。若将伏特加酒替换为金酒、青柠替换为柠檬，则就有了吉姆雷特（Gimlet），朗姆酒代替金酒，则又变成了得其利（Daiquiri）。

（三）辅料应用

辅料间的互补特性。当使用利口酒时，如果没有达到预期的甜度，可以使用糖浆。与熬制酱汁类似，所有的材料——西红柿、罗勒、芹菜、胡萝卜、洋葱等均已具备，但是口味融合上缺少了一些东西，撒上少许盐，就可以把所有口味融合在一起。所以鸡尾酒调制时使用少量糖浆或苦精等材料，会使鸡尾酒更加完整。

制作酸酒类鸡尾酒时，习惯上将柠檬用于棕色烈酒，将青柠用于无色烈酒。轻度使用果汁，在鸡尾酒配方中添加果汁作为调味剂时，用量尽量不要超过3/4盎司，否则会被果汁占据主导，长饮类鸡尾酒除外。

此外，还要为鸡尾酒设计装饰物，这不仅对于视觉呈现很重要，而且对于香气也很重要。顾客会先用眼睛判断鸡尾酒，其次才是用鼻子。因此，装饰物对于鸡尾酒的创新也尤为重要。

（四）配比平衡

要制成口感平衡的鸡尾酒，可以使用2盎司的烈性酒，3/4盎司的酸和1盎司的简单糖浆（糖水比1∶1的糖浆）或3/4盎司的简单糖浆（糖水比2∶1的糖浆）。可以使用这个公式作为创新鸡尾酒的基础。调制搅拌类的鸡尾酒时，可以将上述公式进行调整，2盎司的基酒分解为两种烈酒，1盎司辅料（最多可以包含三种成分）和3~4滴苦精。

思考题

思考一下，创作鸡尾酒时还可以有哪些切入点。

情景训练

鸡尾酒创作的方法和技巧非常多，你作为酒吧经理，组织酒吧的调酒师一同研讨鸡尾酒创新的技巧和方法，形成一份文字稿，作为今后酒吧的培训资料。

复习题

判断题

1. 创作者必须充分了解消费者的需求，使创作的酒品能适应市场的需求，易于被消费者接受。(　　)

2. 口味是评判一款鸡尾酒好不好以及能否流行的重要标志。(　　)

3. 创作鸡尾酒时，风味越强的鸡尾酒用量应当越多，以突出酒的主导风味。(　　)

4. 制作酸酒类鸡尾酒时，习惯上将青柠用于棕色烈酒，将柠檬用于无色烈酒。(　　)

5. 开始创作或创作失败时，可以借鉴经典鸡尾酒的结构。(　　)

任务二　鸡尾酒的创作事项

知识准备

鸡尾酒的创作对于每一位调酒师来说实际上都是一种自我设计、自我超越、自我选择、自我欣赏的美学活动，而这一美学活动的实现又依赖于每位调酒师扎实的功底。他们必须对各种酒品的构成、特性有充分的了解，必须精通调酒的原理，遵循基本的调酒原则，将艺术灵感和技能技巧进行巧妙结合，科学创造，既基于现实又超越现实，从而实现鸡尾酒创作的艺术和技术的统一。

鸡尾酒的创作一般包括立意和命名、选择材料、制定配方、选择酒杯、调制鸡尾酒和制作装饰物等环节。

一、立意和命名

（一）立意

鸡尾酒与一般的净饮酒品不同，消费者在饮用鸡尾酒时，除了可以充分享受酒精带来的刺激感之外，还可以借助其完整的艺术形象，触景生情，浮想联翩。因此，一款好的鸡尾酒带给人的不仅仅是感官的刺激，更多的是视觉艺术以及精神的享受。鸡尾酒这种完美境界的实现归根结底在于酒品创作的立意。

立意，也就是要明确创作思想，这是鸡尾酒创作的第一步。立意，又称为创意，即确立鸡尾酒的创作意图。

鸡尾酒的创作立意是关键，有了好的创意才有可能形成有特色的产品，任何一款鸡尾酒，有了好的创意，并借助联想，为鸡尾酒注入美的内涵，将人带入美的境界，利用一切机会增强鸡尾酒的效果。所以，立意是创作好一款鸡尾酒的重要环节。鸡尾酒创作的立意是多方位、多层次的，既可以源于一件事、一个人，也可以源于一景一物，触景生情，因事抒意，通过创出鸡尾酒来表达对美好事物的憧憬和向往。寻找鸡尾酒的创意可以从以下几个方面考虑。

1. 联想与创意

联想与创意，就是根据一些重大事件或有历史意义的事件产生联想，世界上每时每刻都在发生着各种各样与人们生活息息相关的事件，从而形成鸡尾酒的创意。无论是国际事件，还是国内大事，有的可以载入史册，有的则极大地影响着人们的生活，通过对这些事件的分析、理解，可以充分运用想象，设计出很多款鸡尾酒。如，黄金祝杯鸡尾酒就是为了庆祝 2016 年中国女排夺冠创作的鸡尾酒。

2. 触景生情

大自然的美好景色历来是各类艺术创作的极佳素材。美丽的自然风光可以激发鸡尾酒创作者的灵感，青山秀水、五彩云霞、喷薄的日出、汹涌的波涛，无不使人触景生情，产生各种创作的意念和想法。当然，只有通过我们不断悉心观察身边的万物万景，才能领悟到它们真正无穷的奥妙所在，才能使之升华为一种艺术、一种境界，并将它转化成我们创作的意念，进而转化成一杯杯独具风格和意境的鸡尾酒。

3. 音乐与创作

酒吧总是和音乐联系在一起。在古典高雅的酒吧里，总是流淌着抒情柔缓的古典音乐；在简洁现代的酒吧里，总是激荡着动人心魄的流行音乐。音乐是反映社会生活的艺术，表达着人们的思想情感。

冼星海说过：“音乐，是人生最大的快乐；音乐，是生活的一股清泉；音乐，是陶冶性情的熔炉。”音乐比很多其他艺术更抽象、更直接。音乐作品的内容美与形式美是通过旋律、节奏、音符、曲调等各种因素表现出来的，而节奏与曲调拥有浸入人心灵最深处的最强烈的力量，用美来浸润心灵，使人快乐。通过音乐欣赏，深刻体会音乐的含义，领悟音乐所表达的思想情感，对生活、事业都会有很大启发，同样对鸡尾酒的创作也会有很大启发。以音乐为题材创作的酒品虽说数量不是很多，但寓意深刻、耐人回味的作品却不少，如蓝色多瑙河、激情桑巴舞等，每款酒品都表现了作者对一段美好乐曲所产生的深刻感悟。

4. 其他

能够产生鸡尾酒创意的方面还有很多，关键在于我们要留心观察身边发生的一切，勤动脑、勤思考、发挥想象、开拓创作领域。可以形成创意的方面还有以下几点。

（1）爱情题材。爱情这一人生永恒的主题自古以来一直是人们谈论的话题，也是影视、音乐、歌曲等艺术领域的常用题材。同样，它也是我们进行鸡尾酒创作的极好素材，可以通过鸡尾酒色、香、味、形的手法来表现爱情的情感变化。

（2）影视题材。一部优秀的影视片往往能产生深远的社会影响，给人极大的启发，通过对这些影视片深刻内涵的理解和领会，可以产生很好的鸡尾酒创作意念。

（3）典故类题材。精彩的典故，仅凭只言片语就能形象地点明历史人物的运筹技巧，揭示耐人寻味的人生哲理，反映历代社会的风采。巧妙地采用典故，会形成鸡尾酒设计丰富的内涵。

此外，时间、空间、人物、文化、艺术等都可能使我们产生创作灵感，形成创作意念。

（二）命名

鸡尾酒的历史虽不算很长，真正流行的时间也只有七八十年，但近年来，由于它融汇了各国名酒，并加以巧妙地调配，很快在欧美乃至世界各地流行，成为自娱、待客、商贸、社交中不可或缺的必备饮品，尤其是商业和文化高度繁荣的都市，更加讲究鸡尾酒的调制和品尝。

认识鸡尾酒、创新鸡尾酒，首先应从其名称开始，为鸡尾酒起一个恰如其分的好名字不但可以增加鸡尾酒的吸引力，而且对消费者更好地欣赏和品尝鸡尾酒都有很大的帮助，特别是对鸡尾酒的流行和推广能起到推波助澜的作用。

鸡尾酒的命名可谓千奇百怪，方法各异，从时下已经流行的鸡尾酒来看，有以植物名命名的，有以动物名命名的，也有以历史故事、历史人物、自然景观等来命名的。总体上来看，可以分为以下几类。

1. 以酒的内容命名

以酒的内容来命名的鸡尾酒虽然说为数不是很多，但却有不少的流行品牌，这些鸡尾酒通常都是由 1~2 种材料调配而成，制作方法相对也比较简单，多数属于长饮类饮料，而且从酒的名称就可以看出酒品所包含的内容。例如，威士忌可乐（Whisky Cola）、金汤力（Gin&Tonic）、伏特加七喜（Vodka 7up）。此外，还有金可乐、朗姆可乐、伏特加可乐、伏特加雪碧、葡萄酒苏打等。

2. 以时间命名

以时间命名的鸡尾酒在众多的鸡尾酒中占有一定数量。这些以时间命名的鸡尾酒有些表示了酒的饮用时间，但更多的则是在某一个特定的时间里，创作者因个人情绪、身边发生的事或其他因素的影响有感而发，产生了创作灵感，从而创作出一款鸡尾酒，并以这一特定时间来命名，以示怀念、追忆。如“白色的阿拉斯加”就表达了阿拉斯加冬天的景色，还有“最后一班地铁”“五月的阳光”等。

3. 以自然景观命名

以自然最观命名是指借助于山川河流、日月星辰、风露雨雪，以及繁华都市、边远乡村等抒发创作者的情感。用所见所闻来给酒命名，以表达自已憧憬自然、热爱自然的美好愿望。因此，以自然景观命名的鸡尾酒品种较多，且酒品的色彩、口味甚至装饰等都具有明显的地方色彩，如香山枫叶、普吉岛等。

4. 以颜色命名

以颜色命名的鸡尾酒占鸡尾酒的大部分，它们基本是以伏特加、金酒、朗姆酒等无色烈性酒为基酒，加上各种颜色的利口酒调制成形形色色、色彩斑斓的鸡尾酒饮品。

鸡尾酒的颜色主要是借助各种利口酒来体现的，不同的色彩刺激会使人产生不同的情感反映，这些情感反映又是创作者心理状态的本能体现。由于年龄、爱好和生活环境的差异，创作者在创作和品尝鸡尾酒时往往无法排除感情色彩的作用，并由此而产生诸多的联想。

红色是鸡尾酒中最常见的色彩，它主要来自于调酒配料红石榴糖浆。通常人们会从红色联想到太阳、火、血，享受到红色给人带来的热情、温暖，甚至潜在的危险，而红色同样又能营造出异常热烈的气氛，为各种聚会增添欢乐、增加色彩。因此，红色无论是在现有鸡尾酒中还是在各类创作、比赛中都得到广泛使用。如著名的粉红佳人鸡尾酒就是一款相当流行且广受欢迎的酒品，它以金酒为基酒，加上橙皮、柠檬汁和石榴糖浆等材料调制而成，色泽粉红，甜酸苦诸味调和，深受各阶层人士的喜爱。以红色闻名的鸡尾酒还有新加坡司令、特基拉日出等。

绿色主要来自于绿薄荷利口酒。薄荷酒有绿色、白色和红色三种，但最常用的绿薄荷酒，是用薄荷叶制成，具有明显的清凉、提神作用。用它调制的鸡尾酒往往会让人自然而然地联想到绿茵茵的草地、繁茂的森林，更易使人感受到春天的气息、和平的希望，特别是在炎热的夏季，饮用一杯碧绿滴翠的绿色鸡尾酒，会让人暑气顿消，清凉之感沁人心脾。著名的绿色鸡尾酒有绿色蚱蜢、清凉世界等。

蓝色常用来表示天空、海洋、湖泊等的自然色彩，由于著名的蓝橙利口酒的调制，蓝色便在鸡尾酒中频频出现，如蓝色夏威夷、蓝色的地中海、蓝天使等。

黄色表示明快、活泼、高贵。黄色由香草味浓郁的加里安奴利口酒、蛋诺酒与橙汁等调配而成。如用伏特加兑橙汁调制的螺丝钻鸡尾酒。

鸡尾酒除了上述几种常见的色彩外，还有橙色、黑色、褐色、青色、白色、紫色等诸多色彩，可谓色彩纷呈，变化万千。

5. 以其他方式命名

上述四种命名方式是鸡尾酒中较为常见的命名方式，除了这些方式外，还有很多其他命名方式。

（1）以花草、植物来命名鸡尾酒，如白色百合花、郁金香、紫罗兰、黑玫瑰、雏菊、香蕉杧果、樱花、黄梅等。

（2）以历史故事、典故来命名，如血腥玛丽、咸狗、太阳谷、掘金者等，每款鸡尾酒都有一段故事或传说。

（3）以神话与历史名人来命名，如亚当与夏娃、哥伦布、亚历山大、丘吉尔、牛顿、伊丽莎白女王、丘比特、拿破仑、毕加索、宙斯等，将这些世人皆知的著名物与酒紧紧联系在一起。

（4）以军事事件或人来命名，如海军上尉、自由古巴、深水炸弹、镖枪、老海军等。

● 相关链接

自创鸡尾酒命名小贴士

1. 回归本源

鸡尾酒命名最安全、最简单的方法之一就是确定其成分。此方法非常适合想知道里面有什么的客人。如芒果玛格丽特酒（Mango Margaritas）将客人所得到的信息展现无遗。这种方法非常适合简单的鸡尾酒，但并不是最具创意的方法。如果正在寻找真正值得使用的名称，则需要超越基本概念。

2. 它来自哪里

无论使用的是特殊材料，还是只想添加一些当地风味，地方特色都会带来很大的启发。当客人听到或看到佐治亚州宾治这一名称可以直观地了解到鸡尾酒的创作地。命名时还可以查看所在的地区名称来获得灵感。若要发挥更大的创造力，可以研究鸡尾酒配料的国家或文化。

3. 名称标签化

无论是创作全新的鸡尾酒，还是仅改良了熟悉的配方，名称都将是最终的装饰。将其变成主题标签并在社交媒体上进行宣传，以使其令人难忘。通过社交媒体进行宣传，同时也会获得一些名称灵感。

二、选择材料

任何一款鸡尾酒，有了好的创意还需通过酒品来进行具体形象的表达，因此，确定了创意后，认真、准确地选择调配材料就显得十分重要。

选择调配材料关键是要对各种酒品的特性有充分的认识，这些特性包括酒品的生产原料、生产工艺、口味特征、色泽变化、酒品密度等。如果对这些知识不了解，在酒品调制时就很难取得理想的效果。

（一）基酒的选择

鸡尾酒是由基酒、辅料和装饰物等部分构成。可以用作基酒的材料很多，如金酒、朗姆酒、伏特加、威士忌、白兰地、龙舌兰酒、葡萄酒、香槟酒等，中国白酒也越来越多地被用来做基酒调制鸡尾酒。在这些酒品中，最常见的是金酒、伏特加和朗姆酒，这几种酒最大的特点就是无色透明、酒性温和。易于和各种色酒相调配而不改变色酒的色泽，保持其色彩的鲜艳。因此，以金酒、伏特加和朗姆酒为基酒调制的鸡尾酒占了鸡尾酒比例的2/3以上。

中国白酒目前也逐步被引入鸡尾酒的调制之中，但使用中国白酒做基酒时必须特别小心，因为它们具有非常明显的香型特征，而且有些酒品的酒香十分浓郁。如浓香型的白酒，一般的调酒辅料很难缓和，这种香味会使调制出的鸡尾酒口味依然很冲很香。因此，在选用中国白酒作为基酒创作鸡尾酒时，一方面必须注意酒品的香型，另一方面在用量上必须恰到好处。

（二）辅料的选择

鸡尾酒调制的辅料品种很多，酒性各异，这是在选料中最需要技术的工作。能否通过这些调配材料正确表现酒品的色、香、味，以表达创作者所要表示的创作意图，很大程度上取决于对这些调酒辅料的取舍。

调酒辅料的选择是围绕着鸡尾酒的创意进行的，无论是酒的颜色，还是口味都要能非常贴切地表达作者的创作思想，否则就失去了创作的意义，在选择辅料时要着重注意两个方面的问题：一是颜色；二是口味。

1. 颜色的选择

不同颜色具有各自不同的含义，这在鸡尾酒的命名中已经有过阐述，但毕竟成品酒的颜色是有限的，如果要适应创作的需要就必须对色彩的调配原理有充分的认识，利用有限的颜色调配出五彩缤纷的酒品（表9–1）。

表 9-1　鸡尾酒颜色调制

颜色	说明
红色	象征着活力、健康、热情和希望，可选用的酒品有红石榴糖浆、金巴利等。用红色还可以调配出淡红、粉红、紫红，宝石红等。
橙色	象征着兴奋、欢乐、活泼、华美。主要可以通过橙汁来体现，也可以用红色和黄色混合配合调配出橙色。
黄色	表示温和、光明、快乐等，可选用的酒品有蛋黄酒、加里安奴等，以此还可以调配出淡黄、金黄、橙黄等色彩。
绿色	象征着青春、冰爽、鲜嫩、和平，主要是通过绿薄荷酒来表现，但也可以以此调配出嫩绿、墨绿等色彩。绿色也可以由黄色，蓝色混合而成。
蓝色	象征秀丽、清新、宁静，单色酒品有蓝橙酒，但蓝色可以和红色调配出高雅的紫色，可以和柠檬汽水调配出绿色，还可以和绿色调配出象征希望、庄重的青灰色。
褐色	表示严肃和淳厚，可选用的酒品有咖啡利口酒等，也可选用可乐类碳酸饮料。

色彩是审美活动的重要组成部分，鸡尾酒创作本身就是一个创造审美的过程，因此选择色彩显得尤其重要。但是同一种色彩针对不同消费对象所产生的联想效果并不完全相同，因而在色彩的选择上还应考虑成品酒的消费群体，根据不同的消费群体需求进行有针对性的选择。

此外，创作鸡尾酒时，应把握好不同颜色原料的用量，用量过大则颜色偏深，用量过小则颜色偏浅，颜色过深、过浅都会对酒品的整体效果带来影响，同时对表达酒品的主题也会造成影响。因此，掌握不同颜色原料的调配用量是同等重要的。

2. 口味的选择

口味的选择对表现鸡尾酒的创意有很重要的意义。鸡尾酒和菜肴一样，它的味道的形成一方面是来自基酒，另一方面是来自辅料，通过调配或者更加突出基酒的口味特性，或者形成新的口味，给消费者以全新的感觉。

鸡尾酒创作能否成功，关键在于对口味的选择及口味搭配的和谐完美，并通过口味来表达酒品的主题思想。能否正确选择恰当口味的酒品，首先应对各类酒品的基本口味特征有所了解。基酒奠定了酒品口味的基础，也是确定一款鸡尾酒有别于其他酒品的关键。可用作基酒的材料中，伏特加、朗姆酒相对较平和，金酒含有杜松子的微苦，威士忌、白兰地带有酿酒木桶所特有的辛辣、刺激口味，而中国白酒除了酒品本身所具有的浓郁香味外，辛辣刺激之味也非常明显，这些都是我们在选择材料时必须掌握的。

作为调味的辅料种类繁多，口味各异，利口酒的甜腻，柠檬汁的酸涩，茴香酒、苦精的苦味，选用时需慎而又慎，若选择不当，就可能会导致酒品口味怪异，无法让人接受。

虽然利口酒都是以甜味为主，但由于利口酒在酿制过程中添加香味材料的不同，最终成品的口味也有很大差异。水果香味的利口酒占有很大比例，这类利口酒采用各种水果作为调香调味材料，成品酒具有十分浓郁的果香。常见的有柑橘类利口酒，它是以各种柑、橘、橙的皮、肉等经过浸泡、熬煮等方法生产的，柑橘类利口酒的酸、苦、甜诸味和谐，容易和各种口味的酒品相调配，因此在鸡尾酒调制中得到了广泛的使用。从色泽上看，它又有白、蓝两种颜色，其中以白色柑橘类利口酒使用最为广泛。

此外，还有香蕉味利口酒、桃子味利口酒、草莓味利口酒、梅子味利口酒等，这些酒品都具有口味甜腻、果味明显等特征，在调配鸡尾酒时选择面较广，对拓展鸡尾酒的创作领域有很大帮助。

植物香型的鸡尾酒，是利用植物的根茎、种子等作为调香调味材料生产的利口酒，不同的材料产生的最终口味特征也不完全相同，常用的植物有茶叶、薄荷、月桂、玫瑰、可可、茴香、丁香、豆蔻等。其中薄荷利口酒、茴香类酒品、可可利口酒在鸡尾酒调制中使用较多，尤其是绿薄荷利口酒，无论是口味和颜色都给鸡尾酒世界增添无穷色彩。

用不同口味的材料经过科学组合和精心调配创造出各种口味独特的饮品是鸡尾酒创作中的又一技巧。如以奶类制品、鸡蛋和各种口味独特的利口酒可以调制出绵柔香甜、圆润醇滑的酒品；以柠檬汁、青柠汁等酸型材料混合利口酒、糖浆等可以调配出酸甜适度、酒香浓郁的酸味鸡尾酒；以各种新鲜果汁，特别是现榨果汁可以与众多基酒及利口酒调配出果香浓郁、柔润爽口的饮品；以各类碳酸类饮料，辅之以不同颜色、口味的利口酒可以调制出大量风格迥异的清凉型饮品。

总之，随着人们生活水平的改善和提高，对酒品口味的要求也越来越高，加上区域性口味的差异，使得创作鸡尾酒口味的选择余地越来越大，只要悉心研究并掌握了人们的不同需求，创作出相应口味的酒品并不是件十分困难的事情。

思考题

如何在做到调酒材料零浪费的同时增加酒吧收益?

三、制定配方

确定标准配方，亦称制定标准酒谱，是保证酒品色、香、味等诸因素达到和符合规定标准和要求的基础。因此，不论创作什么样的鸡尾酒，都必须制定相应的配方，规定酒品主辅料的构成，描述基本的调制方法和步骤。

标准配方包括、鸡尾酒名称、载杯、基酒、辅料以用量、调制方法、创意、口感特征等方面，这一方面是对专业规范的要求，另一方面对宣传、推广及详细介绍酒品有一定帮助。

自创酒的配方是围绕着创意进行设计的，通过明确的创意进行主辅料的合理选择和配比，并通过对调制的酒品进行色、香、味、形等方面的鉴赏和评估，进行不断修改、调整，最后形成。配方的制定，实际上就是确定了酒品最终的构成，酒品的好坏，以及能否被客人最终认可，关键在于创作者对鸡尾酒创作原则的掌握程度。因此，在制定配方时必须始终以鸡尾酒的创作原则为依据，根据创作的指导思想进行精心设计。

在鸡尾酒的创作原则中，易于推广是一个非常重要的原则。所谓易于推广，除了制作方法简洁易行，能满足消费者的口味需要等要求外，经济实惠是一个十分重要的创作要求。制定标准配方，其目的就是为了达到鸡尾酒创作的要求，即通过配方达到有效控制成本的目的。任何一款鸡尾酒，特别是当作商品销售的鸡尾酒都必须进行严格的成本控制，对鸡尾酒进行成本控制的重要手段之一就是制定标准配方。每款酒品都必须在标准配方中明确规定基酒、辅料以及装饰材料的用量，并根据各种酒品的进货价计算出每款鸡尾酒的成本以及该酒的售价和成本率。此外，标准配方一旦形成，就不得再轻易进行变动和更改，这对确保调制出的鸡尾酒品质的统一也是十分有益的。

四、选择酒杯

鸡尾酒酒杯的选择取决于酒量的大小和创作的需要，所谓“酒是体、杯是衣，人靠衣装、酒靠杯装”，酒杯的选择在鸡尾酒创作中起十分重要的作用。

鸡尾酒杯的品种较多，从其质地来看，有金属杯、瓷杯、玻璃杯等，其中以玻璃杯用途最广。玻璃杯的质地也有许多种，有用沙子、纯碱和石灰石为原料制成的普通玻璃杯，有用含硼氧化物、钾硅酸盐、三氧化硅等原料制成的防震、抗高温的派热克斯杯（Pyres）；有用沙子、红铅、钾硅盐为原料制成的铅化杯（Lead Crestal），这种杯子声音清脆，透明度极高；还有用黏土、二氧化硅和稀有金属制成的钢化杯（Pyroceran），特别防震、防碎，并且耐高温。从酒杯的形状来看更是各式各样、高低不一、粗细不均。这些不同质地、不同形状的酒杯用来盛装各种不同风格的鸡尾酒，美酒配美杯，相得益彰。

酒杯是酒品色、香、味、形中“形”的重要组成部分，传统的鸡尾酒杯是三角形的高脚杯，在创作鸡尾酒时选择传统酒杯是种常见的做法。但为了能更好地表现创作者的创作思想，构造鸡尾酒与众不同的“形”，往往在杯具的选择上需要动一番脑筋。

选择自创酒杯时，一方面可以利用酒吧现有杯具，如常见的鸡尾酒杯、高杯、柯林杯、酸酒杯等；另一方面也可以选择一些与酒品主题相吻合的异形杯，如著名的鸡尾酒迈泰（Maitai），它是一款描述夏威夷土著风情的著名酒品，该酒的载杯突破了普通玻璃杯的选择，挑选了用陶土制成的直筒杯，杯身绘有代表夏威夷土著的图腾。使人一边饮酒，一边就能欣赏到夏威夷土著的图腾艺术。由于现代科技的发展，各种异形杯具也层出不穷，为调酒师进行鸡尾酒创作带来了极大方便，如马颈（Horse Neck）鸡尾酒就选用高杯，将柠檬皮垂直放入杯中，使人联想起骏马细长的脖子。

此外，选择杯具时还应考虑载杯的容量，杯具的大小必须符合配方的需要。干净光亮的酒杯是表现鸡尾酒艺术形象的一个重要因素，因此在选择载杯时仔细检查杯具的卫生是必不可少的重要内容，鸡尾酒杯必须做到清洁干净，光亮无破损。

五、调制鸡尾酒

创新鸡尾酒在调制过程中，必须注意两点：一是调制方法的选择；二是根据创作意图进行配方的修改。

关于鸡尾酒的调制方法在项目五中已经详细描述，在此不再赘述。创作鸡尾酒在调制方法的选择上应该遵循鸡尾酒调制的基本法则和规定，但在此基础上仍可以根据立意或创作者的想象加以发挥。按照国际惯例，创新鸡尾酒必须采用摇和法进行调制，也就是说，任何一款自创的鸡尾酒品都必须用摇酒壶摇制而成，或者在调制方法中必须包含摇和法。

配方的制定仅仅反映了创作者的一种良好愿望，如何将这一愿望付诸实施，使创作的酒品受到消费者喜爱，将理想变为现实，这是一个理论到实践的飞跃，为了使得这一飞跃顺利实现，创新鸡尾酒在调制过程中必须对设计的配方重新评估。调制过程实际是把构想转变为成品的过程，经过调制而成的鸡尾酒在色、香、味等诸方面是否与创意相吻合，能否完全表达创作者的意图，需要对酒品再次进行检验并通过检验，对已形成的配方进行调整和修改；但此时的调整是微调，即对配方中各种材料的用量进行适当调整，使酒品的色、香、味等因素更和谐，更能充分表达创作意图。这种调整就如同做化学、物理实验一样，有时需要经过无数次的尝试才能取得成功，一旦调整结束，最终的配方就形成了，此时再根据经营的需要，将它制作成标准配方，列入酒单进行销售。

● 相关链接

忘掉平衡

新加坡 Crackerjack 酒吧的调酒师 Peter Chua 说：“关于平衡，或许你应该忘掉它。”虽然这听起来违背常识，但做酒时故意让鸡尾酒有一点不平衡或许可以创造出奇迹。他说经常碰到客人对一杯平衡的鸡尾酒有意见，说他们尝不出基酒本身或配方中的某一种风味。通常这并不是因为客人没有训练有素的味蕾，而是因为其他因素干扰了风味，如他们喝酒前吃过的食物、抽过的香烟或饮用的其他饮品，这些因素会遮盖某些即使在最理想状态下也相当微妙的风味特质。因此可以特意增强某微妙的风味成分，如抹茶的风味，让它凸显出来但又不过于浓烈，从而使鸡尾酒整体上更容易被客人接受。

六、制作装饰物

艺术装饰是鸡尾酒调制的最后一道工序，创新鸡尾酒也不例外。装饰的目的有两个：一是调味；二是点缀。鸡尾酒的装饰并无固定模式可循，完全取决于创作者的审美眼光，特别是用于点缀的装饰，创作者完全可以根据喜好，结合创作要求任意发挥。

可用于鸡尾酒装饰的材料很多，其中使用最多的是各类水果，如柠檬、橙子、苹果、香蕉、菠萝、樱桃等，这些水果既可以切成片、块、角用于装饰，也可以利用皮，甚至整个水果进行装饰，还可以根据需要将它们雕刻成各种造型，通过这些造型来表达酒品的主题思想。除水果外，可用于鸡尾酒装饰的材料还有很多，如各种花草、各类艺术酒签等，它们都可以通过创作者构思出种种造型。

制作装饰物是创作者表现其艺术才华的极好机会，通过装饰物的制作，创作者可以让自己的艺术构思和艺术才华得到淋漓尽致的发挥。李砚祖在他的《工艺美术概论》中对装饰是这样描述的：装饰作为一种艺术方式，它是以程序化、规律化、程式化、理想化为要求，改变和美化事物，要合乎人类需要，与人类审美观念相统一，相和谐。不同的装饰手法，不同的装饰风格，其审美意义也不完全相同，带给人们的心理感受也不一样，鸡尾酒的装饰道理也是一样，不同的装饰物风格带给人们不同的审美感受。

（一）繁缛与简洁

这是一对用来形容装饰的整体效果的描述。繁缛指的是产品的装饰风格，无论是造型的形式结构，还是色彩的对比搭配，或是线条的变化曲折，甚至装饰材料的选择，都偏重于精雕细琢，特别强调装饰意味。简洁则是在造型上尽可能简单，线条流畅，色调单纯，没有多余的表达。

随着时代的发展与生活节奏的加快，生活方式日趋简化、方便、快捷，人们对于过分雕琢、装饰的产品的欣赏越来越少，对于灵活、轻巧、简洁、大方的装饰品越来越喜爱，特别是鸡尾酒这样的小件艺术品，其简洁的装饰不但不会掩盖酒品的功能，而且更加能衬托其功能之美，使人一目了然。

（二）古雅与明快

这也是用来形容产品外观装饰效果的一对词语。被称为具有古雅之美的产品往往构图严谨、色彩凝重、讲究传统，寓意深刻，耐人寻味。明快是给人以明朗、欢快风格的一种美感，这类装饰一般花色图案自由活泼，线条奔放流畅，色彩鲜艳明亮，给人的感觉是轻盈俏丽、健康清新，并且富有情感意味，使人感到亲切动人。

（三）华美与含蓄

这是用于体现产品在造型、色彩、装饰风格上的综合效果。华美是指一件产品的装饰风格具有很强烈的刺激人感官的作用，能够一下抓住消费者的心，因而造型精巧别致，色彩浓艳华丽，形象生动逼真，材料昂贵稀有，充分体现了技巧的高超精湛和制造的复杂困难，因而它具有一种夺人气魄，富丽堂皇的华丽之美，但正因为如此，往往会使得产品本身应有的实用价值被消费者所忽视。含蓄的装饰往往初看起来并不使人感到新奇，也没有引人注目的刺激性，但却十分耐人寻味，可以长时间地吸引人的注意力，这类装饰一般来说造型优美动人，色彩淡雅宁静，形象含而不露，装饰手法朴素亲切，它虽不能引起人的冲动，却令人越看越爱，越欣赏越有兴趣。

如果说华美给人的感受如电闪雷鸣，一下子引起人的惊叹兴奋，又很快消失的话，那么含蓄给人的感觉就好似绵绵细雨，逐渐地浸入人的心田，而且令人久久回味。装饰物只是鸡尾酒创作的一个极小部分，虽然对其制作没有明确的限制和规定，但从调酒的实践来看，仍然有一些规则可循。

一方面，材料选择要恰当，这是易于流行的鸡尾酒创作的一条重要原则。这一原则在强调酒品色香味的同时，对鸡尾酒的装饰也同样提出要求，那就是装饰材料的选择必须具有一定的普遍性，鸡尾酒的创新鼓励使用一些独特的装饰材料，但不主张使用受地域性和季节性限制的材料，因为这些材料对鸡尾酒酒品的流行和普及有较大影响。如使用干冰制造迷雾效果，如果使用得当确实可以使酒品的艺术氛围得到升华，但毕竟干冰目前在一些地区并不普遍存在，加之无形中会增加成本，使得这种能产生较好效果的材料在使用上受到限制。

另一方面，装饰品制作宜简不宜繁。鸡尾酒的装饰物重在点缀，妙在画龙点睛，切忌繁杂，喧宾夺主，避免繁杂的装饰物给制作带来困难，既要使酒品易于流行，也要符合人们审美的需要。同时，鸡尾酒在调制时间上也有要求，任何一款鸡尾酒，在调制完成后应该在最佳时间内递送给客人，这个最佳时间一般为鸡尾酒调制完毕后的2~3分钟。在世界鸡尾酒锦标赛中，选手则需要在7分钟内完成5杯鸡尾酒的调制，超过这个时间，酒品温度升高，甚至酒品中一些调配材料口味的变化都会使酒品失去应有的风味。因此，在鸡尾酒调制好后应迅速装饰好，尽快递送给客人。如果装饰物过于复杂，装饰时花费过多时间，会对鸡尾酒产生很大影响。

任何一款鸡尾酒，其外观应该有很大的吸引力，艺术装饰往往会成为一款酒的标志。饮用者看到盛载的杯子、酒品的颜色，以及它的装饰物，也就可以大致猜到它是一杯什么款式的鸡尾酒或哪一类的酒品。鸡尾酒的艺术装饰物，除了能够使人欣赏其别致的造型外，由于丰富多变的色彩，还能给人以视觉上美的享受，并产生一系列丰富的联想，使鸡尾酒的艺术美得到进一步升华。同时，不断更新、变化装饰物，也能激起人们尝试鸡尾酒的更大乐趣。

情景训练

酒吧酒单需要定期更新，你作为酒吧经理，组织酒吧调酒师商定下一期酒单更新事宜。作为酒吧经理，请和店内调酒师分别创作一杯鸡尾酒，完成后大家共同分享作品。

复习题

判断题

1. 鸡尾酒的创作立意是关键，有了好的创意才有可能形成有特色的产品。(　　)

2. 鸡尾酒的颜色主要是借助各种利口酒来体现的，不同的色彩刺激会使人产生不同的情感反映。(　　)

3. 鸡尾酒创作时，调酒师只需要根据自己的喜好进行创作，不需要考虑市场推广等问题。(　　)

4. 在制定配方时，必须始终以鸡尾酒的创作原则为依据，根据创作的指导思想进行精心设计。(　　)

5. 选择杯具时无须考虑载杯的容量，杯具的大小可凭调酒师个人喜好选择。(　　)

项目九

参考文献

[1] 特里斯坦·斯蒂芬森著，程晓东译. 好奇的调酒师 [M]. 北京：北京科学技术出版社，2018.

[2] 花崎一夫，山崎正信著. 郑涵壬，黄琼仙，许倩珮译. 调酒师养成圣典 [M]. 台湾：台湾东贩股份有限公司，2018.

[3] 葡萄酒与烈酒教育基金会. 葡萄酒品鉴：认知风格与品质 [M]. 伦敦：葡萄酒与烈酒教育基金会，2017.

[4] 上田和男著，古又羽译. 上田和男的鸡尾酒技法全书 [M]. 台湾：积木文化，2016.

[5] 刘敏. 酒水知识 [M]. 北京：旅游教育出版社，2016.

[6] David Kaplan, Nick Fauchald, Alex Day. Death & Co: Modern Classic Cocktails[M].New York: Ten Speed Press, 2014.

[7] Dave Arnold. Liquid Intelligence：the art and science of the perfect cocktail[M]. New York: W. W. Norton & Company, 2014.

[8] 陈苗. 调酒师（五级）[M]. 北京：中国劳动社会保障出版社，2013.

[9] 宣伟良. 调酒师（四级）[M]. 北京：中国劳动社会保障出版社，2013.

[10] 渡边一也编，邓楚泓译. 品鉴宝典鸡尾酒完全掌握手册 [M]. 福建：海峡出版发行集团，福建科学技术出版社，2013.

[11] 邓玉梅. 千年酒文化 [M]. 北京：清华大学出版社，2013.

[12] 徐利国. 调酒知识与酒吧服务 [M]. 北京：高等教育出版社，2010.

[13] [法] 费多·迪夫思吉著，龚宇 译. 调酒师宝典：酒吧圣经 [M]. 上海：上

海科学普及出版社，2006.

[14] 国际调酒师协会网：https://iba-world.com

[15] LIQUOR.com：https://www.liquor.com

[16] DRINK 饮迷：https://cn.drink.love

[17] PUNCH: https://punchdrink.com

[18] Difford’s Guide For Discerning Drinkers: https://www.diffordsguide.com

项目策划：谯　洁
责任编辑：谯　洁
责任印制：冯冬青
封面设计：中文天地

图书在版编目（CIP）数据

调酒技艺 / 王立进主编. -- 北京 : 中国旅游出版社, 2021.1（2023.7重印）
全国旅游高等院校精品课程
ISBN 978-7-5032-6490-0

Ⅰ. ①调… Ⅱ. ①王… Ⅲ. ①酒－调制技术－高等学校－教材 Ⅳ. ①TS972.19

中国版本图书馆CIP数据核字(2020)第085116号

书　　名：调酒技艺

作　　者：王立进主编
出版发行：中国旅游出版社
（北京静安东里 6 号　邮编：100028）
http://www.cttp.net.cn　E-mail:cttp@mct.gov.cn
营销中心电话：010-57377103，010-57377106
读者服务部电话：010-57377107
排　　版：北京旅教文化传播有限公司
经　　销：全国各地新华书店
印　　刷：三河市灵山芝兰印刷有限公司
版　　次：2021 年 1 月第 1 版　2023 年 7 月第 2 次印刷
开　　本：787 毫米 ×1092 毫米　1/16
印　　张：20.75
字　　数：360 千
定　　价：42.00 元
I S B N　978-7-5032-6490-0
